Frank Völkel   Ingrid Lorbach

SMART HOME

Bausteine für Ihr intelligentes Zuhause

Frank Völkel   Ingrid Lorbach

SMART HOME

Bausteine für Ihr intelligentes Zuhause

Haufe Gruppe
Freiburg · München

Das Smart Home denkt mit. Nachdem morgens der Letzte das Haus verlassen hat, schaltet es alle Lichter automatisch aus, fährt die Heizung herunter und stellt warmes Wasser erst kurze Zeit, bevor seine Bewohner wieder heimkehren, bereit. Haustechnik und Hausgeräte kommunizieren miteinander und sind auch von unterwegs steuerbar. So lässt es sich im vernetzten Haus komfortabel, behaglich und energieeffizient leben.

All das ist keine Zukunftsvision, sondern lässt sich bereits heute realisieren. Dennoch stellten wir bei der Recherche über intelligentes Wohnen immer wieder fest, dass viele Menschen gar nicht auf die Idee kommen, selbst ein Smart Home zu bauen. Das kann verschiedene Gründe haben: Manche halten ein solches Haus für unerschwinglich, andere fürchten, das Leben darin würde zu sehr von der Technik beherrscht. Weder das eine noch das andere ist zutreffend!

Mit diesem Praxisbuch möchten wir eine für interessierte Laien verständliche Einführung in die intelligente Haustechnik und ihren Nutzen im Alltag geben sowie vor allem Bauherren darüber aufklären, wie sich mit einem Smart Home langfristig sogar viel Geld einsparen lässt. Kapitelweise führen wir Sie durch die einzelnen Bereiche beziehungsweise Gewerke, geben Ihnen einen Überblick, welche Produkte und Komponenten bereits auf dem Markt zur Verfügung stehen und stellen Ihnen Häuser vor, die als Smart Home gebaut oder modernisiert wurden.

INHALT

1 **2** **3**

6

VERSCHATTUNG //

Wie Sie mit integrierter Verschattung Raumtemperatur und Lichtverhältnisse optimieren und gleichzeitig Energiekosten einsparen.

SICHERHEIT //

Wie Sie bestehende Funktionen zu einem Überwachungssystem verbinden, das Sie vor Einbruch schützt oder auf Unwetter reagiert.

MULTIMEDIA //

Wie Sie und andere Bewohner gleichzeitig unterschiedliche Medien in verschiedenen Räumen abspielen.

ENERGIEERZEUGUNG
//

Wie Sie mit regenerativer Energie Strom und Wärme eigenerzeugen und so unabhängig von Versorgern werden.

MODERNISIERUNG
//

Wie Sie mit intelligenter Technik ein Bestandshaus zum Smart Home nachrüsten können, ohne neu bauen zu müssen.

① ÜBERBLICK

Was mögli

Für die Planung Ihres intelligenten Zuhauses ist es wichtig, dass Sie die grundsätzlichen technischen Möglichkeiten, den Nutzen verschiedener Anwendungen und unterschiedliche Produkte kennenlernen.

heute
ch ist

DAS INTELLIGENTE HAUS: KOMFORTABEL UND EFFIZIENT ZUGLEICH

Was heute in der smarten Haustechnik bereits möglich und umsetzbar ist. Ein Überblick.

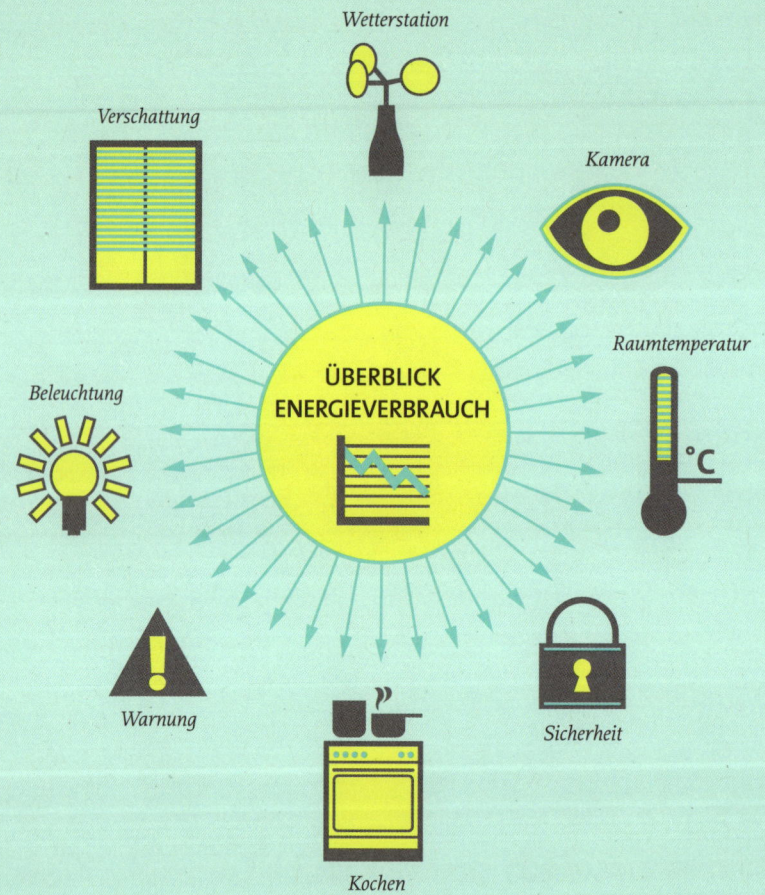

Gespräche mit potenziellen Bauherren und Käufern von neuen Eigentumswohnungen zeigen immer wieder, dass sich viele von ihnen für eine smarte Technik im Haus begeistern können. Oft haben sie jedoch kaum eine Vorstellung davon, was der Markt in diesem Bereich alles bietet und wer ihnen diese Technik zur Verfügung stellen kann. Während Industrie- und Gewerbegebäude bereits seit Jahren vernetzt gebaut werden, hat sich dies für Wohnhäuser noch lange nicht flächendeckend durchgesetzt.

Das könnte sich jedoch in den kommenden Jahren grundlegend ändern: Spätestens 2020, so die Prognose in einer Studie des IT- und Kommunikationsbranchenverbands Bitkom, wird es in Deutschland eine Million Haushalte geben, die zumindest teilweise mit Smart-Home-Technik ausgestattet sind. Rund 315.000 Haushalte

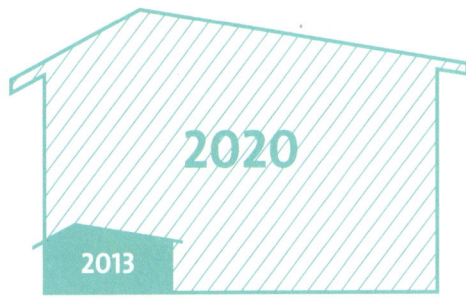

SMART-HOME-TECHNIK IN DEUTSCHLAND

Bis zum Jahr 2020 könnte sich die Anzahl der Haushalte, die intelligente Haustechnik nutzen, verdreifachen – von ca. 315.000 (im Jahr 2013) auf 1.000.000. Quelle: Bitkom Research

IN DIESEM KAPITEL ERFAHREN SIE,

▶ *welche Vorteile ein Haus mit intelligenter Technik seinen Bewohnern bringt*

▶ *wie Ihr Haus lernen kann, sich auf Ihre Bedürfnisse einzustellen*

▶ *wie Sie Ihr Haus im Bereich Energie-effizienz fit für die Zukunft machen können*

▶ *in welchen Bereichen die neue Technik Ihnen ein Plus an Komfort und Sicherheit bietet*

▶ *welche grundsätzlichen Möglichkeiten es gibt, vernetzte Technik in einem neuen oder einem älteren Haus zu installieren*

▶ *wie Sie Ihr Haus schon heute auf die Technik von morgen vorbereiten*

nutzten bereits 2013 verschiedene intelligente Techniken wie etwa programmierbare Schalter oder eine Fernbedienung von Hausgeräten, und die allermeisten von ihnen möchten auch nicht mehr darauf verzichten. Die meisten von ihnen sind allerdings von einem „echten" Smart Home noch weit entfernt.

Die Marktforscher der Bitkom sprachen auch mit Skeptikern der Smart-Home-Technik. Manche der Befragten äußerten die Befürchtung, der Einbau intelligenter Haustechnik sei zu aufwendig, die Geräte seien zu teuer oder die Bedienung zu kompliziert. Diese und ähnliche Bedenken zu widerlegen und Mut zum Smart Home zu machen, ist Anliegen dieses Buchs.

Dabei soll jedoch nicht verschwiegen werden, dass eine vernetzte Haustechnik tatsächlich aufwendiger zu installieren ist als eine herkömmliche Elektroinstallation. Sie muss gewerkeübergreifend und interdisziplinär konzipiert werden. Im Idealfall arbeiten Architekten, Fachplaner und Systemintegratoren bei der Planung des Smart Home von Anfang an zusammen, was ▶

 **Smart Home**

Von einem Smart Home spricht man, wenn die in einem Haus oder einer Wohnung genutzten Geräte und Bedienungselemente durch eine Systemtechnik – zum Beispiel eine KNX-Installation – miteinander vernetzt, gesteuert und überwacht werden. Die Vernetzung umfasst sowohl Elemente der elektrischen Anlage – zum Beispiel Licht, Rollladensteuerung oder Unterhaltungselektronik – als auch das Heizungs-, Klima- und Lüftungssystem. Begriffe mit ähnlicher Bedeutung sind unter anderem Smart Living, intelligente Haustechnik, Gebäudesystemtechnik oder Gebäudeautomation.

▶ natürlich beim Neubau einfacher ist als bei der Modernisierung und Nachrüstung eines älteren Hauses. Dass es aber auch für Häuser im Bestand gute und umsetzbare Lösungen gibt, wird im Kapitel 9 beschrieben.

Natürlich kostet eine anspruchsvolle, vernetzte Haustechnik mit zentraler Steuerung auch mehr als eine Standardinstallation. Doch es gibt auch Lösungen für unterschiedliche Budgets – nicht immer muss es das „volle Programm" sein. Vor allem aber zahlt sich eine moderne Gebäudetechnik langfristig aus: Zum einen steigert sie den Wert einer Immobilie, auch für den Fall, dass Sie Ihr Haus einmal verkaufen wollen. Zum anderen ist die intelligente Haustechnik neben Wärmedämmung und effizienter Heizungsanlage heute das Mittel der Wahl, um Energie zu sparen und Ressourcen zu schonen. Wenn beispielsweise Heizung, Jalousien und Licht von einem zentralen Rechner aus gesteuert werden, sinkt der Verbrauch von Wärmeenergie und elektrischem Strom erheblich.

Auch ist es mit einer solchen Steuerungszentrale möglich, den Energieverbrauch im ganzen Haus permanent zu messen und damit den Überblick über die Kosten zu be-

halten. Sie haben damit jederzeit eine Energiebilanz parat. „Smart Metering" heißt die Technologie, die den Stromkonsum von Kühlschrank, Herd und anderen Haushaltsgeräten erfasst. So ist es sogar möglich, den Betrieb von Waschmaschine oder Geschirrspüler bewusst in Zeiten zu verlagern, in denen die Stromkosten geringer sind oder wenn Ihre Solaranlage auf dem Dach bei Sonnenschein besonders viel Strom produziert. In einem Smart Home können Sie Ihre Kosten senken, ohne dass Sie auf Ihren gewohnten Komfort verzichten müssen.

Im Folgenden finden Sie zunächst einen kleinen Überblick, was Ihnen ein komplett mit intelligenter Technik ausgestattetes Haus alles an Komfort, Sicherheit und Energieeinsparung zu bieten hat.

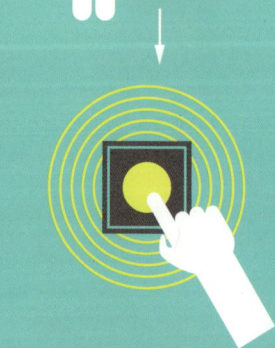

Foto: Gira

FINGERABDRUCK STATT SCHLÜSSELDREH
Türen öffnen sich automatisch durch das Scannen eines gespeicherten Fingerabdrucks.

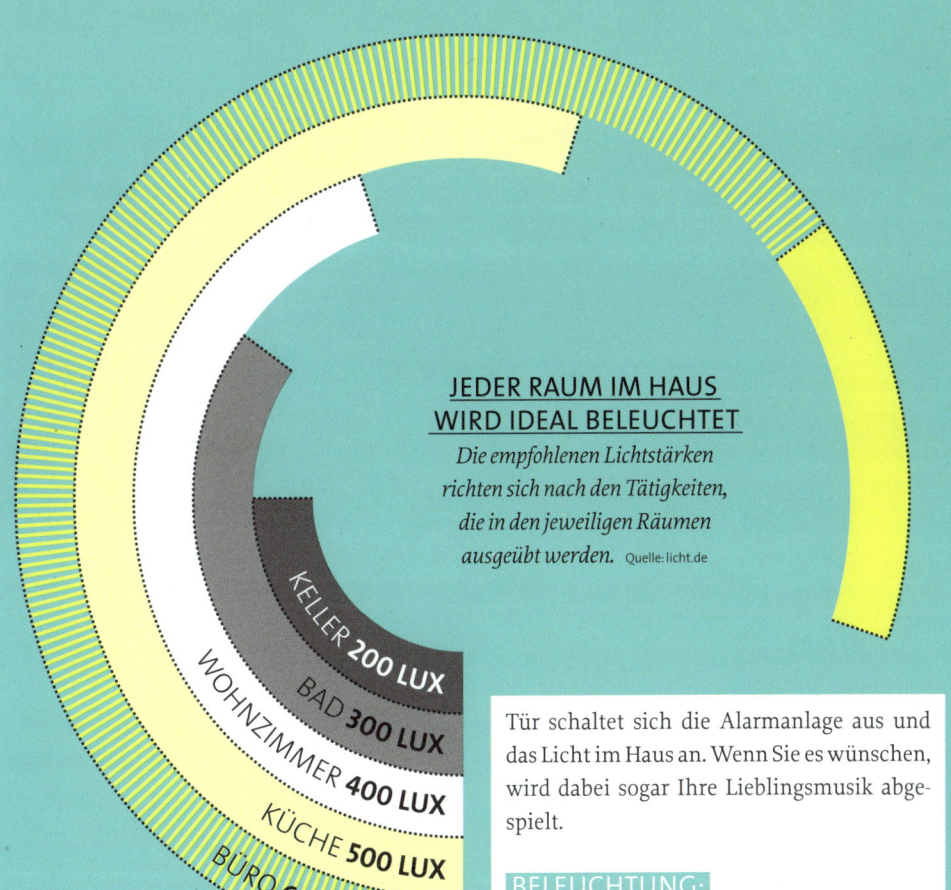

JEDER RAUM IM HAUS WIRD IDEAL BELEUCHTET

Die empfohlenen Lichtstärken richten sich nach den Tätigkeiten, die in den jeweiligen Räumen ausgeübt werden. Quelle: licht.de

KELLER **200 LUX**

BAD **300 LUX**

WOHNZIMMER **400 LUX**

KÜCHE **500 LUX**

BÜRO **600 – 750 LUX**

Tür schaltet sich die Alarmanlage aus und das Licht im Haus an. Wenn Sie es wünschen, wird dabei sogar Ihre Lieblingsmusik abgespielt.

BELEUCHTUNG: DIE RICHTIGE DOSIS LICHT BEI TAG UND BEI NACHT

Licht schafft Atmosphäre und sorgt für Sicherheit. Moderne Flächen- oder LED-Lampen ermöglichen Ihnen ein blendfreies Arbeiten, schonen Ihre Augen beim Lesen oder schaffen ein stimmungsvolles Ambiente. Die smarte Haustechnik ermöglicht es Ihnen, auf Knopfdruck zuvor gespeicherte Szenarien abzurufen, zum Beispiel für den gemütlichen Heimkinoabend mit Freunden: Die Leinwand fährt herunter, der Beamer schaltet sich ein, der Blu-ray-Player startet einen Film, während gleichzeitig die Jalousien herunterfahren und das Licht entsprechend gedimmt wird.

Eine individuelle Beleuchtung für jeden Raum – ein gutes Arbeitslicht in der Küche, wärmere Lichtfarben im Wohnbereich –

AN DER HAUSTÜR: EINTRITT OHNE SCHLÜSSEL

Im Smart Home müssen Sie keinen Schlüssel mehr ins Schloss stecken. Sie öffnen die Haustür, indem Sie beispielsweise einen Zahlencode eingeben oder kurz einen Transponder, einen elektronischen Schlüssel, wie Sie ihn vielleicht von Hotelaufenthalten kennen, vor die Tür halten. Oder Sie legen ganz einfach Ihren Finger auf eine kleine Leseeinheit – und schon öffnet sich die Tür. Der sogenannte Fingerprintsensor erkennt die individuellen Fingerabdrücke aller Hausbewohner, die im System gespeichert und zum Zutritt berechtigt sind. Mit dem Öffnen der

Die Beleuchtung kann abhängig von der Anwesenheit der Bewohner aktiviert werden.

▶ ist heute überall selbstverständlich. In einem Smart Home aber können Sie die Beleuchtung im ganzen Haus auf Tastendruck oder per Fernbedienung automatisch steuern oder auch mit den Funktionen anderer Geräte verbinden. So können Sie zum Beispiel die Lichtschaltung im Bad mit einer kurz darauf einsetzenden Entlüftung koppeln.

Bereits häufig genutzt in Treppenhäusern und Fluren werden Bewegungsmelder, die das Licht anschalten, sobald jemand den Raum oder die Treppe betritt, und es wieder ausschalten, sobald keine Bewegung mehr erkannt wird. Im intelligenten Haus sind auch die Bewegungsmelder noch ein bisschen intelligenter und beziehen zum Beispiel das Tageslicht mit ein, sodass sich bei ausreichender Helligkeit gar keine Beleuchtung einschaltet. „Konstantlicht-Regelung" nennt man eine solche elektronische Steuerung, welche die Schwankungen des Tageslichteinfalls mit Kunstlicht stufenlos ausgleicht und so für eine gleichbleibende Helligkeit in den Wohnräumen sorgt.

Auch das Außengelände muss nicht einmal bei Dunkelheit permanent beleuchtet sein. Oft reicht es, wenn sich die Außenbeleuchtung nur bei Bewegung einschaltet, also nur dann, wenn sie wirklich benötigt wird. Ohne jedes Mal einen Schalter betätigen zu müssen, wird jedem Gast bei Dunkelheit sicher der Weg geleuchtet.

Unerwünschte Besucher lassen sich hingegen meist bereits durch ein aufleuchtendes Licht abschrecken.

LICHT UND SCHATTEN NACH MASS

Nicht immer ist jedoch der volle Tageslichteinfall erwünscht. Wenn die Sonne mit voller Kraft auf die Fenster scheint, dann ist ein Sonnenschutz unerlässlich, damit sich die Räume nicht zu sehr aufheizen. Mit einer automatischen Rollladen-, Jalousie- und Markisensteuerung lassen sich die Fenster im Smart Home entsprechend des Sonnenstands und der Tageszeit verschatten, ohne dass Sie ziehen, kurbeln oder drehen müssen. Sie können die Steuerung für jede einzelne Jalousie individuell festlegen oder mehrere Jalousien gleichzeitig verschatten lassen. Die intelligente Technik berücksichtigt auch die unterschiedlichen Zeitpunkte von Sonnenauf- und -untergang im Jahresverlauf. Sie hilft, Energie einzusparen, weil die verschatteten Räume im Sommer auch ohne elektrische Kühlung angenehm temperiert bleiben und im Winter die nächtliche Kälte von den geschlossenen Rollläden abgehalten wird. Zusätzlichen Komfort bietet die Automatik, indem beispielsweise auch die Lamellenwinkel von Jalousien entsprechend der Sonneneinstrahlung so gesteuert werden, dass zwar Licht in die Wohnung gelangt, aber niemand geblendet wird.

OPTIMALE VERSCHATTUNG ZU JEDER TAGES- UND JAHRESZEIT

Jalousien und ihre Lamellen lassen sich dem Einfallswinkel des Sonnenlichts anpassen.

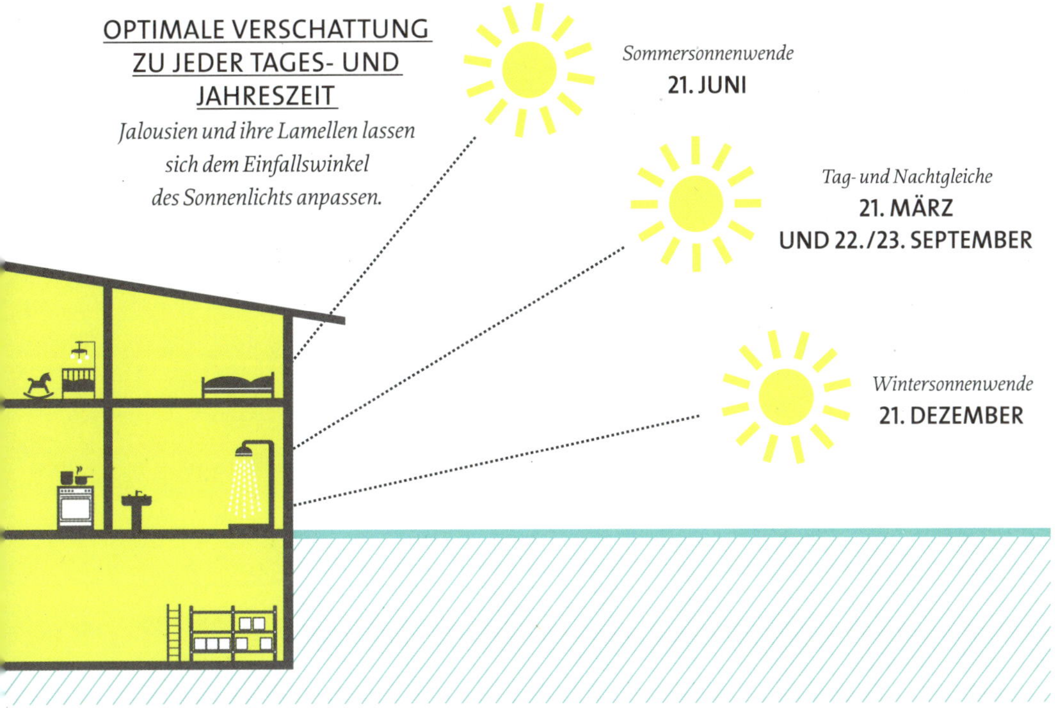

Sommersonnenwende
21. JUNI

Tag- und Nachtgleiche
21. MÄRZ UND 22./23. SEPTEMBER

Wintersonnenwende
21. DEZEMBER

Quelle: Baunetz Wissen

Foto: Busch-Jaeger

Große Glasflächen verlangen nach einer effizienten Verschattung mittels Jalousien.

DIE WETTERSTATION
AUF DEM DACH

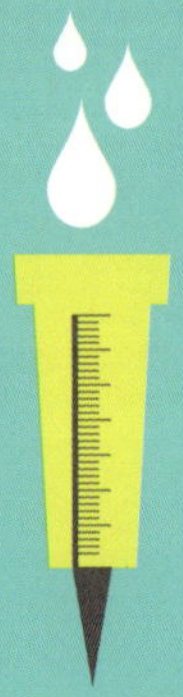

NIEDERSCHLAG
Ein Regensensor registriert den Niederschlag.

DÄMMERUNG
Ein Helligkeitssensor erfasst Früh- und Abenddämmerung und dient zur Steuerung von Beleuchtung und Verschattung.

WINDGESCHWINDIGKEIT
Die Messung der Windgeschwindigkeit dient ebenfalls zur Steuerung der Verschattung.

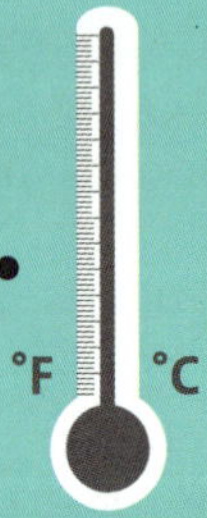

AUSSENTEMPERATUR
Die Außentemperatur wird zur Steuerung der Heizung und Klimatisierung ermittelt.

°F °C

HELLIGKEIT
Die Helligkeit wird in den Himmelsrichtungen Ost, Süd, West gemessen – zur Steuerung der Verschattung.

SONNENSTAND
Über mehrere Sensoren lässt sich der exakte Sonnenstand ermitteln.

Foto: Jung

GEBÄUDESTEUERUNG ABHÄNGIG VOM WETTER

Manchmal „denkt" ein Smart Home nicht nur mit, sondern auch voraus. Wenn das Haus mit einer Wetterstation auf dem Dach ausgestattet ist, die Daten wie Außentemperatur, Windgeschwindigkeit oder Niederschlag erfasst, dann kann es sich zum Beispiel selbst in einen sturmsicheren Zustand bringen, wenn ein Unwetter aufzieht: Jalousien werden automatisch wieder eingefahren, motorbetriebene Dachfenster und Garagentore geschlossen. Ist der Sturm vorüber, nehmen Jalousien und Markisen wieder ihre alte Position ein. Auch bei der Steuerung von Heizung und Lüftung spielt die Wetterstation mit ihren Sensoren, welche die Klimadaten erfühlen, eine wichtige Rolle.

LEBENSRETTER RAUCH- UND BRANDMELDER

Eine oft unterschätze Gefahr sind Wohnungsbrände. Die meisten Brandopfer, knapp 70 Prozent, sind nachts zu verzeichnen, denn der Geruchssinn nimmt im Schlaf nichts wahr. Schon das Einatmen einer geringen Konzentration von Rauchgas führt zur Bewusstlosigkeit. Rauchmelder sind deshalb ein wichtiger Bestandteil der intelligenten Gebäudetechnik. Bei einem Brand erkennen sie die Rauchentwicklung frühzeitig und leiten neben der akustischen Alarmierung erste Maßnahmen ein: Sämtliche Jalousien und Rollläden werden hochgefahren, das Licht im Flur eingeschaltet und die Haustür entriegelt. Bei Abwesenheit der Bewohner erfolgt eine Benachrichtigung per Anruf oder SMS auf das Smartphone.

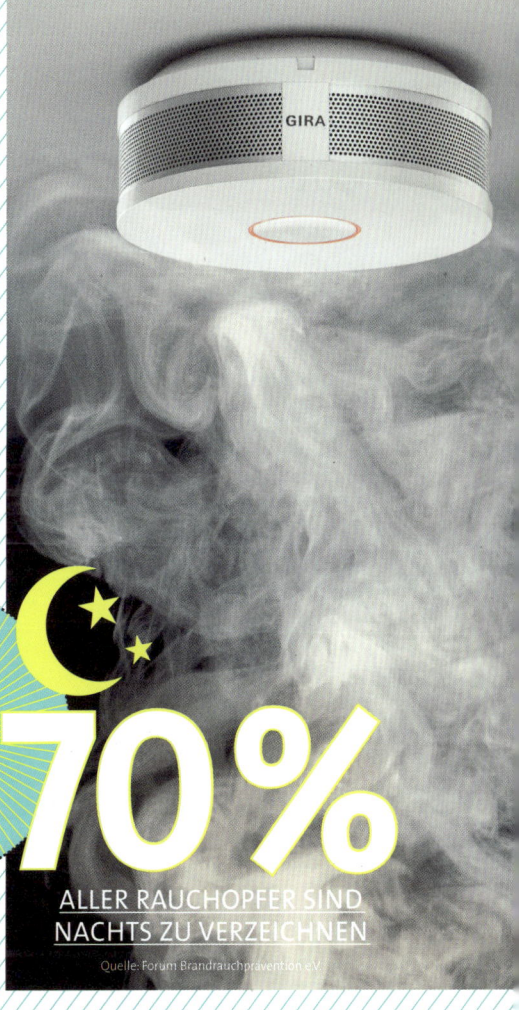

70 %
ALLER RAUCHOPFER SIND NACHTS ZU VERZEICHNEN
Quelle: Forum Brandrauchprävention e.V.

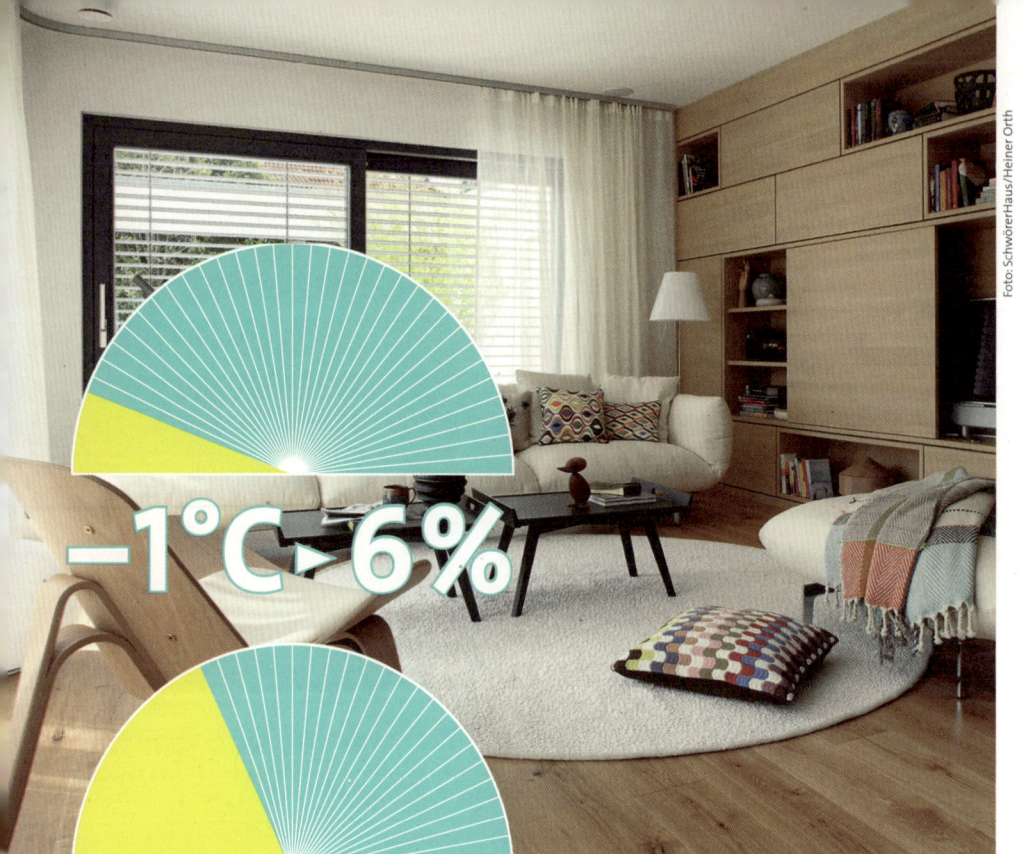

−1°C ▸ 6%

−3°C ▸ 18%

EINSPARUNG ENERGIEKOSTEN

So viel Energie kann durch die zeitweise Absenkung der Raumtemperatur für diesen Zeitraum eingespart werden.

Quelle: IWU (Institut Wohnen und Umwelt)

HEIZUNG: ZU JEDER ZEIT DIE RICHTIGE TEMPERATUR

Die Heizungsanlage ist anteilmäßig der größte Energieverbraucher im Haushalt. Ein unbedachtes Verhalten bei ihrer Nutzung führt schnell zu hohen Energiekosten. In der Praxis hat sich gezeigt, dass durch die Verringerung der Raumtemperatur um nur 1 Grad Celsius der Verbrauch an Heizwärme bereits um sechs Prozent sinken kann. Wird demzufolge die Raumtemperatur bei längerer Abwesenheit um 3 Grad reduziert, so lassen sich für diesen Zeitraum 18 Prozent der Heizenergie einsparen. Mit einer intelligenten Temperatursteuerung müssen Sie die Heizungsthermostate nicht mehr selbst herunter- und wieder heraufdrehen. Die Temperatur wird automatisch abgesenkt, wenn Sie das Haus verlassen, um zur Arbeit zu gehen, und bevor sie nach Hause kommen, wieder hochgefahren. Sie können sogar für jeden Raum ein eigenes Nutzerprofil erstellen, das festlegt, wann er geheizt oder gelüftet werden soll. Ebenso schaltet die Heizung in den Stand-by-Modus, wenn Fenster zum Lüften geöffnet werden, damit keine Wärme nach draußen entschwindet. Durch eine automatische Nachtabsenkung der Heizung ergibt sich zudem ein gesundes Schlafklima. Falls das Haus über eine kontrollierte Wohnraumlüftung verfügt, wie sie für dicht gedämmte Neubauten inzwischen Standard ist, so wird auch sie in die Klimasteuerung miteinbezogen.

Ein Smart Home erkennt von selbst, wenn seine Bewohner das Gebäude verlassen, und schaltet automatisch in den Energiesparmodus, ausgelöst durch das Verschließen der Haustür und von Präsenzmeldern. Der Energiesparmodus drosselt beispielsweise die Vorlauftemperatur der Fußbodenheizung, schaltet die Beleuchtung sowie sämtliche Steckdosen aus und minimiert den Durchsatz der Lüftungsanlage.

Wenn Sie länger abwesend sind, sollte man es dem Haus nicht ansehen. Das ist möglich mit einer Anwesenheitssimulation, die nach einem gelernten – das heißt programmierten –

SICHERHEITSWARNUNG
PER E-MAIL
Bei Störungen im Hausbetrieb wird sofort eine E-Mail an die Bewohner verschickt.

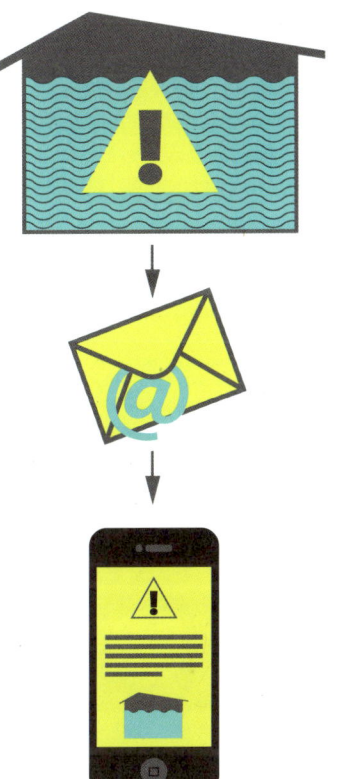

Muster die Beleuchtung schaltet und Jalousien oder Markisen auf- und abfährt, sodass ihr Haus bewohnt wirkt. Zusätzlich kann eine Alarmanlage aktiviert werden, die sämtliche Türen und Fenster überwacht.

... UND HÄLT MIT IHNEN KONTAKT

Auch wenn Sie nicht anwesend sind, wissen Sie, was Zuhause passiert. Denn Ihr Smart Home hält Sie auf dem Laufenden. Wenn Türen oder Fenster offen stehen, wenn sich jemand Zutritt zu Ihrem Haus verschaffen will, wenn im Keller Wasser eintritt oder sich Rauch im Wohnbereich entwickelt, erfahren Sie es sofort. Nachdem das System eine Störung erkannt hat, bekommen Sie eine E-Mail mit dem entsprechenden Fehlerstatus. Gleichzeitig trifft das intelligente Haus selbstständig Vorkehrungen, indem die Wasserzufuhr der Waschmaschine unterbrochen oder die gesamte Elektrik abgeschaltet wird. Mithilfe von Bewegungs- und Rauchmeldern, Glasbruch- und Windsensoren erkennt es kritische Situationen, reagiert auf Unregelmäßigkeiten oder Gefahren und leitet automatisch Gegenmaßnahmen ein.

TAG- ODER NACHTMODUS

Mit entsprechender Programmierung weiß Ihr Haus auch, wann Sie schlafen und schaltet dann selbstständig in den Nachtmodus. Die Heizung wird gedrosselt, sparsame LED-Leuchten dienen als Nachtbeleuchtung. Präsenzmelder schalten das Licht nur angenehm gedimmt ein, sobald sie eine Bewegung in Durchgangsbereichen oder im Bad erkennen.

Falls Sie in der Nacht ein verdächtiges Geräusch hören, genügt ein kurzer Druck auf einen speziellen Panikschalter und die Beleuchtung im Haus und auf dem Grundstück wird eingeschaltet. In den meisten Fällen reicht das als Maßnahme schon aus, um ungebetene Besucher abzuschrecken.

FOTOS VON BESUCHERN PER E-MAIL

Eine Kamera macht ein Foto von Personen an der Tür. Sie erhalten eine E-Mail auf Ihr Mobilgerät, wenn Sie unterwegs sind.

TÜR- UND TORKOMMUNIKATION

Ob an der Tür oder der Einfahrt, eine Kamera erfasst Personen, die sich Ihrem Haus nähern, und überträgt die Bilder auf ein Display im Haus, wahlweise auch auf Ihr Smartphone oder Tablet, ja sogar aufs Fernsehgerät. Die Haustür öffnen Sie elektrisch bequem per Tastendruck. Diese Technologie ermöglicht Ihnen, keine entscheidenden Szenen eines Films oder Fußballspiels mehr zu verpassen – auch wenn es gerade an der Tür klingelt.

BEDIENUNG PER TOUCHSCREEN UND SMARTPHONE

Egal ob Sie zu Hause sind oder unterwegs, Sie können jederzeit auf sämtliche Funktionen des Gebäudes zugreifen: über Bedienpanels im Haus, über den Fernseher, per Computer oder mobil per Smartphone oder Tablet. So können Sie beispielsweise Leuchten auf Fingerdruck ein- und ausschalten oder die Positionen der Jalousien verändern. Über Zentralfunktionen können Sie mit einem einzigen Fingerdruck die gesamte Beleuchtung im Haus ausschalten, die Heizung in den Standby-Modus setzen und das Alarmsystem scharf schalten. Von unterwegs können Sie Live-Bilder der Überwachungskameras sehen, die automatisch aufgezeichnet werden.

Foto: Gira/Apple

AUTOMATISCHE STEUERUNG ...

... SENKT DEN ENERGIEVERBRAUCH

... ERHÖHT DIE SICHERHEIT DURCH AUTOMATISCHES VERSCHLIESSEN VON FENSTERN UND TÜREN

... SCHÜTZT VOR UNGEBETENEN GÄSTEN DURCH PERMANENTE ÜBERWACHUNG DER UMGEBUNG

DIE ZENTRALE STEUERUNG ALLER FUNKTIONEN ÜBERNIMMT EIN ZENTRALER SERVER

Das Haus passt sich den Gewohnheiten seiner Bewohner an – zu jeder Tages- und Jahreszeit.

Foto: Busch-Jaeger

Foto: Busch-Jaeger

Foto: Gira

Foto: Busch-Jaeger

Home-Entertainment als raumübergreifender Genuss: Audio- und Videounterhaltung können an Räume und Nutzerwünsche angepasst werden.

RAUMÜBERGREIFENDES HOME-ENTERTAINMENT

Auch eine angenehme Vorstellung: Um sich auf den Tag einzustimmen, hören Sie morgens im Badezimmer Ihr Lieblingskonzert. Nachdem der erste Satz verklungen ist, sind Sie längst in den Wohnbereich gegangen, wo Sie die Arbeitsunterlagen für den Tag zusammenstellen. Sie sind bester Laune, da Sie die Musik ohne Unterbrechung weiterhören können. Vielleicht sind noch nicht einmal Lautsprecher zu sehen, weil diese unsichtbar in die Wände integriert sind. Über das Bedienpanel haben Sie ein bestimmtes Musikstück zur gewünschten Uhrzeit in den entsprechenden Räumen vorgewählt. Gleich-

zeitig kann Ihre Partnerin oder Ihr Partner im Schlafzimmer eine völlig andere Musik hören, während sich die kleine Tochter im Bett eine Geschichte anhört. Nur darüber, welche Musik beim gemeinsamen Frühstücken in der Küche weiterspielen soll, müssen Sie sich natürlich einig werden!

Musik, Hörspiele oder Filme sind nicht mehr auf CD oder DVD gespeichert, sondern auf einem zentralen Multimediaserver im Keller. Er dient als Mediathek aller Familienmitglieder. Allerdings können Ihre Kinder nur die Medien abspielen, für die Sie ihnen Rechte eingeräumt haben.

STROM UND WÄRME AUS PHOTOVOLTAIK UND SOLARTHERMIE

Mit einer Photovoltaikanlage auf dem Dach, dem Carport oder in die Fassade integriert, werden Sie zu Ihrem eigenen Energieerzeuger. Sie können sogar so viel Strom erzeugen, dass Sie unabhängig von einem Energieanbieter werden. Dazu benötigen Sie einen Photovoltaikspeicher (Akku), in den der Strom aus den Solarzellen eingespeist wird. Bei Sonnenschein wird ein Teil der Energie von Verbrauchern wie Waschmaschine oder Geschirrspüler direkt verbraucht, der Rest wird im Akku gespeichert oder auch in das öffentliche Stromnetz eingespeist. Nachts und an sehr trüben Tagen versorgt der Speicher alle Verbraucher im Haus mit Energie. Neben dem Akku kann auch ein Elektroauto als Speicher für den selbst erzeugten Photovoltaikstrom fungieren. Mit einem solarstrombetriebenen Fahrzeug machen Sie einen wichtigen Schritt hin zur Mobilität der Zukunft!

Dass ein komplexes Energiemanagement zwischen Photovoltaikanlage, Hausstrom und öffentlichem Netz, Batteriespeicher und möglicherweise Elektromobil auch funktioniert, gewährleistet eine elektronische Steuerung. Den Stromertrag können Sie sich jederzeit auf dem Zentraldisplay oder auf einem mobilen Gerät (Smartphone und Tablet) anzeigen lassen.

Mit der Kraft der Sonne lässt sich nicht nur Strom, sondern auch Wärme erzeugen: mit einer Solarthermieanlage. Mit der von Solarkollektoren „eingefangenen" Sonnenwärme können Sie das Warmwasser für Ihr Haus aufbereiten, in den Frühlings- und Herbstmonaten kann sie auch die Heizungsanlage unterstützen. So sparen Sie Kosten für Gas oder Holzpellets. Die intelligente Steuerung sorgt auch hier für einen reibungslosen Ablauf.

WIE INTELLIGENTE HAUSTECHNIK FUNKTIONIERT

In den folgenden Kapiteln werden Sie mehr zu den hier kurz vorgestellten Funktionen der intelligenten Haustechnik erfahren und wie Sie sich Schritt für Schritt ein vernetztes Smart Home aufbauen können. Nicht immer müssen schon zu Beginn alle Maßnahmen zur Steigerung der Energieeffizienz und des Komforts umgesetzt werden. Wichtig ist aber, schon in der Planungsphase eines Hausbaus die aufgezeigten Schritte im Auge zu behalten. So können Sie auch zu einem späteren Zeitpunkt Anlagen und Geräte nachrüsten, die den Wert Ihres Smart Home steigern. Dazu müssen Sie zunächst wissen, welche grundsätzlichen technischen Lösungen es gibt:

Um Geräte und andere technische Komponenten im Smart Home zu vernetzen, ist ein Datentransfer zwischen ihnen notwendig, den man als „Bus" bezeichnet. Zu einem Bussystem gehören Sensoren, Aktoren und Bedienelemente. Sensoren sind Fühler oder Messgeräte, zum Beispiel Thermometer, Hygrometer – das sind Feuchtigkeitsmesser – oder Bewegungsmelder. Die Sensoren übermitteln ihre Informationen an die Aktoren, die sie in physikalische Größen für die jeweiligen Verbraucher übersetzen: Ein Schaltaktor schließt den Schaltkontakt für die Lampen, der Dimmaktor regelt die Helligkeit der Beleuchtung herunter, der Jalousieaktor fährt den Sonnenschutz hoch, der Heizungsaktor schließt oder öffnet die Ventile der Heizkörper.

Bedienungselemente können gewöhnliche Schalter, Taster, Drehregler oder auch Touchscreen-Panels, Tablets und Smartphones sein.

Die Datenübertragung in einem Bussystem kann auf unterschiedliche Weise erfolgen: über ein eigenes Leitungssystem, über die Elektroleitung oder per Funkverbindung. Im Folgenden sollen die Grundprinzipien dieser drei Systeme kurz vorgestellt werden.

VERNETZUNG ÜBER BUSLEITUNG

KNX-System mit getrennten Leitungen für Strom und Information Quelle: digitalSTROM

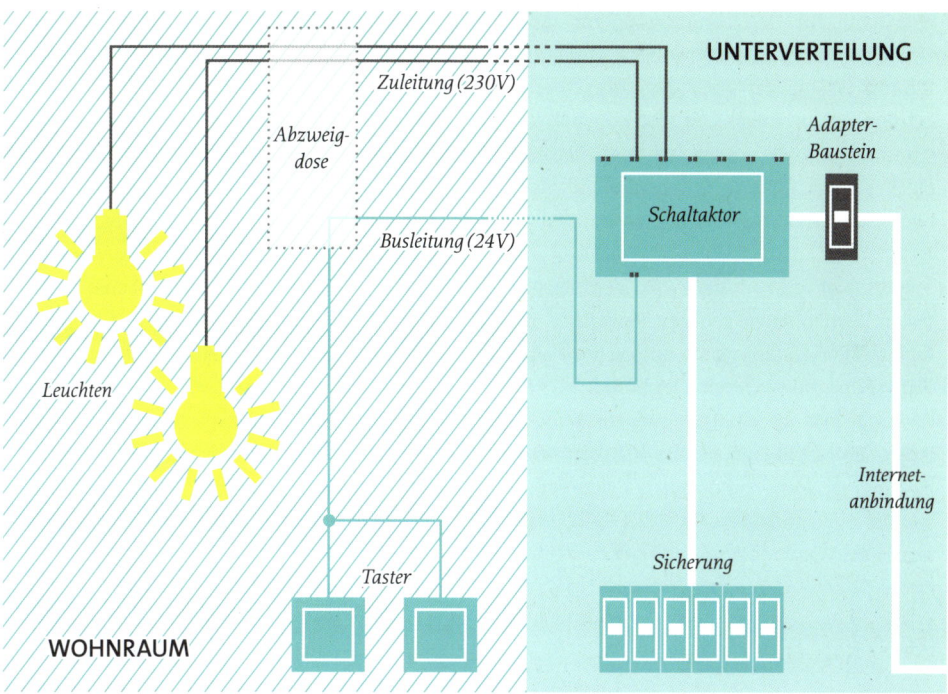

UNTERVERTEILUNG

Zuleitung (230V)

Abzweig-dose

Adapter-Baustein

Schaltaktor

Busleitung (24V)

Leuchten

Internet-anbindung

Sicherung

Taster

WOHNRAUM

Zusätzlich zur Stromleitung wird eine Steuerleitung verlegt, auch Busleitung genannt, an die Bedienungselemente, Sensoren und Aktoren angeschlossen sind. In der Regel handelt es sich um eine zweiadrige verdrillte Kupferleitung. Die Verlegung im Haus kann in verschiedenen Strukturen erfolgen, zum Beispiel linien-, stern- oder baumförmig. Angeschlossene Geräte müssen busfähig sein, das heißt, über eine programmierbare Steuerelektronik verfügen.

Das bekannteste kabelgebundene Bussystem ist KNX. Es ist aus dem Vorgänger EIB (europäischer Installationsbus) entstanden und ist der derzeit einzige weltweit anerkannte Standard der Hausautomation. Der KNX-Standard ist herstellerübergreifend, das heißt, es können Geräte und Komponenten verschiedener Marken miteinander verbunden werden. Ein weiterer Vorteil einer KNX-Installation ist ein effizi-

enter Datentransfer. Ein Nachteil ist allerdings, dass Leitungen verlegt werden müssen, was in einem Bestandsgebäude nicht immer ohne Weiteres möglich ist.

Ein Tipp: Wenn eine komplette KNX-Installation momentan beim Hausbau Ihre finanziellen Mittel übersteigt, lassen Sie auf jeden Fall jetzt schon die entsprechenden Installationsrohre und zusätzliche Anschlussdosen, zum Beispiel an Fenstern und Heizkörpern, verlegen. Eine solche Elektroinstallation mit Vorbereitung auf eine spätere Gebäudesystemtechnik bekommen Sie ab etwa 6 Prozent der Bausumme (Quelle: Initiativkreis ELEKTRO+). Damit können Sie Ihr Haus in ein paar Jahren problemlos zum Smart Home aufrüsten.

Weitere bekannte kabelgebundene Bussysteme sind zum Beispiel LON und LCN. Letzteres System nutzt statt einer separaten Leitung eine zusätzliche Ader eines NYM-Kabels (Mantelleitung).

DATENTRANSFER ÜBER DIE ELEKTROLEITUNG

Auch das vorhandene 230-Volt-Installationsnetz kann zur Datenübertragung im Smart Home genutzt werden. Stromversorgung und Informationstransfer laufen dann über dieselbe Leitung. Dafür müssen je nach System bestimmte Voraussetzungen erfüllt werden und die Elektroinstallation mit speziellen Adaptern oder Schaltmodulen nachgerüstet werden, welche Daten auf das vorhandene 230-Volt-Trägersignal aufmodulieren. Zu den bekanntesten Technologien gehören Powerline und digitalSTROM, die nach unterschiedlichen Prinzipien funktionieren. Der Vorteil der Vernetzung über die Elektroleitung liegt in der einfachen Installation, gerade auch zur Nachrüstung, da keine zusätzlichen Kabel verlegt werden müssen. Im Vergleich zu KNX kann die Datenübertragung allerdings langsamer sein.

VERNETZUNG PER FUNK-BUS

Eine weitere Möglichkeit ist die Datenübertragung per Funk. Im einfachsten Fall entspricht ein Funk-Bus der bekannten Fernbedienung: Auf Knopfdruck bewegen sich beispielsweise die Jalousien nach oben oder unten. Mit der Einbindung von Sensoren und der Steuerung über eine Funk-Buszentrale sind aber auch komplexe Steuerungen möglich, zum Beispiel Lichtszenen oder eine zentrale, zeitgesteuerte Sonnenschutzaktivierung.

Funk-Bussysteme können ebenfalls einfach ohne Leitungen installiert, dazugehörige Aktoren in die Unterputzdosen von Schaltern oder Steckdosen integriert werden. In der Regel werden die Sensoren wie Fernbedienungen von Batterien gespeist. Das bekannte Funk-Bussystem EnOcean arbeitet batterielos: Die Geräte erzeugen teilweise ihre eigene Energie, zum Beispiel Tastsender durch den

VERNETZUNG ÜBER STROMLEITUNG

am Beispiel digitalSTROM-Erweiterung Quelle: digitalSTROM

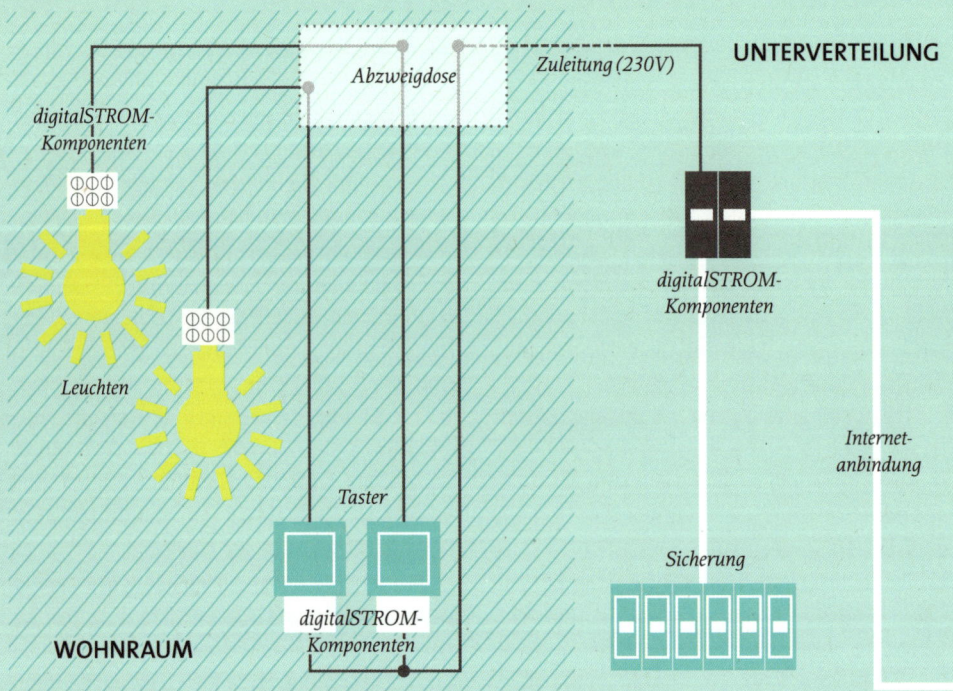

 # KNX

KNX ist eine Technik, die Smart-Home-Elemente wie Klima, Heizung, Beleuchtung, Sicherheit, Verschattung und vieles mehr über sogenannte Busleitungen miteinander verbindet und ihre zentrale Steuerung ermöglicht. KNX ist ein offener Standard, dem sich mehr als 370 Firmen weltweit angeschlossen haben, darunter renommierte Marken wie Gira, Jung, Merten, Busch-Jaeger und Siemens. Die Produkte verschiedener KNX-Hersteller können frei miteinander kombiniert werden.

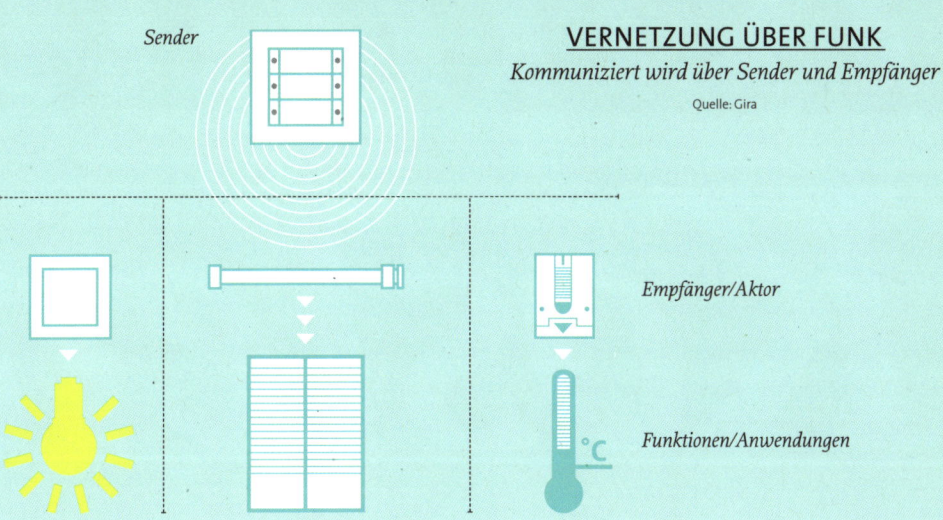

Sender

VERNETZUNG ÜBER FUNK
Kommuniziert wird über Sender und Empfänger
Quelle: Gira

Empfänger/Aktor

Funktionen/Anwendungen

mechanischen Druck auf die Tastwippe. Temperaturfühler oder Bewegungsmelder arbeiten mit Mini-Akkus, die von winzigen Solarzellen gespeist werden.

Es gibt eine Vielzahl von Systemen, darunter etliche herstellerübergreifende Standards, mit denen man Geräte unterschiedlicher Anbieter vernetzen kann. Neben EnOcean sind das zum Beispiel Z-Wave, ZigBee oder auch io-homecontrol. Proprietäre Systeme wie Loxone oder HomeMatic dagegen sind Gesamtpakete, bei denen alle Komponenten von einem Hersteller kommen.

Über Schnittstellen (Interfaces) lassen sich Kabel-, Funk- oder Elektroleitungssysteme auch miteinander kombinieren, etwa

in Form der Erweiterung einer KNX-Installation durch Funkkomponenten, wenn keine zusätzlichen Leitungen mehr gelegt werden können.

Außerdem spielen bei der intelligenten Haustechnik noch weitere Netze eine Rolle, die Sie schon von der Computer- und Internetnutzung her kennen: zum Beispiel WLAN, IP-Technik, Ethernet oder Bluetooth. Davon wird später noch ausführlicher die Rede sein.

In den folgenden Kapiteln beziehen wir uns im Allgemeinen auf eine KNX-Installation als Grundlage des Smart Home, stellen aber immer wieder auch andere Vernetzungsmöglichkeiten vor. ◾

② HEIZUNG UND LÜFTUNG

Klima Kosten balanc

Effizient aufeinander abgestimmt erzeugen Heizung, Kühlung, Lüftung und Luftfilterung im Smart Home ein Klima ganz nach Ihren Bedürfnissen.

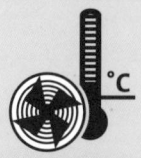

und
wohl
iert

WOHLFÜHL-KLIMA IN JEDEM RAUM – ZU JEDER ZEIT!

Ein clever reguliertes Heizungs-, Warmwasser- und Lüftungssystem verbessert nicht nur das Wohlbefinden in den eigenen vier Wänden. Es hilft auch kräftig, Energiekosten zu sparen.

IN DIESEM KAPITEL ERFAHREN SIE,

▶ *wie Sie die Wärme aus Luft, Boden, Grundwasser oder Sonnenenergie zum Heizen nutzen können*

▶ *welche Steuerungsmöglichkeiten es für die erneuerbaren Wärmeenergien gibt*

▶ *wie Sie effizienter heizen, indem Sie die Raumtemperatur in den Wohnräumen automatisch absenken, wenn Sie außer Haus sind*

▶ *mit welcher Technik Sie Ihre Heizungsanlage auch von außerhalb einstellen und steuern können*

▶ *wie sich die Temperaturen in allen Räumen ganz individuell nach den Wünschen der einzelnen Bewohner einstellen lassen*

▶ *welche Smart-Home-Funktionen verhindern, dass Energie zum Fenster „hinausgeheizt" wird*

▶ *warum es in manchen Häusern besser ist, die Fenster gar nicht zu öffnen und stattdessen das Lüften der intelligenten Technik zu überlassen*

Ihr Wunschszenario für besten Wohnkomfort im Smart Home könnte so aussehen: Wie jeden Tag stehen Sie um sieben Uhr auf und gehen ins Bad. Dort ist die Fußbodenheizung um diese Zeit auf angenehme 25 Grad Celsius vorgeheizt. Später, wenn alle Familienmitglieder zur Arbeit oder Schule gegangen sind, sinkt die Temperatur dort wieder selbstständig auf 22 Grad. In der Küche ist sie auf 23 Grad voreingestellt, im Gästezimmer meist kühler, da der Raum nur zeitweise genutzt wird. Ebenso im Schlafzimmer, denn wie viele Menschen möchten Sie lieber bei 16 bis 18 Grad schlafen. Ihr Smart Home regelt dafür die Temperatur jedes einzelnen Raums zum genau richtigen Zeitpunkt. So kann es im Schlafraum gern kühler, im Wohnzimmer oder in der Küche wärmer und im Kinderzimmer nur tagsüber zum Spielen warm und nachts zum Schlafen wieder kühler sein. Wenn niemand im Haus ist, dürfen die Temperaturen gern niedriger sein, aber wenn Sie abends nach Hause kommen, dann möchten Sie Ihr Wohnzimmer gemütlich vorgewärmt haben. Für diesen Komfort sorgt die automatische Heizungsregelung – und spart dabei auch noch Energiekosten.

Eine intelligente Steuerung von Heizung und Klima gehört sicherlich zu den Kernfunktionen im Smart Home. Dadurch ist es möglich, für jeden Raum immer die richtige Temperatur und Luftfeuchtigkeit einzustellen. So werden die Räume bedarfsgerecht geheizt, die Luftfeuchtigkeit wird entsprechend gering ge- ▶

TAG UND NACHT STETS ANGEMESSENE TEMPERATUREN

Jahreszeit, Wetterlage, Komfortbedürfnis und Nutzung eines Raums bestimmen im Smart Home individuell, welche Temperaturen wann und wo vorherrschen.

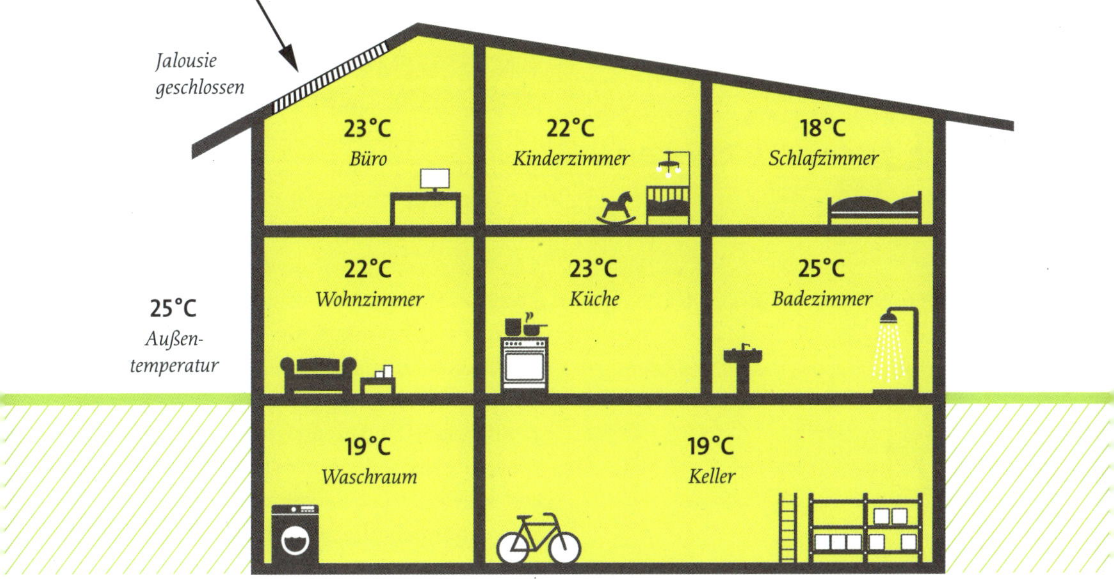

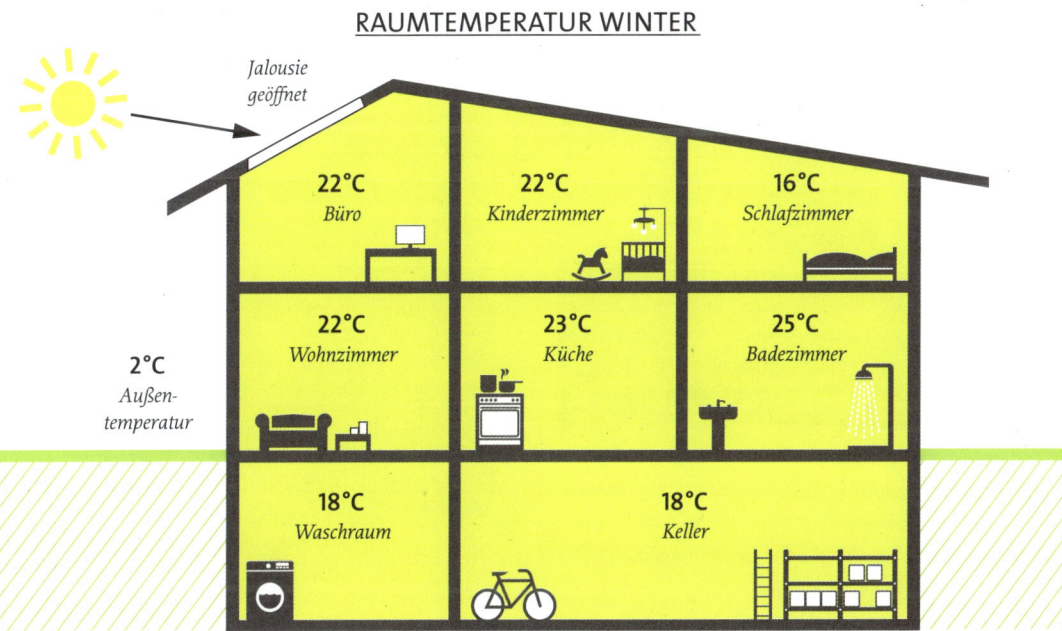

Jalousie geschlossen

| 23°C | 22°C | 18°C |
| Büro | Kinderzimmer | Schlafzimmer |

25°C
Außen-temperatur

| 22°C | 23°C | 25°C |
| Wohnzimmer | Küche | Badezimmer |

| 19°C | 19°C |
| Waschraum | Keller |

RAUMTEMPERATUR SOMMER

RAUMTEMPERATUR WINTER

Jalousie geöffnet

| 22°C | 22°C | 16°C |
| Büro | Kinderzimmer | Schlafzimmer |

2°C
Außen-temperatur

| 22°C | 23°C | 25°C |
| Wohnzimmer | Küche | Badezimmer |

| 18°C | 18°C |
| Waschraum | Keller |

Fotos: Gira

Der offene KNX-Standard, dem sich zahlreiche Anbieter von Smart-Home-Technologien verpflichtet haben, ermöglicht die Automatisierung aller Systeme im Gebäude und macht Wohnen komfortabler und effizienter. Insbesondere ist damit eine intelligente Steuerung von Heizung und Lüftung möglich.

halten, Wärmeverluste werden vermieden. Wenn Ihr Smart Home über eine „kontrollierte Wohnraumlüftung" verfügt, dann wird es automatisch mit frischer Luft versorgt, auch wenn in den Wintermonaten Türen und Fenster geschlossen bleiben.

KNX-SYSTEME FÜR EIN GESUNDES RAUMKLIMA

Für die intelligente Steuerung der Heizung und Lüftung ist eine KNX-Installation, deren Grundzüge in Kapitel 1 bereits beschrieben wurden, ideal. Über die zusätzlich zur 230-Volt-Stromleitung verlegte Busleitung erfolgt der Informationstransfer von den Sensoren (Taster und Fühler) zu den Aktoren (elektronische Relais). Das sieht zum Beispiel so aus: Ein Fühler erfasst die aktuelle Temperatur und Luftfeuchte im Raum. Liegen die Werte über oder unter den voreingestellten Sollwerten, so übermitteln die Sensoren diese Information an die Aktoren. Wenn die Temperatur im Wohnzimmer unter 20 Grad Celsius gesunken ist, veranlasst der Aktor, dass sich die Heizungspumpe in Gang setzt. Sollte die Luftfeuchte über 60 Prozent gestie-

Foto: Gira

KNX-SYSTEM
UND HEIZUNG

Per Tastendruck wird der Aktor über den KNX-Bus angesteuert, das Thermostat-Ventil der Heizung wird geöffnet oder geschlossen.

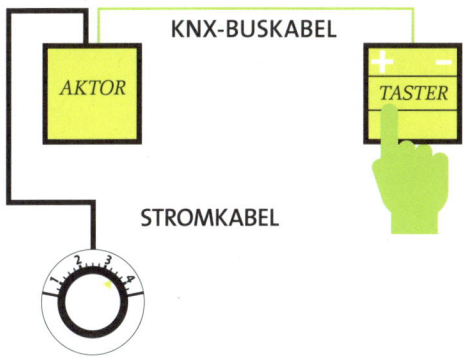

und ihre Verbrennung trägt über den hohen CO_2-Ausstoß zum schnellen Klimawandel bei. Wenn Sie also die Heizungstechnik in Ihrem neuen Haus planen, lohnt es sich mit Blick auf Nachhaltigkeit, Umweltschutz und nicht zuletzt Ihren eigenen Geldbeutel, regenerative Energiequellen für Ihr Smart Home zu nutzen. Solar- und Erdwärme oder auch Holzpellets sind zukunftssicher und, langfristig gesehen, günstiger als konventionelle Brennstoffe. Nach dem Erneuerbare-Energien-Wärmegesetz ▶

gen sein, setzen die entsprechenden Aktoren entweder den Motorantrieb für die automatische Fensteröffnung oder die Lüftungsanlage in Gang. Die Steuerung kann über Bedienpanels, Touchscreens oder Tablets, von unterwegs auch mobil über Smartphones erfolgen.

Im Neubau ist KNX sicherlich das System der Wahl fürs Smart Home, denn hier lassen sich die Busleitungen gleich mitverlegen. Doch auch dort, wo ein kabelgebundenes Steuerungssystem nicht zu realisieren ist, zum Beispiel in einem Altbau, müssen Sie nicht auf eine intelligente Heizungs- und Klimasteuerung verzichten. Sensoren und Aktoren können auch über ein Funk-Bussystem miteinander kommunizieren, um Ihr Zuhause behaglich, aber energiesparend zu heizen und zu belüften.

MIT REGENERATIVER ENERGIE NACHHALTIG HEIZEN

Grundsätzlich könnte man jedes Heizsystem mit einer intelligenten Haustechnik kombinieren und damit seine Effizienz steigern. Das gilt also auch für konventionelle Heizungsanlagen, die mit Öl oder Erdgas betrieben werden. Bekanntlich aber sind diese fossilen Energieträger knappe und daher teure Rohstoffe

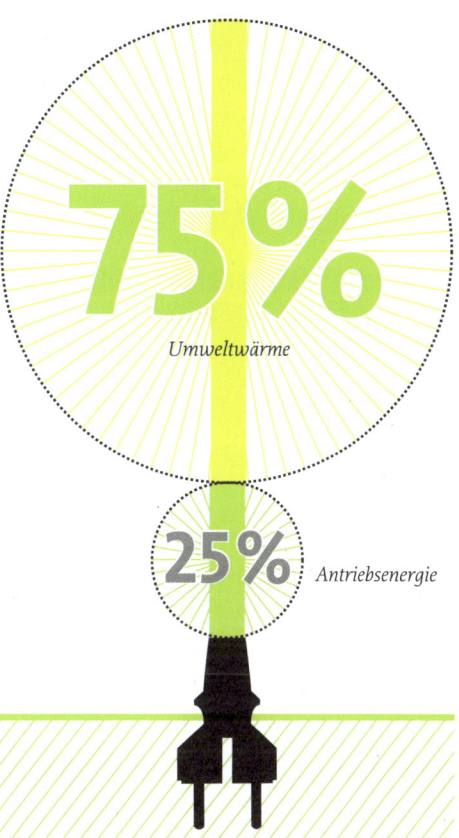

EFFIZIENTE WÄRMEPUMPE
Aus Umweltwärme kann mit geringem Energieaufwand Nutzwärme für Heizung und Warmwasser erzeugt werden.

Quelle: Bundesverband Wärmepumpe e.V.

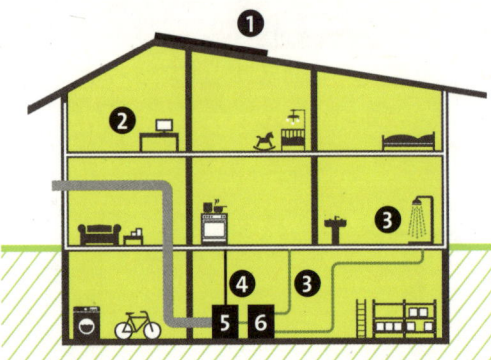

▶ (EEWärmeG) sind Sie im Neubau sogar verpflichtet, zumindest einen Teil Ihres Wärmebedarfs mit regenerativen Quellen zu decken (Quelle: Bundesverband Wärmepumpe e.V.). Wie groß dieser Anteil sein muss, richtet sich nach der Art des Energieträgers.

Eine steigende Anzahl von Bauherren entscheidet sich für eine Wärmepumpenheizung. Das Prinzip der verschiedenen Formen dieses Heizsystems basiert darauf, der Umwelt – also Luft, Erdreich oder Grundwasser – Wärmeenergie zu entziehen und über einen Kompressor auf ein höheres Temperaturniveau anzuheben, damit das Haus geheizt werden kann. Effiziente Wärmepumpen können aus durchschnittlich 75 Prozent Umweltwärme und nur 25 Prozent Antriebsenergie 100 Prozent Nutzwärme erzeugen, die für die Raumheizung und zur Wassererwärmung eingesetzt werden kann.

1	Solarkollektor	4	Kaltwasser
2	Fußbodenheizung	5	Wärmepumpe
3	Warmwasser	6	Wärmespeicher

WÄRMEPUMPEN NUTZEN ENERGIE AUS LUFT, WASSER ODER ERDREICH

Je nach Energiequelle unterscheidet man verschiedene Arten von Wärmepumpen:
Eine Luft-Wasser-Wärmepumpe gewinnt Wärme aus der Außenluft und nutzt sie zum Heizen und zur Warmwassererwärmung. Das ist selbst im Winter bei eisigen Temperaturen möglich – wenn auch mit höherem Energieaufwand.

Eine Sole-Wasser-Wärmepumpe nutzt dagegen das Erdreich als Energiequelle. Umgekehrt kann im Sommer Kühle aus dem Erdreich verwendet werden, um ein angenehmes Klima in den Wohnräumen zu erzeugen.

Eine Wasser-Wasser-Wärmepumpe nutzt das Grundwasser als Wärmeträger. Für solche Anlagen benötigen Sie deshalb auch eine Ge-

LUFT-WASSER-WÄRMEPUME

Die Wärme aus der Außenluft wird zum Heizen genutzt. Ein Solarkollektor liefert an sonnigen Tagen zusätzlich Wärme.

nehmigung des Wasserwirtschaftsamts. Aus einem Saugbrunnen wird das Grundwasser über einen Wärmetauscher geleitet, durch den Entzug von Wärme abgekühlt und über einen Schluckbrunnen wieder ins Erdreich zurückgeleitet. Auch damit können Sie im Sommer Räume kühlen.

VARIANTEN VON SOLE-WASSER-WÄRMEPUMPEN

Wärmepumpen, die das Erdreich als Energiequelle nutzen, werden nach drei Gewinnungsprinzipien unterschieden: Für eine Sole-Was-

WÄRMEPUMPE

Eine Wärmepumpe nimmt thermische Energie aus der Luft, dem Erdreich oder dem Grundwasser auf und überträgt diese mit der Antriebsenergie als Nutzwärme ins Haus. Sie kann als Heizwärme oder zur Warmwasserbereitung genutzt werden.

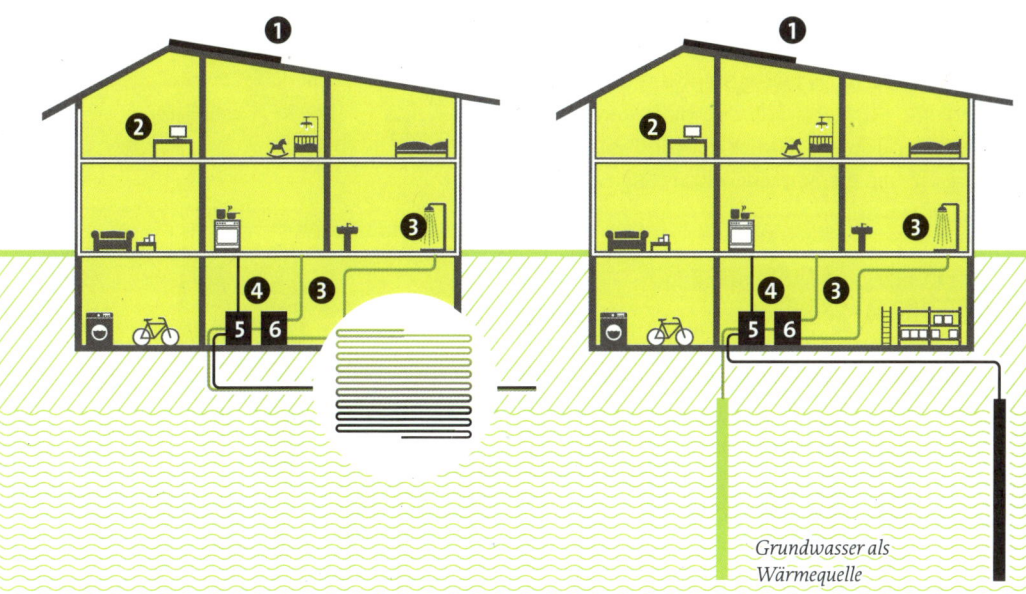

SOLE-WASSER-WÄRMEPUME

*Hier spendet das Erdreich bei Bedarf
sowohl Wärme als auch Kühle.*

WASSER-WASSER-WÄRMEPUMPE

*Grundwasser wird über einen Wärmetauscher
geleitet und anschließend wieder abgegeben.*

*Grundwasser als
Wärmequelle*

ser-Wärmepumpe mit Erdsonden werden, je
nach Klima und Boden, im Abstand von mindestens sechs Metern zwei bis zu 100 Meter tiefe und 15 bis 20 Zentimeter große Löcher senkrecht in den Boden gebohrt, welche die Sonden
aufnehmen. Diese bestehen aus Kunststoffroh-
ren, in denen Sole, ein Gemisch aus Wasser und
Frostschutzmittel, zirkuliert. Die Sole entzieht
dem Boden Wärme und gibt sie über Wärmetauscher an die Wärmepumpe ab.

Eine Sole-Wasser-Wärmepumpe mit Kol-
lektor benötigt keine tiefen Erdbohrungen, dafür jedoch eine große unbebaute Fläche. Auf ihr
wird ein Rohrsystem in einer Tiefe von etwa 80
bis 120 Zentimetern horizontal verlegt .

Schließlich gibt es noch den Energiezaun,
welcher der Luft über seine Oberfläche Wärme
entzieht und diese weitergibt. Allerdings funktioniert diese Variante nur in Regionen mit mil-
den Wintern. Die biegsamen Kunststoffrohre
des Zauns sind ebenfalls mit einem Sole-Was-
ser-Gemisch gefüllt. Der Zaun kann bepflanzt ▶

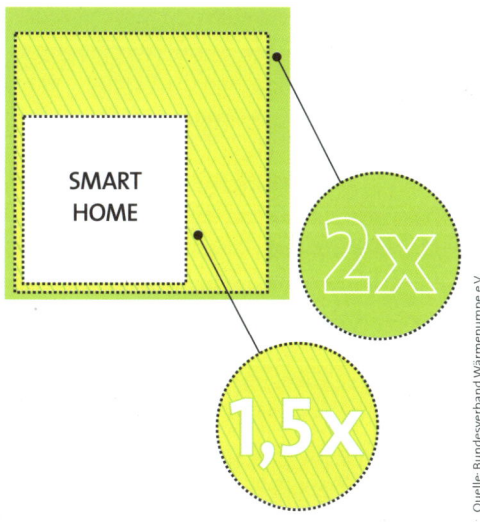

GRUNDSTÜCKSFLÄCHE
BEIM EINSATZ VON KOLLEKTOREN

*Um genügend Erdwärme für eine Sole-Wasser-
Wärmepumpe zu gewinnen, sollte die Fläche der
verlegten Kollektoren eineinhalb- bis zwei Mal so
groß sein wie die Wohnfläche.*

werden, was ihn im Sommer zur Zierde des Gartens macht. Allerdings sollten laubabwerfende Klettergewächse gewählt werden, damit der Zaun im Winter frei von Beschattung ist und die Sonneneinstrahlung nicht behindert wird.

WELCHE WÄRMEPUMPE IST DIE RICHTIGE FÜR SIE?

Gute Wärmepumpen gibt es von vielen verschiedenen Herstellern. Achten Sie bei Ihrer Entscheidung auf folgende Kriterien: Luft-Wasser-Wärmepumpen sind in der Anschaffung mit einem Gerätepreis zwischen 10.000 und 15.000 Euro günstiger als Sole-Wasser- oder Wasser-Wasser-Pumpen. Bei Letzteren kommt noch der erhöhte Aufwand für Bohrung und Verlegung von Rohren oder Kollektoren hinzu. Der Energiezaun ist zwar in der Installation günstiger als Erdsonde oder Flächenkollektor, allerdings ist auch seine Leistung geringer und deshalb die Wirtschaftlichkeit des Systems umstritten.

Relevant sind außerdem das Klima in Ihrer Region – vor allem im Winter –, die Lage und die Größe des Grundstücks, die Qualität des Bodens und des Grundwassers sowie besondere Nutzungsbedürfnisse der Hausbewohner. In Regionen mit kalten Wintern sind eher Wasser-Wasser- und Sole-Wasser-Pumpen empfehlenswert, denn ab einer bestimmten Außentemperatur kann die Luft-Wasser-Pumpe das Haus nicht mehr ausreichend beheizen.

Für eine Sole-Wasser-Pumpe auf der Basis von Kollektoren benötigen Sie ein Grundstück, das ungefähr eineinhalb bis zwei Mal so groß wie die Wohnfläche ist, die beheizt werden soll. Dann können Sie damit genügend Umweltwärme gewinnen.

Eine Wasser-Wasser-Wärmepumpe, die das Grundwasser nutzt, stellt die höchsten Anforderungen: Vor der Bohrung müssen Sie die Qualität und die Temperatur des Grundwassers untersuchen und die Wassermenge

ERDSONDEN
Zwei vertikal verlegte u-förmige Kunststoffrohre entziehen dem Erdreich Wärme.

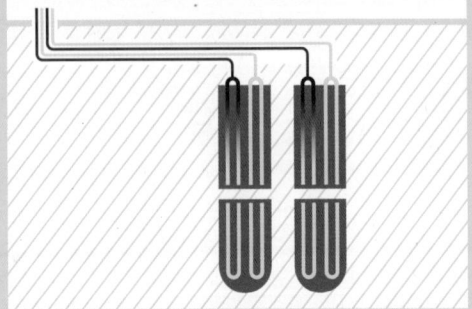

KOLLEKTOREN
Auf dem Grundstück wird horizontal ein schlangenförmiges Rohrsystem verlegt.

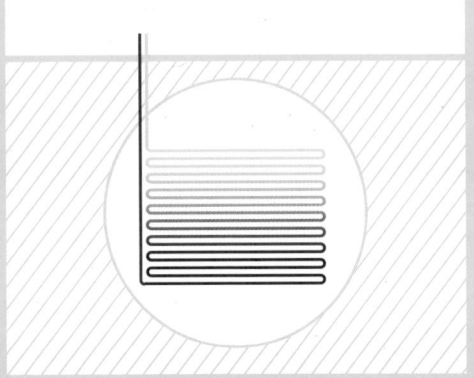

ENERGIEZAUN
Über seine Oberfläche entzieht der Zaun Wärme aus der Umgebungsluft.

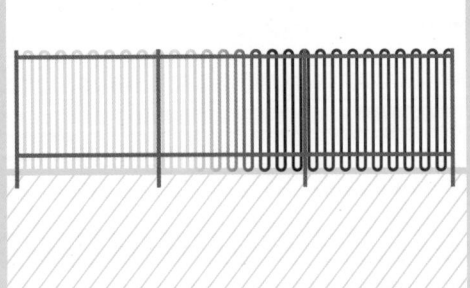

ermitteln lassen, die maximal pro Zeiteinheit (Liter pro Sekunde) entzogen werden kann. In Trinkwasserschutzgebieten ist eine Wasser-Wasser-Wärmepumpe jedoch generell nicht gestattet.

WÄRMEPUMPEN BIETEN ECHTE SPARPOTENZIALE

Unabhängig davon, für welches Prinzip Sie sich entscheiden: Mit jeder Wärmepumpe, die regenerative Energiequellen nutzt, lassen sich Heizkosten sparen. Bei den effizientesten Modellen ist eine Heizkosteneinsparung von bis zu 50 Prozent im Vergleich zu einer Gasbrennwertheizung möglich (Quelle: co2online.de). Günstiger und

noch klimafreundlicher arbeitet die Wärmepumpenanlage, wenn Sie den Strom für ihren Antrieb selbst produzieren: mit einer Photovoltaikanlage auf dem Hausdach.

Beim Kauf einer Wärmepumpe werden Sie mit staatlichen Fördergeldern unterstützt, allerdings in der Regel nur bei der Erneuerung von Heizungssystemen in Bestandsgebäuden. Im Neubau gibt es Zuschüsse nur für Wärmepumpen, die besonders hohe Effizienzkriterien erfüllen.

ENTWICKLUNG DER ENERGIEPREISE FÜR PRIVATE HAUSHALTE

Sie spüren es bei jeder Nachschlagszahlung für Ihren Energieanbieter:
Die Preise steigen seit Jahren kontinuierlich. Doch es gibt Möglichkeiten,
wie Sie mit modernen Heizanlagen effizienter wirtschaften können.

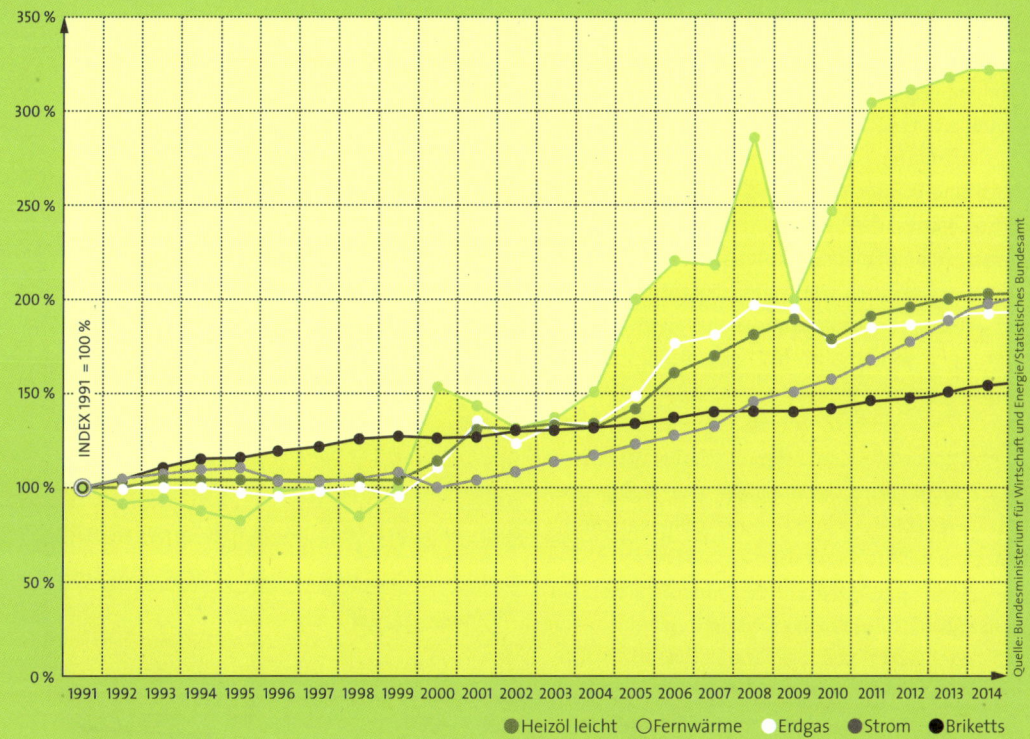

Quelle: Bundesministerium für Wirtschaft und Energie/Statistisches Bundesamt

● Heizöl leicht ○ Fernwärme ● Erdgas ● Strom ● Briketts

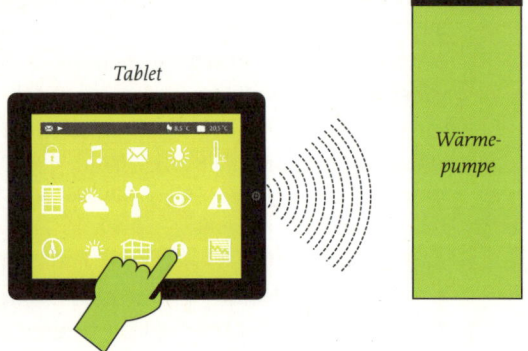

Tablet

Wärme-pumpe

ÜBERWACHUNG DER WÄRMEPUMPE

Integrieren Sie auch Ihre Wärmepumpe in die Gebäudeautomation, so können Sie diese wie alle anderen eingebundenen Systeme bequem per Tablet überwachen.

EINBINDUNG INS SMART HOME

Eine intelligente Haustechnik ist zwar keine Voraussetzung für den Betrieb einer Wärmepumpe, doch die Einbindung in die Gebäudeautomation hat erhebliche Vorteile: Sie können die Anlage so selbst überwachen und bei Bedarf Einstellungen per Fernzugriff vornehmen. Zudem können Sie Verbrauchsdaten aufzeichnen und später für eine Auswertung grafisch darstellen. Nicht immer laufen Wärmepumpen in der Praxis von Anfang an so optimal wie gewünscht. Wie effizient eine Anlage tatsächlich arbeitet, erkennt man an der Jahresarbeitszahl (JAZ). Sie beschreibt das Verhältnis von über das Jahr abgegebener Wärme zur dafür eingesetzten elektrischen Energie. Je höher der JAZ-Wert, desto effizienter ist die Wärmepumpe. Sole-Wasser- und Wasser-Wasser-Wärmepumpen sollten eine Jahresarbeitszahl von 4 erreichen – das entspricht dem am Kapitelanfang genannten Einsatzverhältnis von 25 Prozent Antriebs- und 75 Prozent Umweltenergie. Luft-Wasser-Wärmepumpen sollten eine JAZ von mindestens 3,5 aufweisen.

Wenn Sie Ihre Wärmepumpenanlage laufend überwachen und sich die Verbrauchsdaten anzeigen lassen, können Sie den Anlagenbetrieb jederzeit optimieren und zielgenau an Ihr aktuelles Nutzerverhalten anpassen.

Wärmepumpen verschiedener Hersteller lassen sich direkt in das KNX-System einbinden. Eine eingebaute oder separate Steuereinheit regelt die Heizungsanlage anhand von Datum, Uhrzeit, Außentemperatur, Rücklauftemperatur des Heizkreises und Warmwassertemperatur. Zur Einbindung in das System ist ein sogenanntes „Gateway" erforderlich, eine Art Konverter, der verschiedene Netzwerke miteinander verbindet und dadurch auch „systemfremde" Produkte wie die Wärmepumpe integrieren kann. Auch ein Anschluss an das Ethernet oder IP-Netz – das Netzwerk Ihres Computers – ist möglich. Dann können Sie Ihre Wärmepumpenanlage bequem per Desktop, Notebook oder Smartphone steuern. Mit einer derart eingebundenen Wärmepumpe profitieren Sie gleich auf mehreren Ebenen: Sie setzen auf zukunftssichere regenerative Energien, sparen Heizkosten und steuern alles höchst komfortabel.

Mehr zu computergesteuerten Netzen erfahren Sie in den Kapiteln 6 und 7.

Foto: Buderus

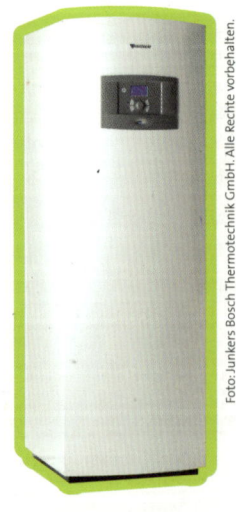

Foto: Junkers Bosch Thermotechnik GmbH. Alle Rechte vorbehalten.

Wärmepumpen sind kompakte Geräte, die in jeden Keller passen.

HEIZEN MIT HOLZPELLETS

Es gibt jedoch noch weitere Möglichkeiten, regenerative Ressourcen im Smart Home zu nutzen. Pellets, englisch für „Kügelchen", sind in der Regel aus Abfällen von Sägewerken hergestellte Holzpresslinge, die zum Heizen genutzt werden. Bäume müssen hierfür nicht gefällt werden. Im Vergleich mit Gas oder Öl gelten sie als ressourcenschonend und klimafreundlich, denn sie verbrennen CO_2-neutral. Das heißt, bei der Verbrennung von Pellets wird nur so viel Kohlendioxid freigesetzt, wie der Baum zuvor in seiner Wachstumsphase aufgenommen hat.

Es gibt sowohl kleinere Pellet-Einzelöfen als auch Zentralheizungen für einen größeren Energiebedarf ab 8 kW und mehr. Die Öfen sind eher als Ergänzung zu anderen Wärmequellen geeignet. Als umfassende Heizlösung im Smart Home kommt eher die Zentralheizung in Betracht. Man unterscheidet halb- oder vollautomatische Varianten.

Bei einer vollautomatischen Anlage ist der Kessel der Heizung über ein Schnecken- oder Saugsystem mit dem Pelletlager verbunden. Dadurch muss der Lagerraum nicht direkt an den Heizraum angrenzen. Ein modernes Saugsystem kann Entfernungen von bis zu 25 Metern überwinden. Der Pelletkessel heizt nur so lange, bis das Wasser in einem Pufferspeicher seine Solltemperatur erreicht hat. Die Heizung wird mit dem warmen Wasser aus dem Speicher versorgt. Wird die Solltemperatur wieder unterschritten, startet der Pelletkessel die Feuerung erneut. Eine halbautomatische Heizung funktioniert nach dem gleichen Prinzip, allerdings muss der Vorratsbehälter hier von Hand befüllt werden.

PELLETANLAGEN IM PAKET

Die Preise für eine Pelletheizung setzen sich aus den Kosten für Kessel, Lager, Austragungssystem und Pufferspeicher zusammen.

Dazu kommen noch Aufwendungen für die Installation. Für das Komplettpaket müssen Sie mindestens 16.000 Euro investieren (Quelle: Öko-Test: Gesund Wohnen, Ratgeber Bauen und Wohnen, 2015). Staatliche Fördermittel machen die Anschaffung preisgünstiger. Allerdings gibt es diese wie auch bei Wärmepumpen nur, wenn eine bestehende Heizungsanlage umgerüstet wird.

Pelletheizungen verschiedener Hersteller können wie Wärmepumpen ebenfalls per KNX-Anbindung in die Gebäudeautomation integriert werden. Es gibt auch Modelle, die über Ethernet mit dem DSL-Router verbunden werden. Das ermöglicht Ihnen per Internet und über mobile Endgeräte sogar den standortungebundenen Zugriff. Selbst im Urlaub könnten Sie dann überprüfen, wie viele Pellets noch im Lager sind.

KOMBINIEREN SIE RICHTIG!

Wenn Sie im Smart Home auf einen erneuerbaren Energieträger zum Heizen setzen, haben Sie bereits einen großen Schritt in Richtung Nachhaltigkeit getan. Doch Sie können noch mehr tun, indem Sie verschiedene regenerative Energien miteinander kombinieren. Betrachten wir wieder die Wärmepumpe als Beispiel: Sie nutzt zwar die erneuerbaren Quellen der Umweltwärme, benötigt aber nach wie vor Strom für den Betrieb. Das System lässt sich optimieren, wenn Sie Ihre Wärmepumpe mit einer Solarstromanlage kombinieren. Mit Photovoltaikmodulen können Sie den benötigten Strom selbst produzieren, die Wärmepumpe nutzt dann zu 100 Prozent erneuerbare Energien für die Erzeugung von Heizenergie. Mehr zur Photovoltaikanlage im Smart Home erfahren Sie in Kapitel 8.

Mit einer solarthermischen Anlage dagegen nutzen Sie die Sonneneinstrahlung über Solarkollektoren, um Ihre Wärmepumpe beim Heizen und Wassererwärmen zu unterstützen. Im Sommer kann das Warm-

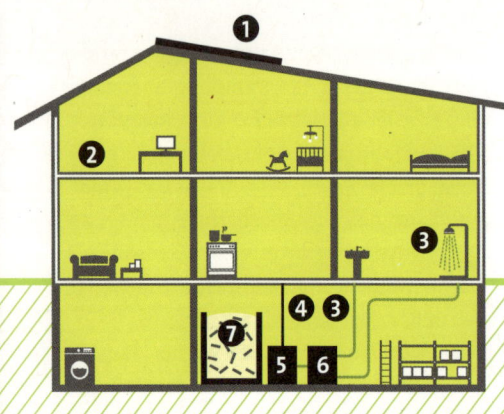

1 Solarkollektor   5 Pelletheizkessel
2 Fußbodenheizung   6 Wärmespeicher
3 Warmwasser   7 Pelletvorratsbehälter
4 Kaltwasser

HOLZ UND SONNE GEMEINSAM GENUTZT

Pellets im Keller, Solarkollektoren auf dem Dach: Die Kombination der Systeme erhöht die Effizienz.

▶ wasser fast ausschließlich mit Sonnenenergie erwärmt werden, in der Übergangszeit kann sie zur Heizungsunterstützung genutzt werden. Im Winter können die Sonnenkollektoren eine Schwachstelle der Luft-Wasser-Wärmepumpe ausgleichen: Bei Außentemperaturen unter null Grad Celsius verliert diese an Effizienz, bei Temperaturen unter −10 Grad ist der Betrieb nur

noch mit hohem Einsatz elektrischer Energie möglich. Da kalte winterliche Temperaturen aber oft mit klarem Himmel und Sonnenschein einhergehen, kann die Sonne einspringen.

Und noch weitere Kombinationen können sinnvoll sein: So lassen sich Wärmepumpen mit Modulen zur Wärmerückgewinnung aus der Be- und Entlüftung des Hauses ergänzen. Damit wird die Abluft bewohnter Räume als zusätzliche Wärmequelle nutzbar gemacht. Das funktioniert im Prinzip folgendermaßen: Die „verbrauchte" Luft aus den Wohnräumen wird absaugt und über einen Wärmetauscher geleitet. Die dabei zurückgewonnene Wärmeenergie fließt dem Wärmepumpenkreislauf erneut zu. In extrem gut gedämmten Häusern, sogenannten Passivhäusern, die fast keine Heizung mehr brauchen, reicht die Wärmerückgewinnung sogar als alleinige Wärmequelle aus. Den Aspekt der „kontrollierten Wohnraumlüftung" behandelt der letzte Abschnitt dieses Kapitels ausführlich.

KOMBINIERT ODER INTEGRIERT: DREI AUF EINEN STREICH

Noch mehr Vorteile kann es bringen, wenn Sie gleich drei Energieträger koppeln: Wärmepumpe, Wärmerückgewinnung mittels Lüftungsanlage und außerdem eine Solaranlage. Das Koppelsystem kann mit Geräten, die genau auf Ihr Gebäude ausgelegt sind, aufgebaut werden. Einige Hersteller bieten auch sogenannte Integralsysteme an. Damit werden Lüftung, Heizung, Kühlung und Warmwasserbereitung in einer Anlage abgedeckt. Ob für Ihr Haus solch ein

 **INTEGRALSYSTEME**

Integralsysteme vereinen Lüftung, Heizung, Kühlung und Warmwasser in einem Gerät. Basis ist eine Lüftungsanlage, die mit einer Wärmepumpe kombiniert ist. Auch Solaranlagen können eingebunden werden. Das System koppelt in diesem Fall ideal kontrollierte Wohnraumlüftung mit Wärmerückgewinnung, Heizungs- und Warmwassererzeugung sowie Solarenergie.

Komplettpaket geeignet ist, hängt unter anderem von der benötigten Heizleistung ab. Vor der Entscheidung sollten Sie einen Experten oder eine Expertin für Energieberatung zu Rate ziehen.

Die Basis von Integralsystemen ist meist eine Lüftungsanlage, die mit der Wärmepumpe kombiniert ist. Solaranlagen, sowohl zur Wärme- als auch zur Stromgewinnung, können in der Regel ebenfalls problemlos eingebunden werden. Es gibt Integralsysteme mit zentraler und dezentraler Zuluft. Beim ersten Typ werden Abluft und Zuluft zentral aus den einzelnen Räumen abgesaugt beziehungsweise zugeführt. Beim zweiten wird Zuluft dezentral zugeführt.

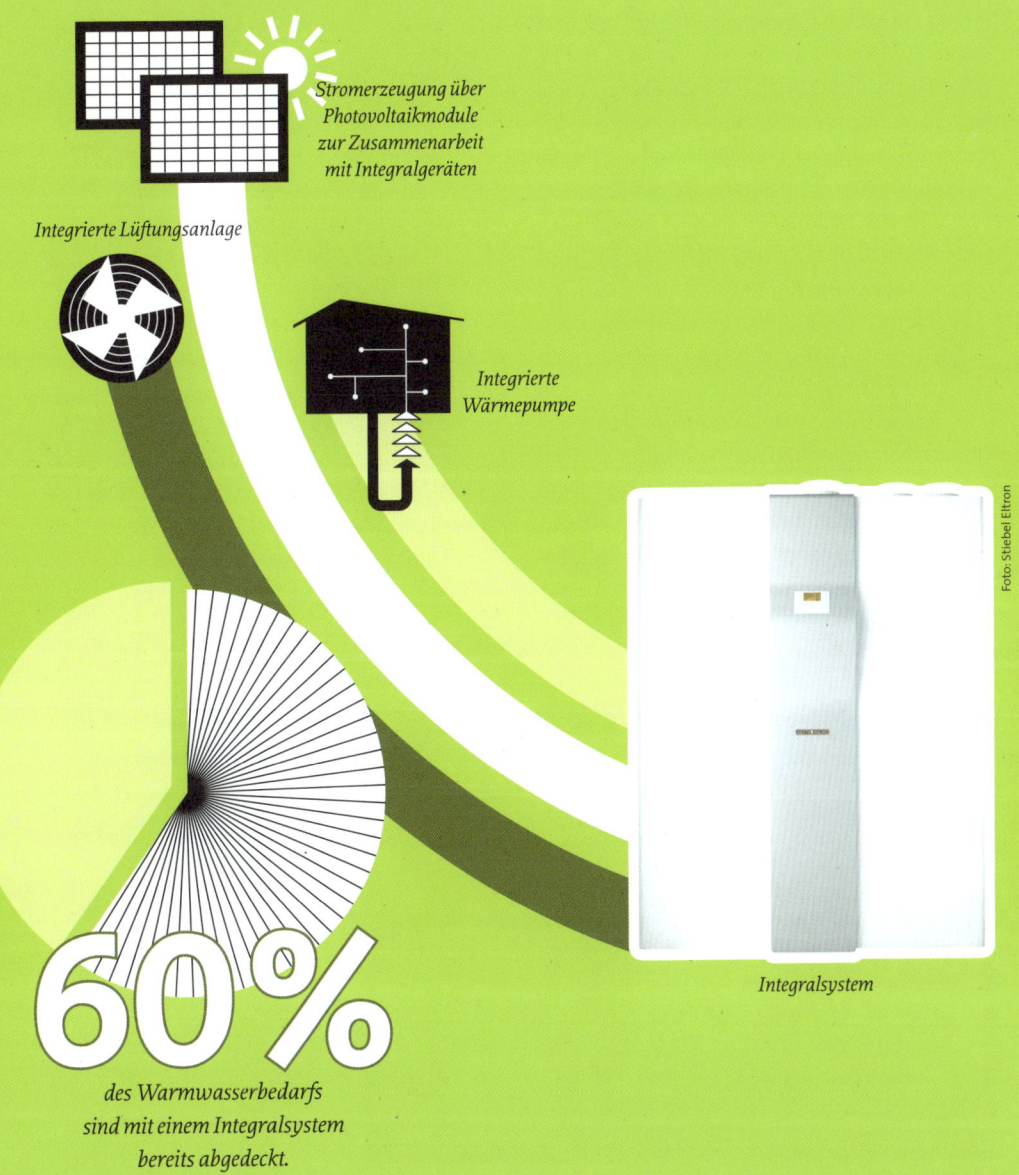

Stromerzeugung über Photovoltaikmodule zur Zusammenarbeit mit Integralgeräten

Integrierte Lüftungsanlage

Integrierte Wärmepumpe

Foto: Stiebel Eltron

Integralsystem

60 %

des Warmwasserbedarfs sind mit einem Integralsystem bereits abgedeckt.

SMART HOME FÜR
NEUE HEIZSYSTEME VORBEREITEN

Damit Heizungen auf der Basis von erneuerbaren Energien wie Wärmepumpen oder Lüftungsanlagen mit Wärmerückgewinnung erfolgreich und wirtschaftlich eingesetzt werden können, sollte der Wärmebedarf des Hauses möglichst gering sein. Das erreicht man durch eine gute und dichte Dämmung der Außenhülle inklusive moderner Wärmeschutzfenster. Wenn Sie Ihr Smart Home als Neubau planen, muss es diese Voraussetzung ohnehin erfüllen, denn die Energieeinsparverordnung (EnEV 2014, gültig ab 2016) schreibt die energieeffiziente Bauweise für neue Häuser vor. Wenn Sie Ihren Altbau umrüsten wollen, dann sollten Sie unbedingt die Außenhülle des Hauses dämmen, bevor Sie eine Wärmepumpe oder ein Integralsystem installieren lassen. Mehr zur Nachrüstung erfahren Sie in Kapitel 9.

Außerdem sollten die erneuerbaren Energiequellen möglichst mit einer Wand- oder Fußbodenheizung kombiniert werden. Ein solches Flächenheizsystem kommt im Gegensatz zu herkömmlichen Heizkörpern mit niedrigen Vorlauftemperaturen von nur bis zu 35 Grad Celsius aus. Das spart elektrische Antriebsenergie. Im Neubau ist die Verlegung von Heiz-

Thermische Qualität durch gedämmte Gebäudehüllen

Energie-verbrauch

Energie-verbrauch

Energieeffizienz durch Vernetzung, Anlagentechnik und eigene Energieerzeugung

VON AUSSEN NACH
INNEN WIRKSAM

Wenn die Gebäudehülle des Smart Home gut gedämmt und abgedichtet ist, können Heizungs-, Lüftungs- und Warmwassersysteme perfekt arbeiten.

schlangen unter dem Bodenbelag oder in der Wandkonstruktion natürlich einfacher zu realisieren als im Altbau. Es gibt aber auch Systeme, die für die Modernisierung geeignet sind. Flächenheizungen sind nicht nur sparsam, sondern auch komfortabel und verbreiten eine angenehme Strahlungswärme.

WAND- UND
FUSSBODENHEIZUNG

Flächenheizungen sind ideal für die Wärmeverteilung bei erneuerbaren Energien.

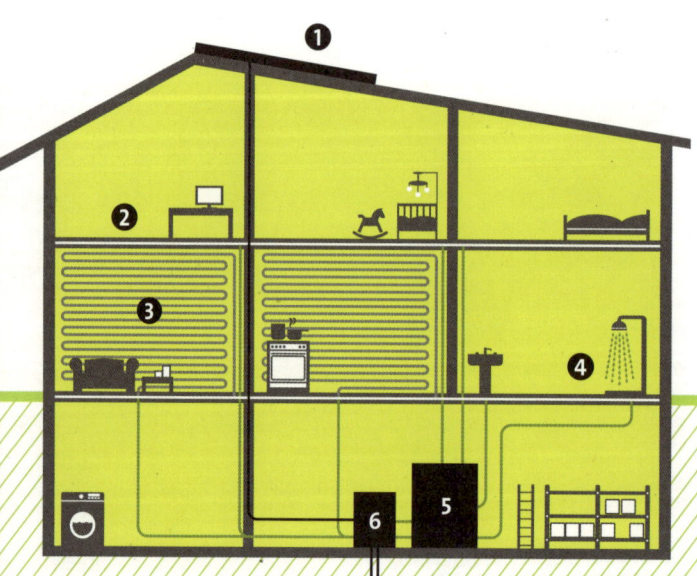

1   Solarkollektor
2   Fußbodenheizung
3   Wandheizung
4   Warmwasser
5   Pufferspeicher
6   Erdwärmepumpe

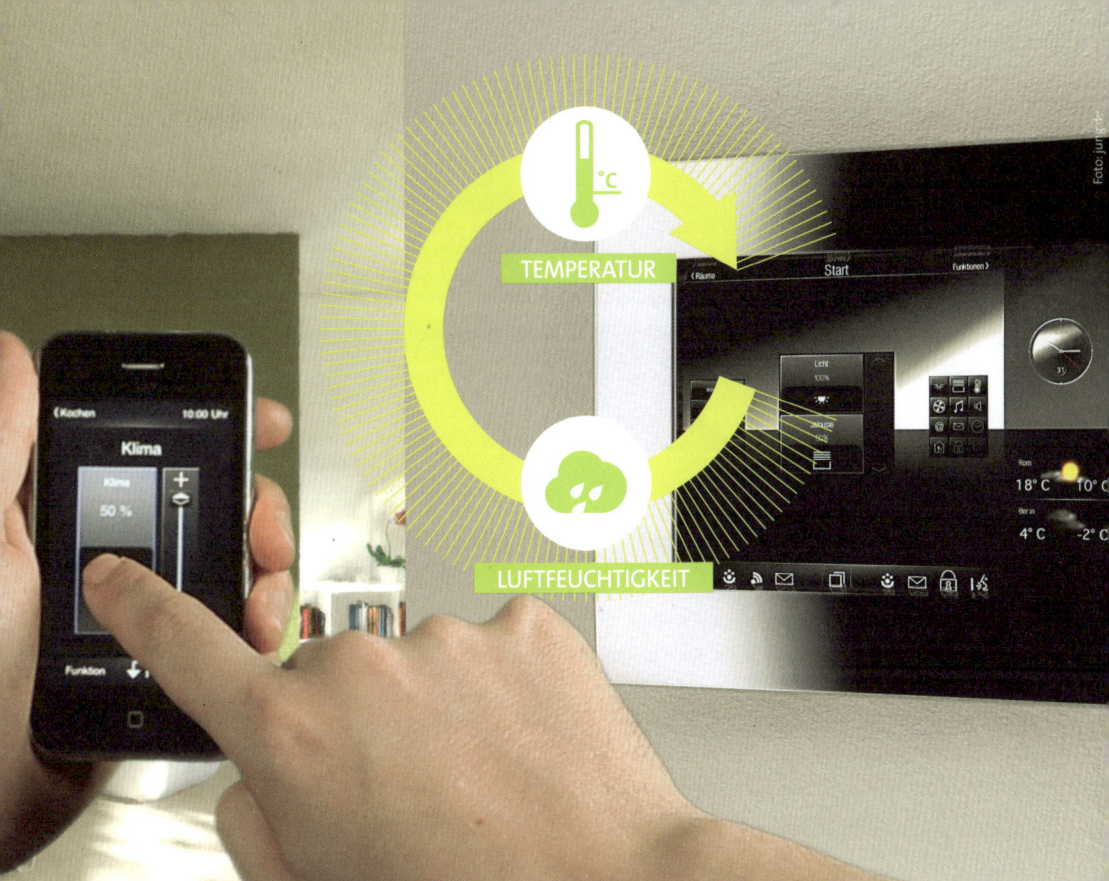

Per Display oder mit einem mobilen Endgerät regulieren Sie Ihr ganz persönliches Wohlfühlklima flexibel in jedem Raum.

Während sich heutzutage die Temperatur in den meisten Autos über eine automatische Klimaanlage exakt einstellen lässt, müssen Bewohner konventioneller Häuser oder Wohnungen die Wärmezufuhr immer noch durch das Auf- oder Zudrehen der Thermostatventile an den Heizkörpern in ihren Räumen regulieren. Zwar lässt sich über die Skala der Ventile (in der Regel Stufe 1 bis 5) die Zieltemperatur grob einstellen, doch oft werden sie falsch genutzt, sodass die Räume leicht überheizen. Wer vergisst, die Ventile während des Lüftens zuzudrehen, entlässt teuer eingekaufte Wärme durchs offene Fenster wieder ins Freie. Eine solche Wärmesteuerung bietet wenig Komfort und ist zudem unrentabel.

Die Heizkörperventile im Smart Home werden dagegen vom intelligenten Steuersystem reguliert. Raumthermometer messen Temperatur und Luftfeuchtigkeit. Bei vielen Modellen können Sie eine Solltemperatur und eine Zeitvorgabe voreinstellen. Der Sensor sendet die gemessene Raumtemperatur an den Heizungsaktor, der das Ventil bei Abweichung von den Normwerten elektrisch ansteuert und öffnet. Die Zeitvorgabe bestimmt, ob sich das Ventil öffnet, schließt oder in Position bleibt. Diese Aufgabe erledigt ein Timer in der KNX-Steuersoftware (siehe Kapitel 6).

Prinzipiell stehen Ihnen für die Messung und Einstellung der Temperatur in den eizelnen Räumen folgende KNX-Lösungen zur Verfügung: Stetigregler mit Stellrad, Raumcontroller mit Multifunktionsdisplay oder Objektregler. Als vierte Option können Multifunktionstaster gleich mehrere Aufgaben übernehmen, unter anderem auch die Steuerung von Heizung und Klima.

STETIGREGLER: INDIVIDUELLE RAUMSTEUERUNG

Mit Stetigreglern können Sie Solltemperaturen für jeden einzelnen Wohnraum festlegen. Der Regler vergleicht die aktuelle Raumtemperatur mit dem voreingestellten Sollwert und steuert entsprechend Heiz- und Kühlgeräte an. Die Solltemperatur kann individuell eingestellt werden oder über die Wahl eines bestimmten Betriebsmodus (zum Beispiel Komfort, Standby, Nachtbetrieb oder Frost-/Hitzeschutz), der wie die Temperatur über ein Stellrad verändert werden kann. Betriebsmodus und Reglerstatus werden mittels Status-LEDs angezeigt. Stetigregler werden über integrierte Busankoppler ins KNX-System eingebunden.

Beispiele für Heizungsregler:

1   Stetigregler von Gira
2   Raumcontroller von Jung
3   Stetigregler von Jung

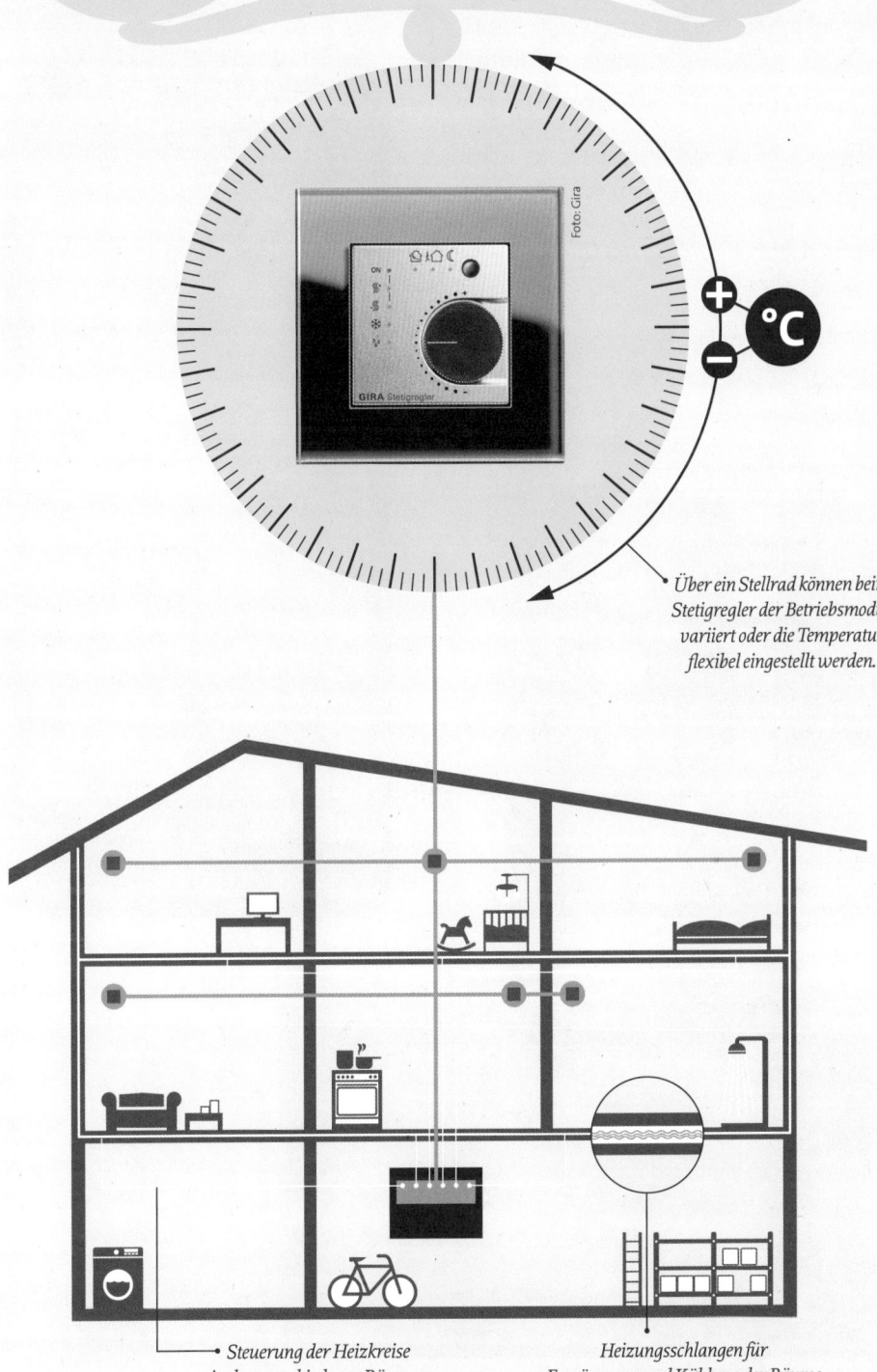

RAUMTEMPERATUR

SOLLTEMPERATUR

Foto: Gira

+

−

°C

Über ein Stellrad können beim Stetigregler der Betriebsmodus variiert oder die Temperatur flexibel eingestellt werden.

Steuerung der Heizkreise in den verschiedenen Räumen

Heizungsschlangen für Erwärmung und Kühlung der Räume

RAUMCONTROLLER MIT DISPLAY: ALLE DATEN AUF EINEN BLICK

Alternativ oder auch ergänzend zu Stetig-reglern mit Stellrad können Sie auch Raum-controller mit einem Multifunktionsdisplay einsetzen. Ihr Vorteil: Das Display an der Zimmerwand zeigt im Klartext wahlweise Datum, Uhrzeit und Temperatur für jeden Raum an. Die verschiedenen Betriebszustän-de sind mit entsprechenden Symbolen ge-kennzeichnet.

Raumcontroller mit Display

1 Zennio

2+3 Gira

OBJEKTREGLER: EINFACHE UND ZUVERLÄSSIGE HANDHABUNG

Objektregler sind einfache Schalter und kommen ganz ohne Bedienelemente oder Anzeigen aus. Sie sind für Einsatzbereiche geeignet, in denen eine Bedienung direkt am Gerät nicht erforderlich oder erwünscht ist, sondern zentral erfolgen soll. Durch die fehlenden Einstellmöglichkeiten ist das KNX-Gerät auch manipulationssicher, denn die vorgegebene Temperatur kann nur zentral über eine Steuereinheit verändert werden. Ein Objektregler im Privathaus ist beispielsweise in Wintergärten sinnvoll, wo Temperaturen wegen der Pflanzen stets konstant gehalten werden sollten.

MULTIFUNKTIONSTASTER: DIE MEHRKÖNNER

Eine Option für Sie sind vielleicht auch Multifunktionstaster, die neben der Temperatur auch andere Verbraucher mitsteuern. So können über das einzelne Bediengerät durch Drehen oder Drücken beispielsweise auch Funktionen wie das Öffnen und Schließen der Rollläden oder Jalousien sowie Beleuchtungsszenen eingestellt werden.

Egal ob Stetigregler, Objektregler oder Raumcontroller mit Multifunktionsdisplay: Im KNX-System sind es die Aktoren, welche die Befehle der Sensoren interpretieren und ausführen.

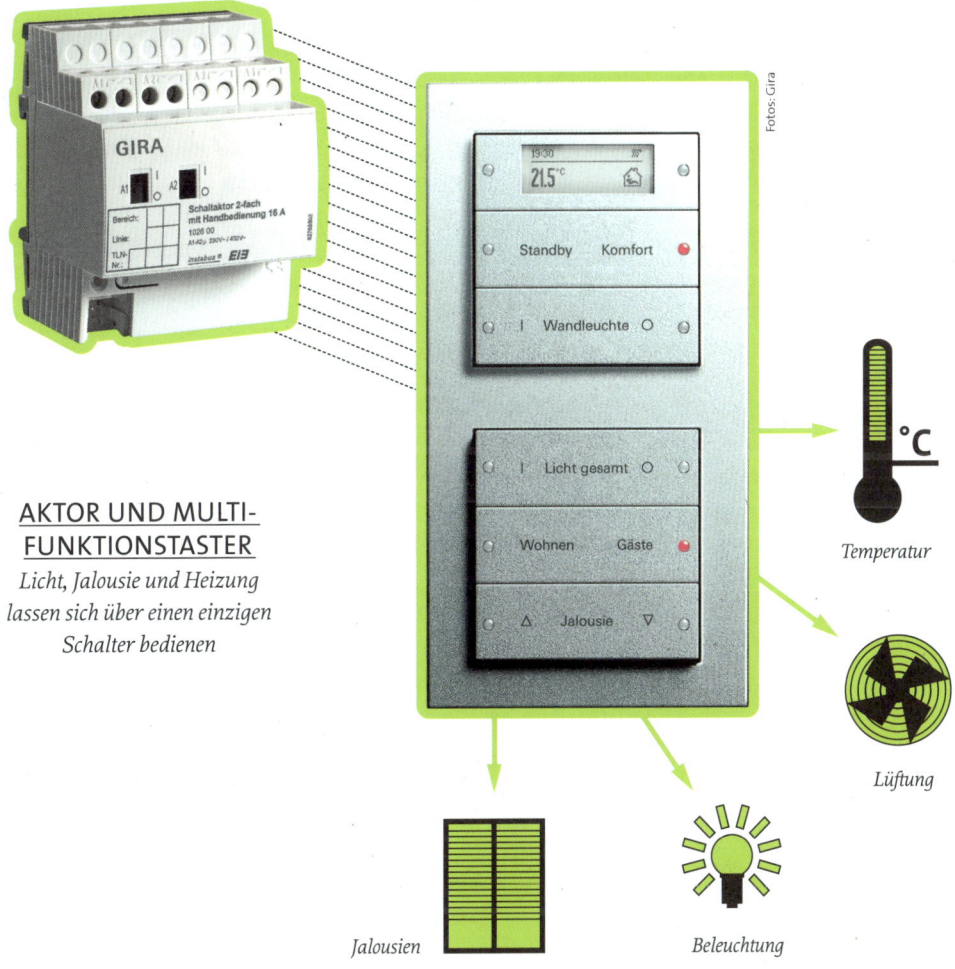

AKTOR UND MULTI-FUNKTIONSTASTER

Licht, Jalousie und Heizung lassen sich über einen einzigen Schalter bedienen

Temperatur

Lüftung

Jalousien

Beleuchtung

Fotos: Gira

Foto: Schüco International KG

Schöner Wohnen mit großen Glasflächen – aber bitte mit Klimasteuerung.

STEUERUNG VON RÄUMEN MIT HOHEM GLASANTEIL

Verglaste Bereiche als zusätzliche Wohnräume mit Blick ins Grüne sind besonders attraktiv und heben die Wohnqualität in jedem Haus. Besonders Wintergärten mit vollverglasten Flächen sind beliebt. Sie können von der Sonne schnell erwärmt und deshalb auch im Winter ohne Zusatzheizung genutzt werden, was Energie spart. Bei Dauersonnenschein und Hitze muss jedoch die Wärmeeinstrahlung durch Beschattung verringert werden.

Ein beheizter Wintergarten gilt nach Energieeinsparungsverordnung (EnEV) als Wohnraum und muss hinsichtlich des Wärmeschutzes die gleichen Anforderungen erfüllen. Eine Wintergartensteuerung sorgt hier für optimales Klima rund um die Uhr. Beschattung, Belüftung, Heizung oder Kühlung werden damit automatisch aufeinander abgestimmt. Die Belüftung über Fenster oder die Lüftungsanlage lässt nicht nur frische, unverbrauchte Luft herein, sie kühlt auch und wirkt einer zu hohen Luftfeuchtigkeit unter der Verglasung entgegen. Die Steuerung entscheidet automatisch, wann am besten gelüftet wird, und berücksichtigt Vorgaben für Temperatur und Luftfeuchtigkeit. Die Heizung sorgt nachts und im Winter für angenehme Temperaturen. Auch die Lüftungsanlage kann in das System eingebunden werden. Wenn die Fenster selbsttätig schließen, sobald die Lüftungsanlage in Betrieb ist, wird keine Energie mehr „zum Fenster hinausgeblasen".

Auf die Steuerung von Wintergärten spezialisiert ist beispielsweise das Gechinger Unternehmen Elsner Elektronik. Die Systeme können Beschattung, Belüftung, Heizung, Klimageräte und Beleuchtung gemeinsam steuern. Auch Schüco bietet automatische Öffnungs- und Schließsysteme für seine Fenster und Schiebetüren, die natürliche Lüftungszyklen steuern. Mit der Steuerung über Kommunikationsmodule wie beispielsweise iPad oder iPhone eröffnen sich neue Möglichkeiten für Bedienung, Einstellung und Nutzung von Öffnungselementen.

Foto: SOMFY

WINTERGARTENSTEUERUNG

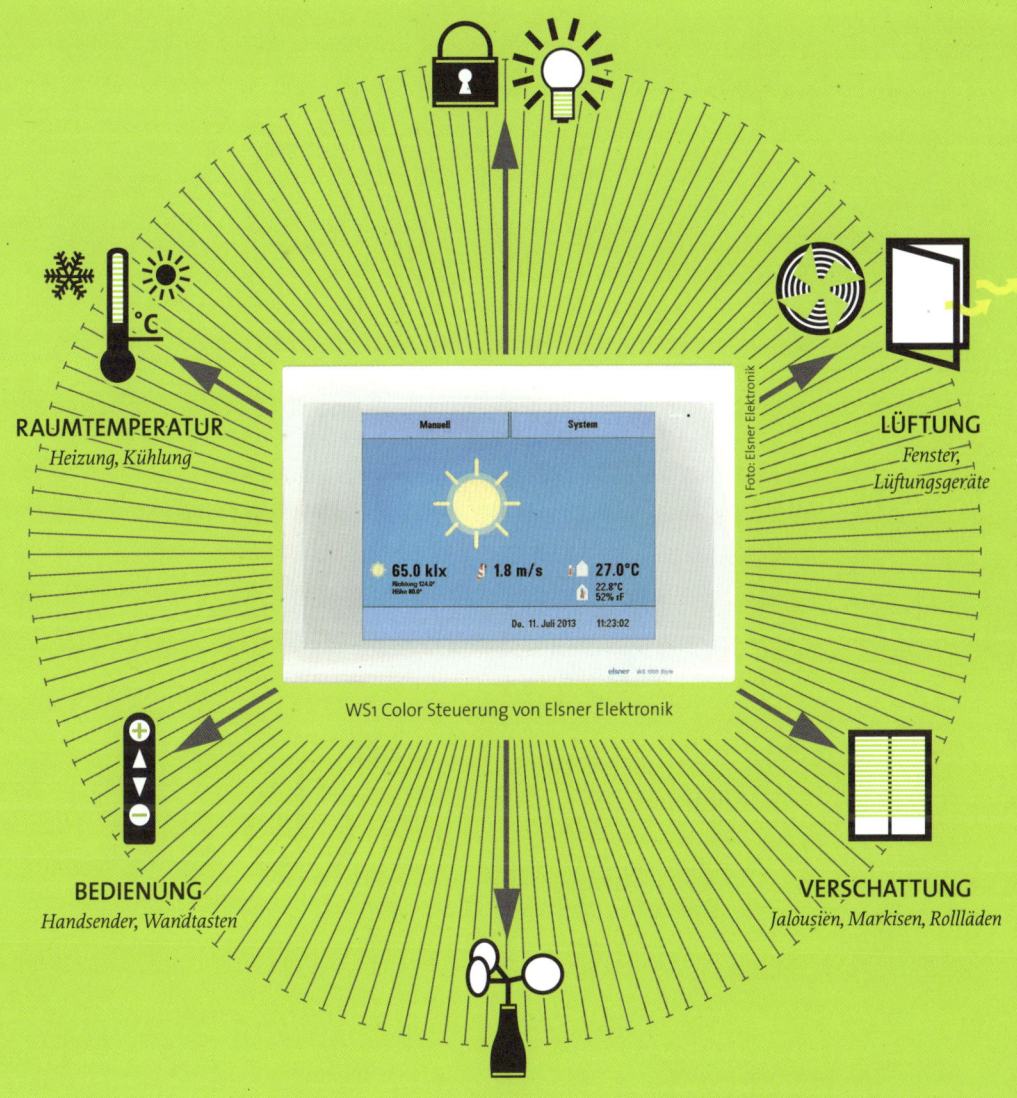

SICHERHEIT/KOMFORT
Bewegungs- und Rauchmelder, Alarm, Licht

RAUMTEMPERATUR
Heizung, Kühlung

LÜFTUNG
*Fenster,
Lüftungsgeräte*

Foto: Elsner Elektronik

WS1 Color Steuerung von Elsner Elektronik

BEDIENUNG
Handsender, Wandtasten

VERSCHATTUNG
Jalousien, Markisen, Rollläden

SENSOREN
Wetterstation, Innensensoren

HAUS MIT **KONVENTIONELLER** HEIZUNG

Beim längeren Öffnen von Türen oder Fenstern entstehen Wärmeverluste, sodass die Thermostatventile der Heizkörper weiter öffnen. Die Energiekosten steigen an.

Konventionelle Heizkörper

Heizung läuft

SMART HOME MIT **KNX-STEUERUNG**

Sind Türen oder Fenster über längere Zeit geöffnet, werden die jeweiligen Heizkreise der Fußbodenheizung in den Standby-Modus geschaltet. Die Energiekosten bleiben niedrig.

Fußbodenheizung

FENSTERÜBERWACHUNG UND FROSTSCHUTZMODUS

Im konventionellen Haus öffnet sich das Heizungsventil, wenn Türen oder Fenster geöffnet werden, um den Wärmeverlust zu kompensieren. Im Smart Home dienen Fensterschalter als Alarmmelder und als Auslöser dafür, Heizung und Lüftung in einem Raum bei geöffnetem Fenster wahlweise abzuschalten. Wird in einem Raum Zugluft registriert, zum Beispiel wenn ein Fenster gekippt steht, schaltet die Heizung auf Standby. Auf diese Weise vermeiden Sie Energieverluste und, damit verbunden, finanzielle Mehrauf-

30
m³ pro Stunde

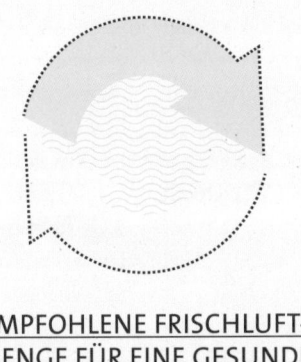
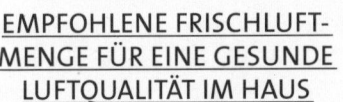

720
m³ pro Tag

**EMPFOHLENE FRISCHLUFT-
MENGE FÜR EINE GESUNDE
LUFTQUALITÄT IM HAUS**

Quelle: BINE Informationsdienst

wände. Damit es durch ein versehentlich zu lange geöffnetes Fenster nicht zu eisig wird, ist in die Software des Raumtemperaturreglers jedoch eine Frostschutzschaltung integriert. Sie wird beim Unterschreiten einer bestimmten Außentemperatur wirksam und ist im Sommer nicht aktiviert.

RICHTIG LÜFTEN IN ENERGIESPARHÄUSERN

Immer noch werden große Mengen von fossilen Brennstoffen fürs Heizen verwendet, was die Atmosphäre mit klimaschädlichen Gasen belastet und Wohnen immer teurer macht. Um Schadstoffausstoß und Heizkosten zu senken, werden Häuser heute immer luftdichter gebaut, damit sich ihr Heizbedarf verringert. Die Kehrseite ist, dass dann öfter gelüftet werden muss, damit es keine Probleme mit der Luftqualität gibt. Tatsächlich ist in manchen Häusern die Schadstoffbelastung höher als an stark befahrenen Straßenkreuzungen. Es entsteht eine ungesunde Mischung aus Feuchtigkeit, Kohlendioxid, Hausstaub, Viren, Keimen, chemischen Schadstoffen und Schimmelpilzen. In Häusern, die einen sehr hohen energetischen Standard haben – das heißt, absolut luftdicht gebaut sind – ist es deshalb bereits Vorschrift, eine Lüftungsanlage zu installieren.

DIE GRÖSSTEN ENERGIEFRESSER IM HAUSHALT

Warum es sich lohnt, in intelligente Heiztechnik zu investieren.

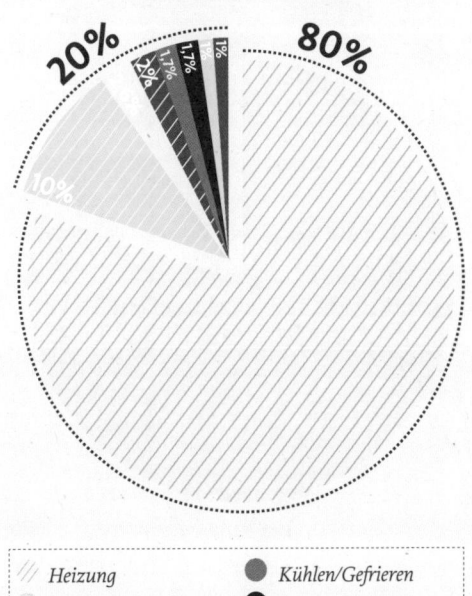

/// Heizung	● Kühlen/Gefrieren
Warmwasser	● Waschen/Trocknen
TV/PC/Kleingeräte	Licht
▶ ● Kochen/Waschen	● Standby

Quelle: Energy Globe Foundation GmbH

Experten weisen darauf hin, dass in Häusern etwa 30 Kubikmeter Frischluft pro Stunde benötigt werden. Sie raten dazu, Wohnräume mindestens alle ein bis zwei Stunden ausgiebig zu lüften. Die Fenster sollen aber nicht gekippt werden, sondern ganz, am besten mit Durchzug, geöffnet werden. Das ist natürlich sehr aufwendig:

Sie müssten praktisch im ganzen Haus von Raum zu Raum lüften und diesen Vorgang alle ein bis zwei Stunden wiederholen. Falls die Fenster bei der manuellen Lüftung zu lange offen oder dauerhaft in Kippstellung stehen, geht außerdem wertvolle Heizenergie verloren. Bis zu 50 Prozent der Energie können durch falsches Lüften direkt „zum Fenster hinaus geheizt" werden.

LÜFTEN LASSEN IM SMART HOME

Die vernetzte Haustechnik bietet Ihnen zwei verschiedene Möglichkeiten, intelligent, komfortabel und energieeffizient zu lüften. Die erste ist eine automatische Fensteröffnung. Diese wird teilweise auch in herkömmlichen Häusern

KONTROLLIERTE WOHNRAUMLÜFTUNG MIT WÄRMERÜCKGEWINNUNG

Über die zentrale Lüftungsanlage im Keller wird frische Außenluft angesaugt. Die verbrauchte Raumluft gibt ihre Wärme an die Frischluft ab und wird nach außen geleitet.

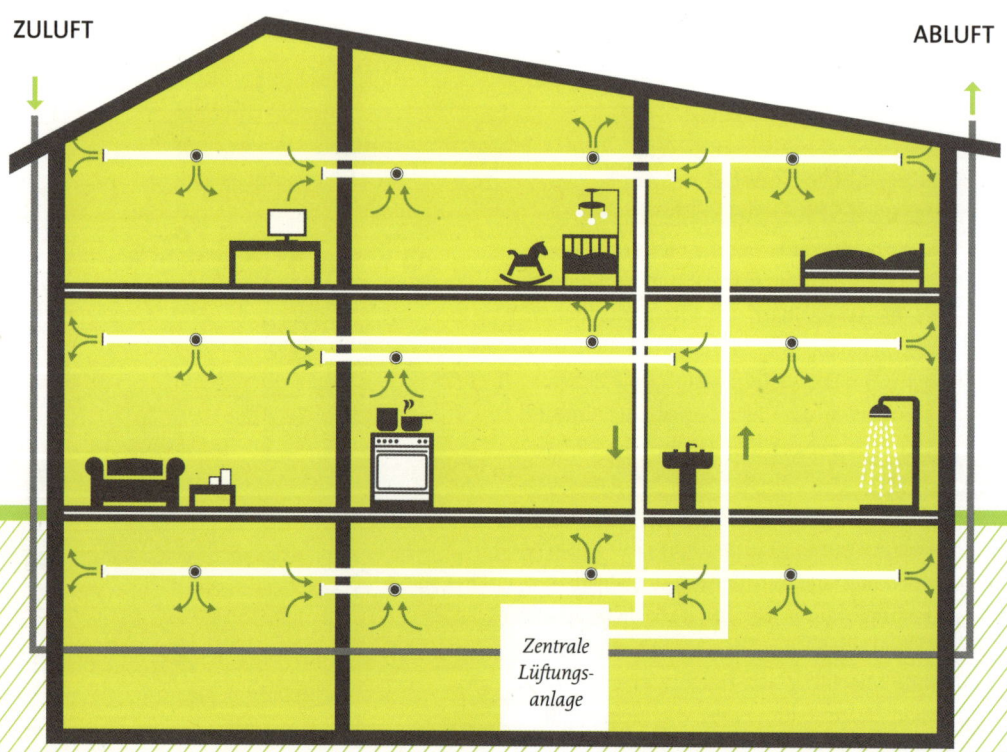

ZULUFT

ABLUFT

Zentrale
Lüftungs-
anlage

genutzt, um etwa schwer zugängliche Dachfenster per elektrischem Antrieb zu öffnen, zum Beispiel in Verbindung mit einer Zeitschaltuhr für feste Öffnungszeiten. Im Smart Home wird die Fenstertechnik per KNX-Installation oder auch über Funk mithilfe von Sensoren gesteuert, die die Luftqualität überwachen. Steigen Luftfeuchtigkeit oder Kohlendioxidgehalt über einen definierten Grenzwert, schlägt der Sensor Alarm. Die entsprechenden Aktoren setzen dann den Fensterantrieb in Gang.

Eine weitergehende Lösung ist die bereits erwähnte kontrollierte Wohnraumlüftung über eine Lüftungsanlage, die sogar das Öffnen der Fenster überflüssig macht. Das Prinzip ist einfach: Verbrauchte Luft wird über Lüftungsschlitze aus den Wohnräumen angesaugt und über Abluftrohre nach außen abgeführt. Über Zuluftkanäle gelangt frische Außenluft wieder ins Haus.

Systeme für die kontrollierte Wohnraumlüftung tauschen also kontinuierlich belastete, verbrauchte Innenluft gegen frische, gefilterte Außenluft aus. Und obwohl die Fenster dabei geschlossen bleiben, werden Feuchtigkeit, Schadstoffe und Gerüche optimal entfernt. Das ist auch für Allergiker ein wichtiger Aspekt: Durch Filter werden Staubteile und Pollen zurückgehalten. Gleichzeitig wird die Luftfeuchtigkeit gesenkt, was einer Schimmelpilzbildung vorbeugt. Bei einer Wohnraumlüftung mit Wärmerückgewinnung kommt, wie schon im Zusammenhang mit Integralsystemen be- ▶

Foto: Stiebel Eltron

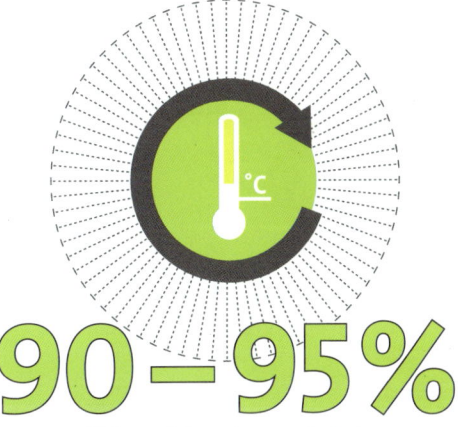

90–95%

Wärmerückgewinnung sind mit Geräten wie diesen möglich. Quelle: Herstellerangaben

CO₂-GEHALT

Kohlendioxid (CO_2) ist eine chemische Verbindung aus Kohlenstoff und Sauerstoff und ein natürlicher Bestandteil unserer Luft. Die Höhe der CO_2-Werte bestimmt die Qualität der Raumluft. Eine CO_2-Konzentration von 360 ppm (für „parts per million") ist normal für die Außenluft in unbelasteten Gegenden. In geschlossenen Räumen mit vielen Personen, zum Beispiel in Schulen, wurden schon Werte bis zu 6.000 ppm gemessen (Quelle: Umweltbundesamt). Bereits ein Drittel dieser Belastung führt zu Unbehaglichkeit und vermindert die Konzentrationsfähigkeit. Im Smart Home wird die CO_2-Belastung von speziellen Sensoren überwacht.

▶ schrieben, noch ein Wärmetauscher ins Spiel. Hier wird der Abluft die Wärme entzogen und anschließend an die kalte Zuluft abgegeben, sodass diese vorgewärmt den Räumen zugeführt wird.

Moderne Anlagen können bis zu 95 Prozent der für die Erwärmung des Raums aufgewendeten Energie erhalten und entsprechend Heizenergie sparen. Das dafür notwendige Zentralgerät kann im Keller aufgestellt werden. Die Luftzufuhr erfolgt entweder über ein Wickelfalzrohr in Wandschlitzen oder über ein Kunststoffrohrsystem im Fußboden.

Bei dieser CO_2-Menge fühlen wir uns noch wohl ...

... und ab hier wird es unangenehm!

Quelle: Umweltbundesamt

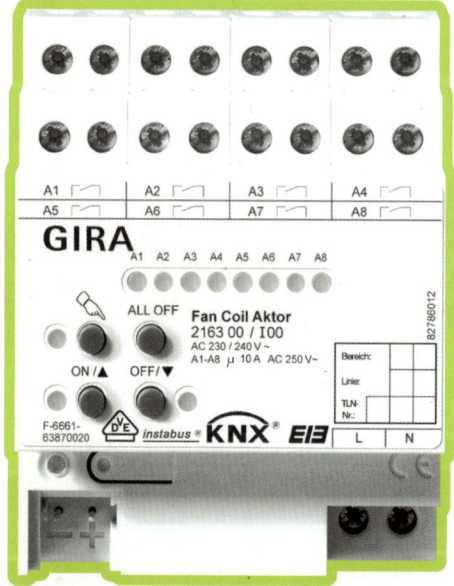

Foto: Gira

So sieht ein Aktor aus, der Heizung und Lüftung steuert.

CO_2-KONZENTRATIONEN IM BLICK

Eine automatische Fensterlüftung oder eine Lüftungsanlage wird mit Feuchtigkeits- und CO_2-Sensoren ideal ergänzt. Stellen Sie sich eine Familienfeier im heimischen Esszimmer vor: Für zwölf Personen wurde der Tisch gedeckt und ein mehrgängiges Menü serviert. Bald schon wird die Luft stickig, Müdigkeit macht sich breit. Kein Wunder, denn das Wohlbefinden aller Gäste hängt entscheidend vom CO_2-Gehalt der Luft im Raum ab. Bei einer Konzentration unter 0,1 Prozent fühlen wir uns noch wohl, bei Werten über 0,1 Prozent bereits unbehaglich.

Die CO_2-Konzentration hängt von der Zahl der Personen im Raum und ihren Aktivitäten, vom Raumvolumen und dem Außenluft-Volumenstrom ab. Wie in Büros oder Schulen ist es durchaus sinnvoll, auch in Privathäusern die Luftgüte automatisch zu überwachen. Im Smart Home kommen dafür KNX-CO_2-Sensoren mit optionalen Luftfeuchte- und Raumtemperaturreglern zum Einsatz. Das Prinzip ist bei allen Systemen ähnlich: CO_2-Gehalt und Raumtemperatur werden vom Sensor erfasst. Bei Überschreitung der empfohlenen Grenzwerte können dann Fenster geöffnet, Lüfter eingeschaltet oder die Heizungs- und Klimaanlage reguliert werden. ■

DAS HEIZSYSTEM KABELLOS STEUERN

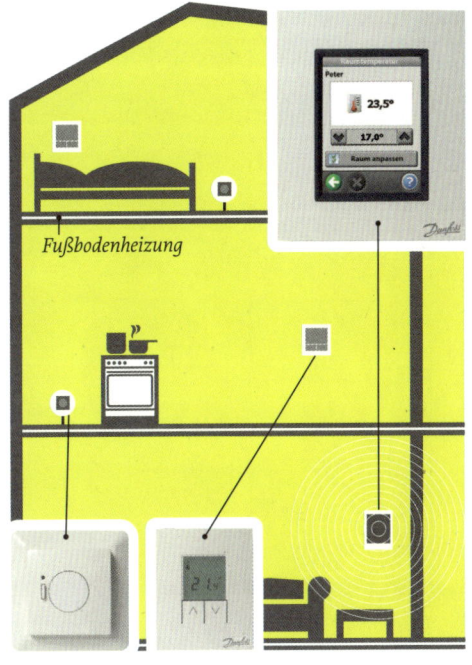

Auch dort, wo keine KNX-Installation verlegt werden kann oder soll, ist eine intelligente Heizungssteuerung möglich. Funk-Bussysteme erlauben die drahtlose Kommunikation zwischen Bedienungsgeräten, Sensoren und Heizungsaktoren. Das hier vorgestellte System arbeitet auf der Basis des internationalen Kommunikationsstandards Z-Wave, der von mehr als 200 Herstellern von Geräten für die Heimautomation genutzt wird. Produkte verschiedener Hersteller können also miteinander kommunizieren. Es gibt ähnliche drahtlose Steuerungssysteme auch auf Basis anderer Funkstandards: zum Beispiel EnOcean.

Das Danfoss-Link-System eignet sich beispielsweise für die Wärmeregelung in Ein- bis Zweifamilienhäusern, Eigentumswohnungen oder kleineren Büroeinheiten, insbesondere in Verbindung mit einer Heizkörper- oder Fußbodenheizung oder einer Kombination aus beidem. Es besteht aus mehreren Elementen: Eine Zentraleinheit steuert die Heizung im gesamten Haus mit individuell eingestellten Temperaturen für jeden Raum. Die Signale dafür werden per Funk an die elektronischen Thermostate oder über den Hauptregler für die Fußbodenheizung an die Raumthermostate übertragen.

Das System erlaubt verschiedene Programmierungen wie etwa An- und Abwesenheitsszenarien oder ein Urlaubsszenario. Es ist mit einer Selbstlernfunktion ausgestattet, die beispielsweise errechnet, wie viel Vorlaufzeit notwendig ist, damit um 18 Uhr, wenn die Bewohner nach Hause kommen, eine Wohlfühltemperatur von 22 Grad im Wohnzimmer herrscht.

Die Bedienung ist entweder über ein zentrales Display mit Touchscreen oder per App über Smartphone oder Tablet möglich. Damit kann die Heizung auch von unterwegs angesteuert werden, zum Beispiel, wenn man früher oder später nach Hause kommt als geplant. ■

Das Danfoss-Link-System in der Anwendung Fußbodenheizung mit Zentraleinheit (oben), Bodenthermostat (unten links) und Sensor (unten rechts).

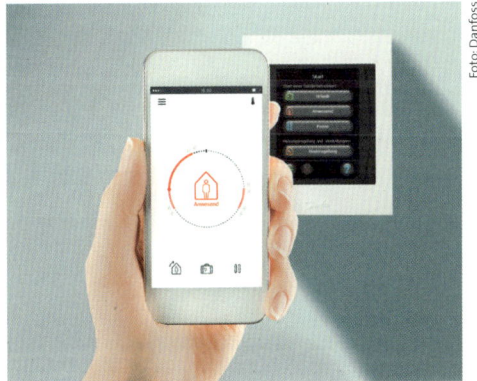

Bedienungsoptionen zentrales Display oder mobile Endgeräte. Auf dem Smartphone wird angezeigt, zu welchen Zeiten Wärme gewünscht ist und wann die Heizung pausieren kann, weil die Bewohner außer Haus sind oder Nachtruhe halten.

Foto: Danfoss

Wohnko

mit Licht

Drinnen oder draußen: Stellen Sie sich für jeden Bereich Ihres Hauses
Lichtprofile für ein angenehmes und sicheres Ambiente zusammen.

mfort
gestalten

INS RICHTIGE LICHT GERÜCKT

Eine gute Beleuchtung sorgt für Orientierung und Sicherheit, schafft aber auch ein behagliches Flair in den Wohnräumen. Das alles lässt sich mit smarter Lichtsteuerung besonders gut realisieren.

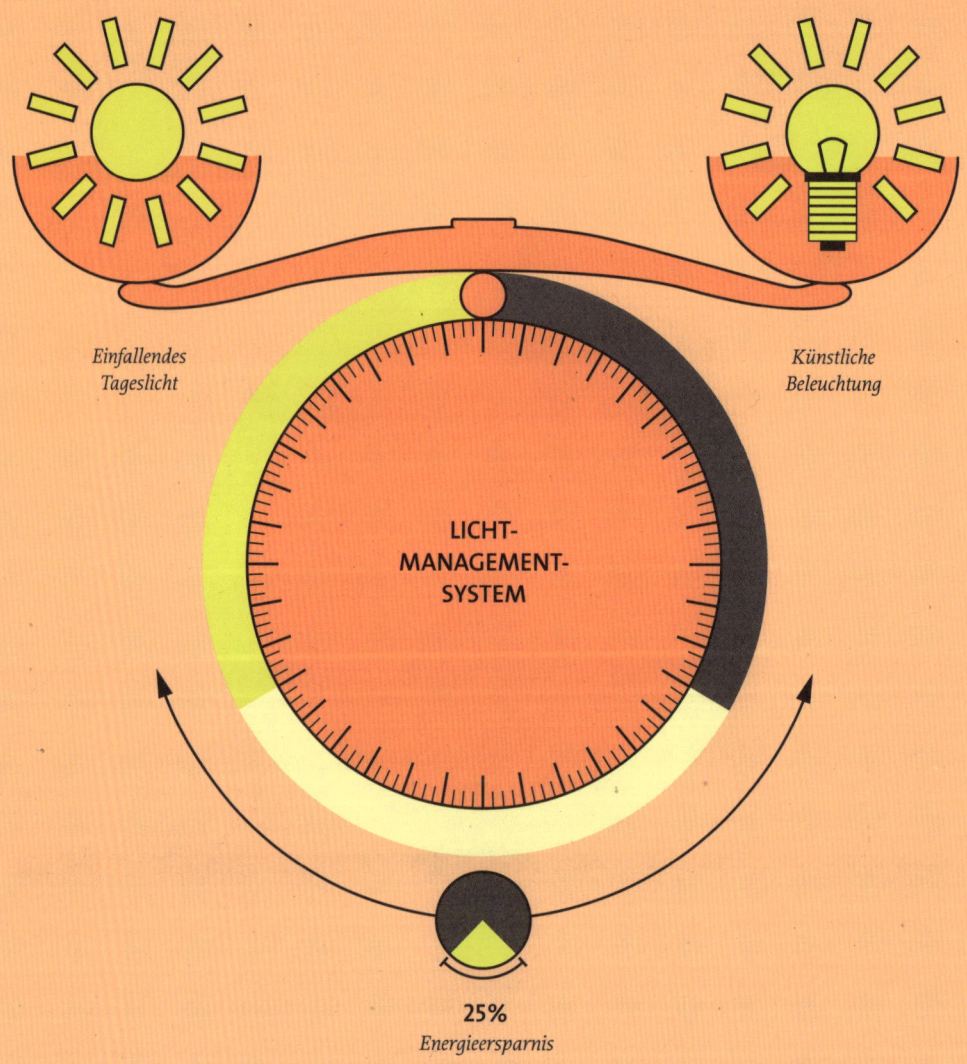

Einfallendes
Tageslicht

Künstliche
Beleuchtung

LICHT-
MANAGEMENT-
SYSTEM

25%
Energieersparnis

Foto: Gira

Ein ansprechendes Lichtkonzept mit intelligenten Lösungen setzt Ihr Zuhause perfekt in Szene.

D er Letzte macht das Licht aus! Im Smart Home werden Sie diesen Spruch nur noch selten hören. Denn auch die Beleuchtung kann darin so gestaltet werden, dass Sie ein Maximum an Komfort mit einem Minimum an Aufwand genießen. Da wird Ihnen der Weg von der Haustür und vom Garagentor zur Auffahrt mit kleinen LED-Lampen angezeigt. Ein Dämmerungslicht im Eingang weist zur Klingel und zum Türschloss. Im Treppenhaus geht ganz ohne Ihr Zutun die Beleuchtung an oder aus. Im Wohnzimmer aktivieren Sie mit einem Tastendruck gleich mehrere Leuchten – und diese sind für den Fernsehabend bereits passend gedimmt!

Ein intelligentes Beleuchtungskonzept kann wie andere automatisierte Systeme im Smart Home auf KNX-Basis geregelt werden. Das ist sowohl aus Komfort- als auch aus Effizienzgründen sinnvoll, denn immer noch werden große Anteile unseres Strombedarfs für Licht benötigt. Nachhaltige und verantwortungsvolle Planung setzt deshalb auf energieeffiziente Komponenten, die dennoch hohe Qualität und ▶

20 %

weltweit

14 %

in Europa

STROM FÜR BELEUCHTUNG: VERBRAUCH IM VERGLEICH

Im Vergleich steht Europa gut da. Mit smarter Beleuchtungstechnik lässt sich der Verbrauch aber noch weiter senken. Quelle: licht.de

▶ schönes Design ermöglichen. Sparsame Lampen, langlebige Leuchten und Betriebsgeräte, kombiniert mit modernem Lichtmanagement, sichern Ihnen hier die größten Einsparpotenziale.

Höchste Wirksamkeit bietet Ihnen ein Lichtmanagementsystem, das einfallendes Tageslicht berücksichtigt. Künstliche Beleuchtung wird dabei nur in dem Umfang zugeschaltet, wie das natürliche Licht abnimmt. Eine derart automatisierte Beleuchtung, Konstantlichtregelung genannt, bringt Ihnen eine Energieersparnis von mindestens 25 Prozent.

Es gibt mehrere Möglichkeiten, die Sie dabei kombinieren können: Mit Präsenzmeldern in Ihren Wohnräumen steuern Sie die Beleuchtung anwesenheitsabhängig. Bewegungsmel-

Fotos: Hager Vertriebsgesellschaft mbh & Co. KG

Jeder Ort im intelligenten Haus verfügt über Lichtverhältnisse, die ganz auf seine Lage und seine Nutzung ausgerichtet sind.

KONSTANTLICHTREGELUNG

Eine Konstantlichtregelung sorgt für dauerhaft optimale Lichtverhältnisse am Arbeitsplatz. Über ein Steuergerät oder einen Dimm-Einsatz werden Lampen so reguliert, dass die gewünschte Raumhelligkeit stets gleich bleibt. Als Sensoren werden in einem KNX-System Helligkeitsregler eingesetzt.

der im Außenbereich sorgen für Sicherheit und werden im Inneren für selten genutzte Räume verwendet. Im Treppenhaus sorgen Zeitschalter für sichere Wege und im Wohnzimmer vielleicht eine LED-Ambientebeleuchtung für die richtige Atmosphäre.

Fotos: Hager Vertriebsgesellschaft mbh & Co. KG

Licht setzt Akzente und definiert den jeweiligen Raum. Lichtstarke Deckenleuchten, LED-Standleuchten und in die Inneneinrichtung integrierte Flächenleuchten sorgen für optimale Lichtverhältnisse.

Präsenzmelder arbeiten nach demselben Prinzip wie die in Hausfluren oder an Hauseingängen oft genutzten Bewegungsmelder: Sie registrieren Wärmestrahlung im Erfassungsbereich, zum Beispiel durch eine sich nähernde Person, und wandeln sie in ein messbares, elektrisches Signal um – und das Licht wird eingeschaltet. Wird nichts mehr registriert oder wird ein definierter Helligkeitswert überschritten, schalten die Melder das Licht wieder aus.

Präsenzmelder verfügen über deutlich empfindlichere Sensoren als Bewegungsmelder und registrieren selbst kleinste Bewegungen. Die Sensoren teilen den Erfassungsbereich gleichmäßig in bis zu 1.000 Zonen ein. Wie ein Schachbrett ziehen sich diese Zonen durch den kompletten Bereich. Selbst minimale Veränderungen im Wärmebild wie das Tippen auf einer Tastatur werden registriert. Ein Bewegungsmelder reagiert eher auf grobe Veränderungen und eignet sich überwiegend für Anwendungen mit markanten Bewegungsmustern oder im Außenbereich.

Auch die Lichtmessung wird unterschiedlich gelöst: Ein Bewegungsmelder misst die Helligkeit einmalig, wenn er das Licht, von Bewegung ausgelöst, einschaltet. Registriert er im Verlauf weitere Bewegung, bleibt das Licht einfach an, obwohl das Tageslicht vielleicht längst als Quelle ausreicht und der eingestellte

BEWEGUNGSMELDER

Dient zur Überwachung von Einfahrten und Fluren und kann sich leicht veränderten Bedingungen nicht anpassen. Das Licht bleibt so lange an, bis keine Bewegung mehr registriert wird.

PRÄSENZMELDER

Misst die Helligkeit permanent und kann sowohl auf leichte Bewegungen als auch auf sich dauernd verändernde Lichtverhältnisse reagieren. Das Licht geht dann aus, wenn es nicht mehr benötigt wird.

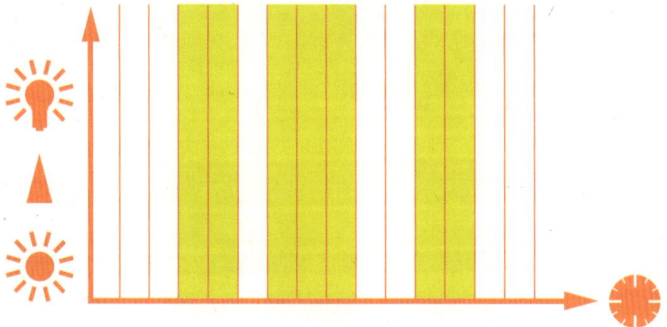

ERFASSUNGSWINKEL VON DECKEN- UND WANDMELDERN

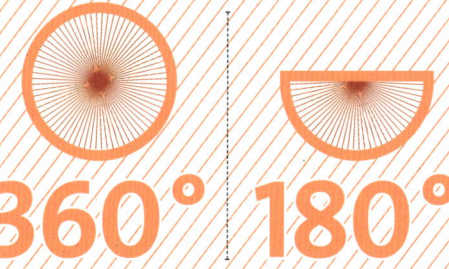

360° 180°

Helligkeitswert entsprechend überschritten wäre. Das Licht brennt also unnötig – Energie wird verschwendet. Bewegungsmelder sind deshalb eher für selten genutzte Räume geeignet.

Im Gegensatz dazu messen Präsenzmelder die Helligkeit permanent: Wird ein individuell eingestellter Helligkeitswert überschritten, schaltet der Melder das Licht aus, selbst wenn er eine Bewegung registriert. Kunstlicht wird dagegen nur bei ungenügendem Tageslicht eingeschaltet. Das spart Ihnen Energiekosten.

Präsenzmelder können übrigens nicht nur für die Lichtsteuerung in Wohnräumen und Fluren genutzt werden. Auch die Heizung oder Klimaanlage lassen sich mit ihrer Hilfe anwesenheitsabhängig steuern.

BEISPIELE FÜR PRÄSENZ- UND BEWEGUNGSMELDER

Foto: Theben

Foto: Gira

Foto: Hager Vertriebsgesellschaft mbH & Co. KG

Foto: Merten

1 Deckenmontage: Theben-Präsenzmelder

2 Deckenmontage: Gira-Präsenzmelder
       mit 360°-Erfassung

3 Berker-Bewegungsmelder mit 180°-Erfassung

4 Merten „Argus Bewegungsmelder" für besonders
       große Räume

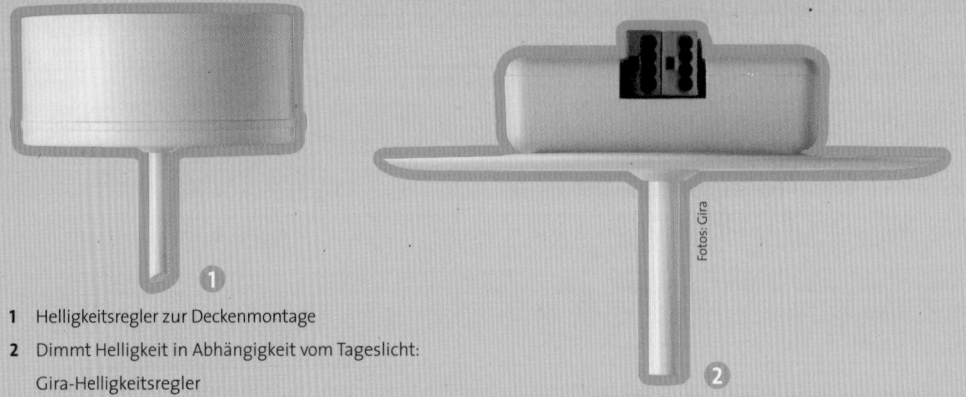

1 Helligkeitsregler zur Deckenmontage
2 Dimmt Helligkeit in Abhängigkeit vom Tageslicht:
   Gira-Helligkeitsregler

Fotos: Gira

KONSTANTLICHT FÜR IHR HOMEOFFICE

Sie müssen oft am Schreibtisch ·und mit dem PC arbeiten oder gehen einem besonderen Hobby nach, für das Sie dauerhaft gutes Licht benötigen? Konstantlicht wird oft am Arbeitsplatz von Planern und Architekten verlangt. Es bietet die immer gleiche Lichtstärke, besonders vorteilhaft für fokussiertes Arbeiten, bei dem es auf kleinste Details ankommt. Auch für Ihren Arbeitsplatz im Smart Home empfiehlt sich vielleicht so eine Konstantlichtregelung. Sie werden erstaunt sein, wie konzentriert Sie bei schwankungsfreien Lichtverhältnissen arbeiten können. So schaffen Sie sich optimale Arbeitsbedingungen und sparen gleichzeitig Energie.

Grundlage dafür ist eine Mischlichtmessung: Der Präsenzmelder misst die Summe aus Tages- und Kunstlicht und schaltet Letzteres in dem Maße zu, wie es benötigt wird. Über einen Dimmaktor werden die Lampen so reguliert, dass die gewünschte Raumhelligkeit erhalten bleibt. Veränderungen des natürlichen Tageslichts, beispielsweise am Abend oder durch aufziehende Wolken, werden stufenlos ausgeglichen. Damit es keine wahrnehmbaren Schwankungen gibt, wird die Beleuchtung schnell heraufgedimmt und mit Zeitverzögerung wieder heruntergeregelt.

MÖGLICHKEITEN FÜR EINE KONSTANTLICHTREGELUNG

Eine Konstantlichtregelung wird meist mit einem Dimmaktor, einem Regler, einem Helligkeitssensor und einem Taster zum Ein- und Ausschalten realisiert. Sie muss nicht zwangsläufig über Präsenzmelder erfolgen, auch andere Geräte, zum Beispiel Helligkeitsregler, haben integrierte Helligkeitssensoren. Ein solcher Helligkeitsregler kann zum Beispiel direkt über einem Arbeitsplatz an der Decke angebracht werden. Er analysiert dann das von der darunterliegenden Fläche reflektierte Licht und dimmt, auf die jeweiligen Tageslichtverhältnisse abgestimmt, die Beleuchtung entsprechend herauf oder herunter.

SO FINDEN SIE DEN RICHTIGEN PRÄSENZMELDER

Bei der Auswahl eines Präsenzmelders spielt die Nutzung im Raum eine entscheidende Rolle: Soll ein Zimmer mit überwiegend sitzenden Personen oder eher ein Durchgangsbereich mit sich bewegenden Personen überwacht werden? Für das erste Szenario eignet sich ein an der Decke montierter Präsenzmelder. Er hat freie Sicht auf alle Personen und deren Bewegungen. Da die Entfernung zwischen Mensch und Melder begrenzt ist, herrscht im gesamten Messbereich eine gleichmäßig hohe Erfassungsempfindlichkeit.

MIT KONSTANTLICHT VERMEIDEN SIE WECHSELNDE LICHTVERHÄLTNISSE

Eine Konstantlichtregelung gleicht veränderliche Lichtverhältnisse automatisch aus und hält so den gewünschten Helligkeitswert aufrecht. Dabei bezieht es wahlweise die Messwerte der Wetterstation auf dem Hausdach in die Regelung mit ein.

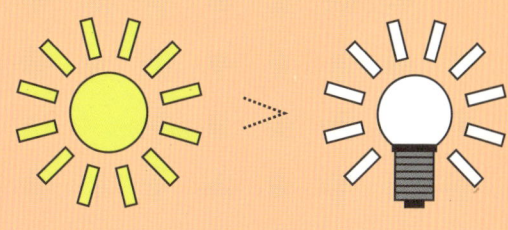

Foto: Gira

Bei der richtigen Wahl des Meldertyps kommt es darauf an, ob in einem Raum eher viel oder weniger Bewegung registriert wird.

PRÄSENZMELDER:

Montage an der Decke …

… oder an der Wand

▶ Allerdings handelt es sich hierbei um Situationen, die eher in öffentlichen Gebäuden, zum Beispiel in Schulen, auftreten.

Das zweite Szenario, ein Durchgangsbereich, könnte in Ihrem Smart Home wahrscheinlicher sein. Hierfür eignen sich Geräte zur Wandmontage. Dadurch strahlen die Erfassungszonen horizontal in den Raum und dehnen sich weit aus. Auf diese Weise werden auch quer zum Präsenzmelder verlaufende Bewegungen in großer Entfernung noch wahrgenommen. Geht jemand direkt auf den Präsenzmelder zu, reduziert sich die Empfindlichkeit.

LICHTKONZEPTE FÜR SICHERE AUSSENBEREICHE

Der Mülleimer muss schnell noch raus, das Auto rein in die Garage. Und der Hund will auch noch einmal Gassi geführt werden. Damit Sie am Abend oder in der Nacht rund ums Haus sicher unterwegs sein können, ist gutes Licht angesagt. Es bewahrt Sie nicht nur vor Stolperfallen, son-

dern auch vor Einbruch und Diebstahl. Helligkeit wirkt erwiesenermaßen abschreckend, vor
allem, wenn Bewegungsmelder die Beleuchtung
sehr plötzlich aktivieren. Um die gesamte Umgebung aufzuhellen, können Sie Scheinwerfer
an unauffälligen Stellen rund ums Haus montieren. Am Hauseingang schafft die Beleuchtung zusätzliche Sicherheit: Besucher finden
Klingel und Namensschild leichter und können
mit einem Blick durch das Türfenster oder den
Türspion vorab identifiziert werden. Auch die
Hausbewohner selbst müssen nicht lange nach
Fingerscanner und Türöffner tasten.

Als Lichtquellen empfehlen sich LEDs, weil
sie ihre volle Lichtleistung ohne Verzögerung
abgeben. Die allgemein als „Energiesparlam-
pen" bekannten Kompaktleuchtstofflampen erreichen nicht sofort ihre maximale Helligkeit,
weil sie eine kurze Aufwärmzeit benötigen. Sie
eignen sich besser für Dauerlicht.

BEWEGUNGSMELDER FÜR DRAUSSEN

Sind Präsenzmelder für die Konstantlichtregelung im Innenbereich und für häufig frequen-
tierte Räume die erste Wahl, so sind Bewegungsmelder für Automatiklicht im Außenbereich
hervorragend geeignet. Gerade in Fluren, Treppenhäusern, Garagen und Kellern wird das Ausschalten des Lichts gern einmal vergessen, wenn
die Räume nur kurzfristig genutzt werden. So
spart es Energie, wenn sich das Licht nur einschaltet, wenn es tatsächlich benötigt wird und
automatisch wieder erlischt. Bewegungsmelder
mit einem Erfassungswinkel von 180 Grad machen ein „Unterkriechen" praktisch unmöglich.
Komfortable Varianten von Bewegungsmeldern
können zum Beispiel über KNX angesteuert
werden. Auch Anwesenheitssimulationen für
den Urlaub, Nachtlicht oder die feste Einschalt-
helligkeit für Treppenhäuser können damit
wahlweise über ein Bussystem eingerichtet werden.

Foto: slavun/Fotolia

Lichtkonzept als Bestandteil der Architektur: Kombination
aus hohem Wohnkomfort und minimiertem Energieverbrauch.

1 Bewegungsmelder für die Wandmontage
  im Außenbereich von Gira

2 Busch-Jaeger-Bewegungsmelder
  mit Dämmerungsschalter

3 Busch-Jaeger-Bewegungsmelder
  speziell für schmale Eingangsbereiche

1 Automatische Lichteinschaltung bei Dämmerung von Merten
2 Dämmerungsschalter von Theben
3 Für innen und außen: Kompakter Präsenzmelder von Gira

DÄMMERUNGSSCHALTER FÜR MEHR SICHERHEIT RUND UMS HAUS

Dämmerungsschalter ergänzen Bewegungsmelder für eine umfassend geplante Außenbeleuchtung. Sie sind hilfreich, um das Licht bei Einbruch der Dunkelheit automatisch zu aktivieren. Eine Zeitschaltuhr verhindert, dass die Beleuchtung die ganze Nacht brennt. Achten Sie dabei auch auf ausreichenden Schutz vor Blendung, damit das Licht nicht selbst zur Gefahrenquelle wird.

Die Geräte schalten die Beleuchtung in Abhängigkeit zur Umgebungshelligkeit. Nach Unterschreiten des eingestellten Helligkeitswerts, etwa nach Sonnenuntergang, wird die Beleuchtung automatisch eingeschaltet. Wird dieser Helligkeitswert wieder überschritten, also nach Sonnenaufgang, wird sie wieder ausgeschaltet.

KOMFORTSCHALTUNGEN ALS SZENEN SPEICHERN

Zusammenfassend kann sich die Beleuchtung in Ihrem Smart Home jetzt schon sehen lassen: Im Arbeitszimmer haben Sie dank Konstantlichtregelung optimale Arbeitsbedingungen. Bewegungsmelder sorgen im Außenbereich für ein sicheres Gefühl. In selten genutzten Räumen schaltet sich das Licht automatisch aus. Und Sie sparen auch noch viel Energie. Doch jetzt kommt der eigentliche Aha-Effekt: Mit individuellen Programmierungen schaffen Sie eine wirklich einmalige Wohlfühlatmosphäre!

Ein Beispiel: Mit einem einzigen Tastendruck geht die Deckenbeleuchtung im Wohnzimmer aus, das Licht mehrerer Standleuchten wird sanft heller, Beamer und Mediaplayer schalten sich an, und die Leinwand wird heruntergefahren: Das Setting für den Filmabend ist perfekt.

Wesentliche Merkmale solch einer intelligenten Beleuchtungssteuerung sind verschiedene Schalt- und Dimmkombinationen im Raum. Es handelt sich um sogenannte Szenen, die im System gespeichert sind und per Tastendruck aktiviert werden. So sparen Sie sich viele Wege zu verschiedenen Licht- oder Geräteschaltern. Selbstverständlich können Sie die jeweilige Szene jederzeit umprogrammieren. Manchmal kann es beispielsweise sinnvoll sein, auf Knopfdruck die gesamte Beleuchtung im Haus ein- oder auszuschalten – oder eben nur die Beleuchtung im Obergeschoss.

Mit einer derartigen Lichtszene lässt sich natürlich auch eine ganze Gruppe von

AUFRUF VON SZENEN PER TASTENDRUCK

Aktoren

Leuchten in den gewünschten Betriebszustand bringen. Dieser kann entweder „EIN" mit 100 Prozent Helligkeit, „AUS" oder nur ein angestrebter Dimmwert sein, falls eine dimmbare Leuchte dazugehört. Die Szene kann von einem Taster, einem Bewegungsmelder oder einer Zeitschaltuhr ausgelöst werden.

TASTER SCHALTEN DIE LICHTSZENE

Als Standard zum Schalten einer Lichtszene gelten Taster. Auch bei einer KNX-Installation erfolgt die Bedienung überwiegend über Taster oder Schalter. Alternativ bieten sich zur komfortableren Bedienung auch ein Tablet-PC oder ein Touchdisplay an.

AKTION 1
Ein-/Ausschalten der gesamten Beleuchtung im Obergeschoss

AKTION 2
Ein-/Ausschalten der gesamten Beleuchtung im Erdgeschoss

AKTION 3
Ein-/Ausschalten der „Videoszene":
- *Deckenbeleuchtung im Wohnzimmer geht aus*
- *Licht von mehreren Standleuchten dimmt sanft auf*
- *Beamer und Media-Player gehen an, die Leinwand wird heruntergefahren*

AKTION 4
Ein-/Ausschalten der „Duschszene":
- *Deckenlicht dimmt sanft auf*
- *Musik schaltet sich ein*
- *Lüftungsanlage schaltet sich ein*
- *Fußbodenheizung läuft im Tagmodus*

AN- ODER AUS-GESCHALTETES LICHT

Klassisches Ein- und Ausschalten von Licht ohne Dimmen

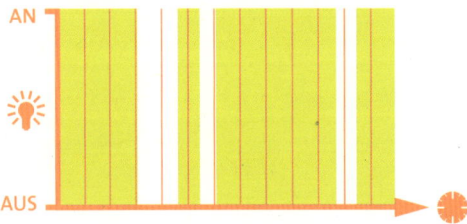

DIMMEN VON LICHT

Sanftes Ein- und Ausschalten von Licht schafft ein behagliches Ambiente

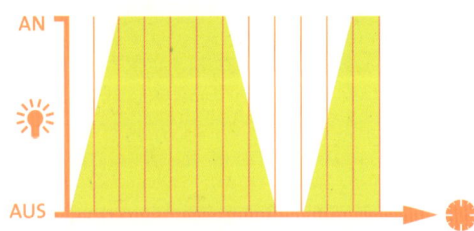

Foto: Hager Vertriebsgesellschaft mbH & Co. KG

❶

❷

❸

▶ Der Einsatz eines Bewegungsmelders für eine Lichtszene ist durchaus auch für Privathäuser interessant. Sie kennen diese Funktion vielleicht von Hotelfluren und -badezimmern. Beim Betreten dieser Bereiche soll dort langsam hochgedimmt werden. Die Gäste müssen gar nicht erst nach dem Taster suchen. Im Privathaus könnte eine ähnliche von Bewegungsmelder und Zeitschaltuhr ausgelöste Lichtszene für Ihr Gäste-WC geeignet sein.

Sie können natürlich jederzeit neue Szenen definieren. Dazu werden vorher Helligkeit und Betriebszustand der einzelnen Elemente festgestellt und gespeichert. Neue oder geänderte Szenen lassen sich so bequem und ganz ohne Programmierkenntnisse einrichten.

1 Schalter mit Touchscreen von Elsner Elektronik

2 Schalter mit Display von Busch-Jaeger

3 Schalter ohne Display mit Status-LEDs von Gira

Was nützt die schönste Inneneinrichtung, wenn sie nicht attraktiv zur Geltung kommt? Die Atmosphäre im Raum hat durchaus auch Einfluss auf die Stimmung der Menschen, die sich darin aufhalten. Gut, wenn Sie die Beleuchtung in jedem Raum entsprechend anpassen können. Sorgen Bewegungs- und Präsenzmelder für eine energieeffiziente und optimale Ausleuchtung, können Sie über Dimmer ein stimmungsvolles Ambiente schaffen. Je nach Tätigkeit und Tageszeit kann ein anderes Licht gewählt werden.

Hier spielen die natürlichen Lichtfarben eine Rolle, die man nach ihrer Farbtemperatur in der Einheit Kelvin unterscheidet (Quelle: licht.de): Im Bereich unter 3.300 Kelvin haben wir es mit warmweißem Licht zu tun, zwischen 3.300 bis 5.300 Kelvin handelt es sich um neutralweißes Licht, darüber liegt der Bereich des Tageslichtweiß. Warmweiß ist ideal für die gemütliche Wohnraumbeleuchtung, Neutralweiß passend für Arbeitsbereiche oder als Akzentbeleuchtung. Tageslichtweiß sollte im Wohnbereich nur ausnahmsweise verwendet werden, zum Beispiel in sehr großen Räumen. ▶

VERÄNDERUNG DER RAUMSTIMMUNG ÜBER FARBE UND HELLIGKEIT

Entspannter Feierabend auf der Couch, anregende Gespräche mit Gästen am Tisch oder beruhigende Einschlafszenarien für die Kleinsten – für jede Situation schaffen Sie mit Licht und Farbe ein ideales Ambiente.

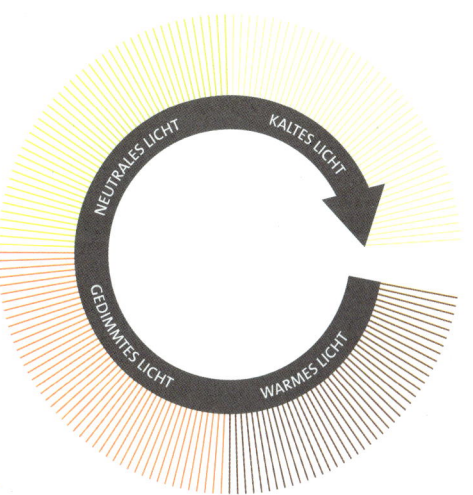

Licht für alle Stimmungslagen: Einstellung des Lichtniveaus je nach Aktivität und Stimmung.

①

Foto: jung.de

②

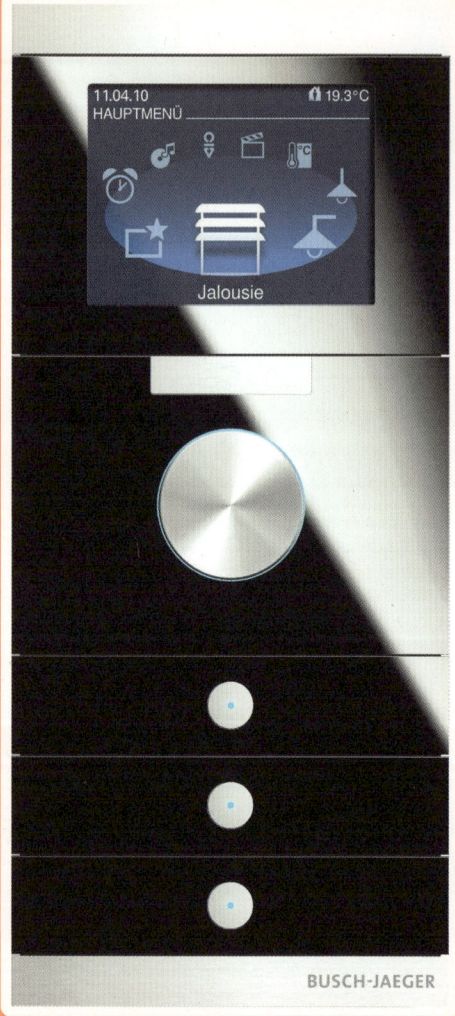

③

Außer der Lichtfarbe bestimmt auch der Helligkeitsgrad des Lichts die Atmosphäre im Raum. Er lässt sich durch Dimmen der jeweiligen Wohnsituation und Aktivität, zum Beispiel Essen mit Gästen am Tisch, Fernsehabend oder Vorbereitung auf den Nachtschlaf anpassen. Mit geeigneten Leuchtmitteln – vor allem moderne LED-Lampen – und der entsprechenden Technik lassen sich sowohl Lichtfarbe als auch Helligkeit auf Wunsch verändern. Das geht auch komfortabel per Touchscreen und Fingergesten. Recht einfach lässt sich die Farbsteuerung im Zusammenspiel mit einem Homeserver realisieren, wie wir ihn in Kapitel 6 vorstellen.

1 Dimmen per Fingerberührung und in verschiedenen Helligkeitsstufen: Gira-Touchdimmer

2 Schalten und Dimmen per Serientastdimmer von Jung

3 Komfortable Steuerung mit Prion von Busch-Jaeger

LED-SZENARIEN ZUR ORIENTIERUNG, BEIM LESEN ODER INFORMIEREN

Dank ihrer langen Lebensdauer – bei einem Betrieb von circa drei Stunden täglich halten sie mehr als 20 Jahre – eignen sich LEDs auch hervorragend für Einbaulösungen. Wie zum Beispiel das LED-Leselicht von Jung zum Wandeinbau, das wie ein Lichtschalter oder eine Steckdose neben dem Bett montiert werden kann. Ideal, wenn Sie schnell noch das

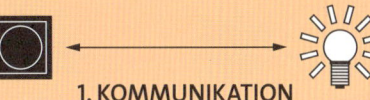

FUNKTIONSWEISE VON DIMMERN

1. KOMMUNIKATION
Steuergerät und Leuchtmittel sind über die Stromleitung miteinander verbunden.

2. STEUERGERÄT SENDET SIGNALE
Über digitale Signale vom Steuergerät lässt sich das Leuchtmittel perfekt dimmen.

3. LEUCHTMITTEL EMPFÄNGT SIGNALE
Übertragung der Steuersignale über die herkömmliche Stromleitung.

In der Straße die Hausnummer finden, auf der Treppe nachts sicher unterwegs sein oder entspannt im Bett lesen: Energiesparendes LED-Licht ist vielfältig einsetzbar.

Fotos: jung.de

EINSPARUNG DURCH EFFIZIENTE LICHTQUELLEN

Quelle: licht.de

Wärme

Licht

GLÜHLAMPE

100%

Seit 2012 ist die Glühlampe bis auf wenige Ausnahmen vom Markt verschwunden.

Wärme

Licht

KOMPAKTLEUCHTSTOFFLAMPE

Bis zu # 80%

weniger Energieverbrauch im Vergleich zur Glühlampe.

Wärme

Licht

LED-LAMPE

Bis zu # 85%

der Energie wird als Licht ausgesendet, nur 15% sind Wärmeentwicklung.

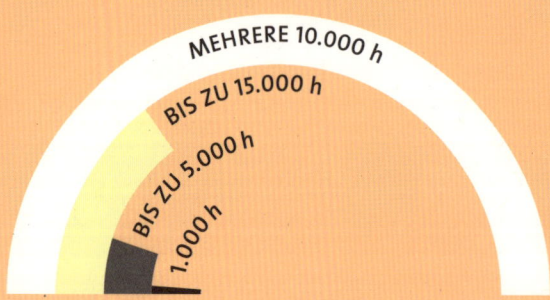

MEHRERE 10.000 h

BIS ZU 15.000 h

BIS ZU 5.000 h

1.000 h

VORAUSSICHTLICHE LEBENSDAUER

Quelle: licht.de

- ○ *LED-Lampe*
- ○ *Kompaktleuchtstofflampe*
- ● *Halogenlampe*
- ● *Glühlampe*

letzte Kapitel im Krimi beenden wollen, bevor das Licht ausgeht – für viele Menschen ist Lesen als Einschlafhilfe feste Routine. Bei diesem Produkt lassen sich zwölf weiße LEDs einzeln in zwei Stufen über einen Serienschalter steuern. Das Leselicht lässt sich außerdem wahlweise mit Serienschalter, Steckdose und USB-Ladestation kombinieren und kann damit weitere

Funktionen über den Nachttisch erfüllen: Sie können den MP3-Player aufladen, den Radiowecker anschließen oder Musik hören.

Über der Badewanne oder der Dusche sind LED-Einbaustrahler momentan sehr gefragt. Aber nicht alle Einbauleuchten eignen sich für den Einsatz in Nassbereichen. Je nach Platzierung sind hier bestimmte Normen zu beachten.

LEDS FÜR DEN WANDEINBAU UND WEITERE FUNKTIONEN

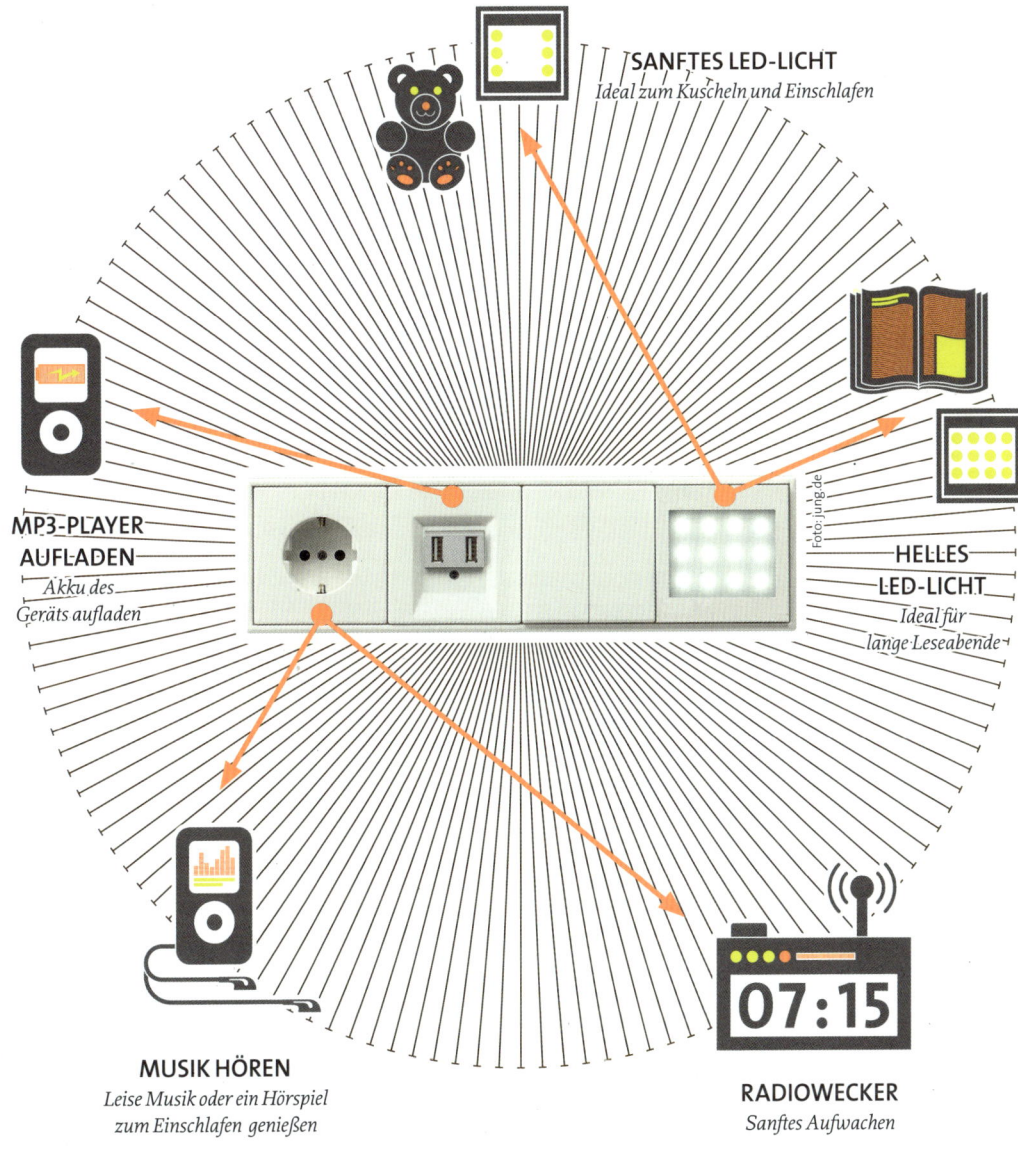

SANFTES LED-LICHT
Ideal zum Kuscheln und Einschlafen

MP3-PLAYER AUFLADEN
Akku des Geräts aufladen

Foto: jung.de

HELLES LED-LICHT
Ideal für lange Leseabende

MUSIK HÖREN
Leise Musik oder ein Hörspiel zum Einschlafen genießen

RADIOWECKER
Sanftes Aufwachen

07:15

Die sparsamen LED-Lichter – lichtemittierende Dioden – leuchten in einem genau abgegrenzten Spektralbereich, nahezu monochromatisch. Die Farbmischung von rot, grün und blau (RGB) oder nur von blau und gelb erzeugt neben allen anderen Mischfarben auch weißes Licht. Im „MultiLED" werden drei verschiedene LED-Chips in einer LED kombiniert.

RGB-LEDS BRINGEN FARBE IN IHR ZUHAUSE

Im Treppenhaus sind LED-Orientierungsleuchten gut geeignet. Als Leuchtmittel können auch RGB-LEDs (für „Rot-Grün-Blau"-Farben) eingesetzt werden. Über einen Steuereingang können nacheinander mehrere Lichtfarben eingestellt oder ein Farbdurchlauf über das gesamte Spektrum gestartet werden. Mithilfe einer Beschriftungsfolie lassen sie sich mit Piktogrammen oder Schriften versehen und so zu beleuchteten Hinweisschildern erweitern. Orientierungslichter am Hauseingang können beispielsweise die Hausnummer hinterleuchtet anzeigen. Ein integrierter Dämmerungsschalter kann das LED-Licht bei einsetzender Dämmerung einschalten.

Foto: Busch-Jaeger

Farbe bekennen: Leuchten für den Hauseingang von Busch-Jaeger. Die MasterLight arbeitet mit RGB-LEDs.

Abendliches Ambiente: Gut platzierte LED-Leuchten schaffen ein perfektes Zusammenspiel von Licht, Architektur und Natur.

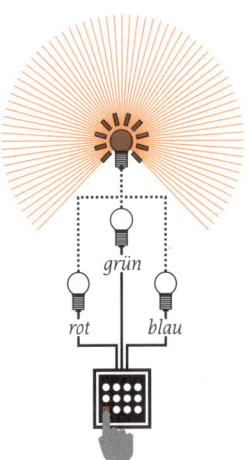

MULTI-LEDS

Mit Multi-LEDs lassen sich viele Farben auf Tastendruck erzeugen. Sie werden aus den drei Grundfarben Rot, Grün und Blau gemischt.

Die Hausnummer ist auch im Vorbeifahren gut erkennbar, der Hauseingang wird mit dieser Grundbeleuchtung repräsentativ hervorgehoben. Mit einem Bewegungsmelder kann die Beleuchtung dann bei Bedarf automatisch hochgefahren werden.

AKTOREN FÜR DIE INTELLIGENTE LICHTSTEUERUNG

Die Schaltung der Verbraucher, also Leuchten, Lampen und LEDs, wird wie bei der Steuerung von Heizung und Klima von Aktoren übernommen. Diese erhalten ihre Kommandos wiederum von Sensoren, beispielsweise Präsenzmeldern. Tritt eine Person in den Erfassungsbereich eines Präsenzmelders, wird ein EIN-Telegramm gesendet. Nach Verlassen des Erfassungsbereichs startet eine Nachlaufzeit. Nach Ablauf der Nachlaufzeit wird ein AUS-Telegramm zum ▶

Aktor gesendet. Die Nachlaufzeit verhindert ein sofortiges Abschalten der Beleuchtung bei wenig oder keiner Bewegung. Die Zeitspanne der Nachlaufzeit ist frei wählbar.

Für den Lichtbereich stehen Schaltaktoren, Dimmaktoren und Lichtregler zur Verfügung. Der Aktor sollte universell für alle gängigen Leuchtmittel einsetzbar und mit automatischer Lasterkennung ausgerüstet sein. Besonders da, wo viele Leuchtengruppen gedimmt werden sollen, sind mehrkanalige Aktoren die Lösung der Wahl. Noch flexibler sind modulare Aktoren: Sie können Leuchtmittel sowohl schalten als auch dimmen.

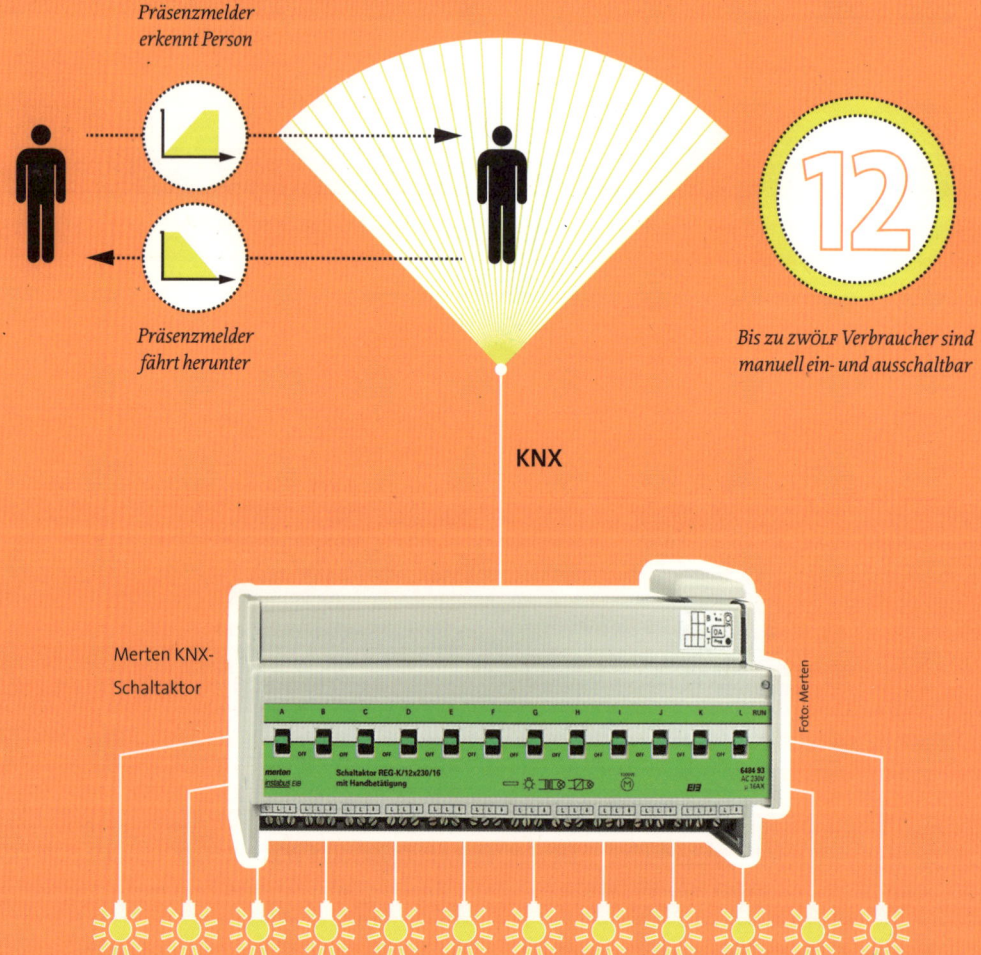

SCHALTEN UND DIMMEN
Per Präsenzmelder lassen sich Leuchten ein- und ausschalten sowie dimmen.

Präsenzmelder erkennt Person

Präsenzmelder fährt herunter

12

Bis zu zwölf Verbraucher sind manuell ein- und ausschaltbar

KNX

Merten KNX-Schaltaktor

Foto: Merten

NETZFREISCHALTUNG VON STROMLEITUNGEN

Elektrosensible Menschen leiden häufig an Schlafstörungen, Nervosität oder depressiven Verstimmungen. Nicht allein für sie kann es sinnvoll sein, die Stromleitungen in Schlaf- und Kinderzimmern spannungsfrei zu schalten. Sie können damit in den für die Erholung wichtigen Räumen jede Art von Elektrosmog sprichwörtlich „ausschalten". Der Netzfreischalter trennt die Leitung vom Netz, sobald der letzte Verbraucher ausgeschaltet ist. Wird beispielsweise die Nachttischlampe erneut eingeschaltet, erhält der Freischalter über die Gleichspannung ein Signal, Netzspannung wiederherzustellen.

Die Funktion der Netzfreischaltung lässt sich im KNX-System problemlos realisieren, weil Stromversorgung und Steuerung von Geräten über getrennte Verkabelungen verlaufen, die unabhängig voneinander im Haus verlegt werden. Das Stromnetz läuft mit 230 Volt Wechselspannung, das KNX-Steuerungsnetz mit 30 Volt Gleichspannung. Somit ist beispielsweise die Abschaltung sämtlicher Stromkabel in Schlaf- und Kinderzimmern während der Nacht problemlos möglich – für einen elektrosmogfreien Schlaf. ■

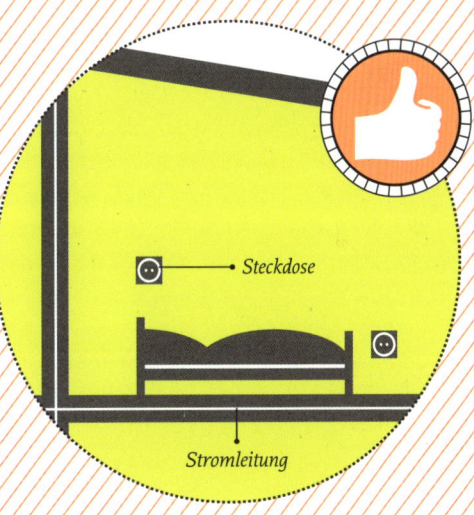

Steckdose

Stromleitung

ZUSÄTZLICHE VERKABELUNG MIT KNX
Nachts können alle Stromleitungen per KNX-Steuerung abgeschaltet werden.

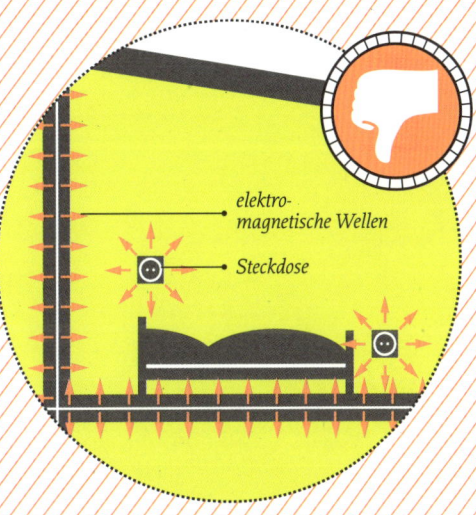

elektro-magnetische Wellen

Steckdose

KONVENTIONELLE VERKABELUNG
Stromleitungen in Wänden und zu Steckdosen lassen sich nachts nicht aussschalten.

STROMNETZ ZUR STROMVERSORGUNG:

230V
Wechselspannung

KNX-STEUERUNGSNETZ:

30V
Gleichspannung

LICHT UND FARBE IN ALLEN RÄUMEN

Von außen geradlinig und schlicht, innen ein Fest farbenfroher, wechselnder Lichtszenarien – so erfüllten sich österreichische Bauherren ihren Traum vom Smart Home. Das Architektenhaus ist mit dem Steuerungssystem Loxone ausgestattet, das als Steuerzentrale einen Miniserver einsetzt, der im zentralen Verteiler der Hausinstallation platziert wird. Von dort aus steuert der Loxone Miniserver alle Gewerke im Smart Home – von der Beleuchtung bis zum Energiemanagement. Für Renovierer und Sanierer bietet Loxone eine hauseigene Funktechnologie mit dem Miniserver Go als zentralem Herzstück.

Im „Lighthouse" wurden für die indirekte Beleuchtung über 50 Meter LED-Streifen verlegt. Mit unterschiedlichen Lichtszenen sorgt der Loxone-Miniserver in jeder Situation für die passende Lichtstimmung. Per gewöhnlichem Taster oder via App können die Hausbewohner mit Mobilgeräten jederzeit in die aktuelle Lichtstimmung eingreifen, Farben verändern und mit neuen Szenarien experimentieren, die dann auch gleich mit einer „Lernfunktion" gespeichert werden können.

Auch die Lüftungsanlage ist an den Miniserver angeschlossen und ermöglicht so morgens automatisches Stoßlüften. Neben einer intelligenten Jalousiesteuerung benachrichtigt der Miniserver die Hausbewohner bei Unwettergefahr über offene Fenster und Türen – dank Regensensor und Tür- und Fensterkontakten. Die Haustür öffnet sich schlüssellos per Smartphone. Per App oder Browser kann das Haus auch aus der Ferne überwacht werden. ■

Foto: Loxone

Tageslicht: Modernes Architektenhaus mit moderner Smart-Home-Ausstattung.

Foto: Loxone

Vom Miniserver gesteuerte Lichtszenen: Mal dezent, wie dieses Esszimmer-Szenario ...

Foto: Loxone

Foto: Loxone

... oder mit markanten Leuchtakzenten. Über 50 Meter verlegte LED-Streifen machen es möglich.

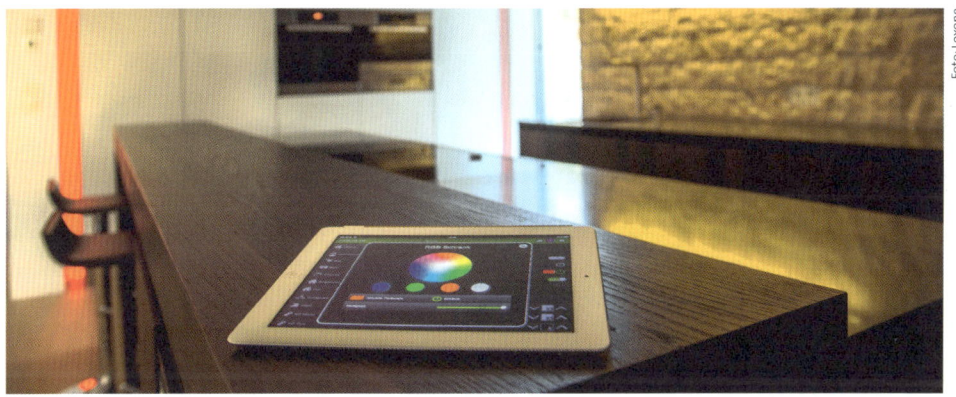

Foto: Loxone

Über Taster oder Tablet können die Hausbesitzer jederzeit Einfluss auf die Farben ihrer Beleuchtung nehmen.

④ VERSCHATTUNG

Sonne nach

Auch eine gut durchdachte Verschattung hilft mit beim Energiesparen. An heißen Tagen macht sie die Klimaanlage überflüssig, abends schützt sie vor Blendung und unerwünschtem Einblick.

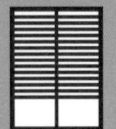

nlicht
Maß

SCHATTENSPIELE MIT EFFEKT

Als wäre ein Butler im Haus: Ein automatischer Sonnenschutz erspart Ihnen nicht nur viele Handgriffe, sondern auch Energiekosten.

IN DIESEM KAPITEL ERFAHREN SIE,

▶ *zwischen welchen Möglichkeiten des Sonnenschutzes, zum Beispiel Rollläden, Markisen oder Jalousien, Sie für Ihr Smart Home wählen können*

▶ *wie Sie auch schwer erreichbare Fenster, vor allem im Dachbereich, zuverlässig vor Sonneneinstrahlung schützen können*

▶ *mit welcher intelligenten Technik die Sonnenschutzvorrichtungen selbstständig hoch- und herunterfahren*

▶ *wie automatische Verschattung auch Einbruchschutz bietet*

▶ *wie eine Wetterstation auf dem Dach dazu beitragen kann, Ihr Verschattungssystem zu optimieren*

Mit der intelligenten Steuerung von Heizung, Klima und Licht ist das smarte Zuhause bereits sehr komfortabel eingerichtet. Doch es gibt noch ein paar Routinen im Tagesablauf, die Sie als Bewohner eigentlich auch noch automatisieren könnten: Zum Beispiel, morgens die Rollläden hoch- und abends wieder herunterfahren. Scheint die Sonne an heißen Sommertagen, müssen Sie durch sämtliche Wohnräume pilgern und alle Jalousien schließen. Das könnten künftig die Smart-Home-Systeme für Sie erledigen. Diese können sich dabei nach dem jeweiligen Sonnenstand richten, damit Sie im Haus bestmöglich viel Tageslicht genießen. Motoren für Jalousien und Rollläden im Zusammenspiel mit Helligkeits- und Wettersensoren machen es möglich.

WARUM SONNENSCHUTZ?

Vielleicht haben Sie dem Thema Verschattung bisher noch gar nicht so viel Aufmerksamkeit gewidmet. Für die Planung eines smarten Neubaus wird es aber mit Sicherheit ein wichtiges ▶

SONNENSTAND IM SOMMER

Je höher die Sonne steht, desto dichter sollten Sie die Fenster des Hauses als Schutz vor Hitze und grellem Lichteinfall abdunkeln.

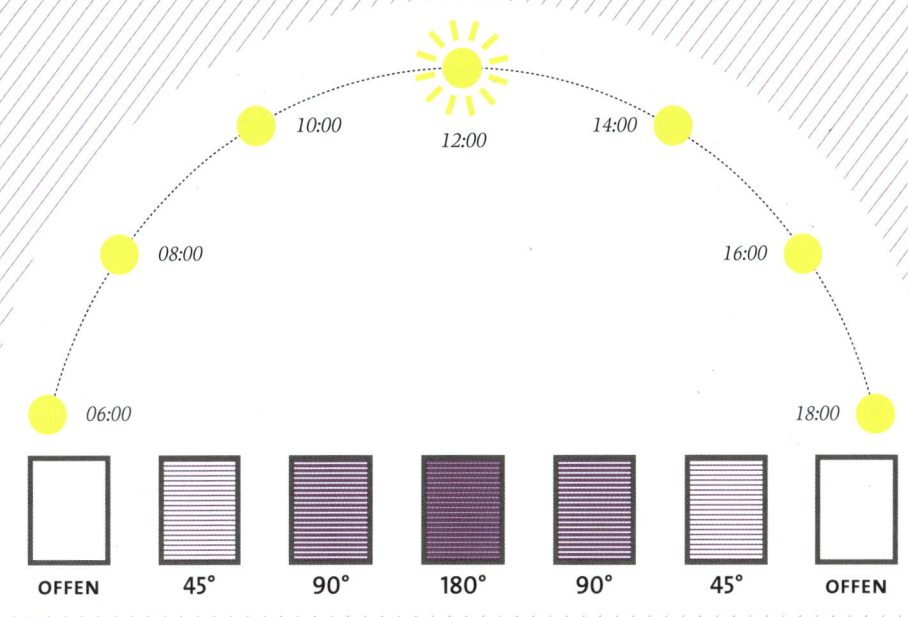

Quelle: KNX Journal

SONNENSTAND IM WINTER

Je mehr Tageslicht Sie im Winter nutzen können, desto weniger Energieaufwand haben Sie für Kunstlicht. Abends brauchen Sie Sichtschutz und Sicherheit.

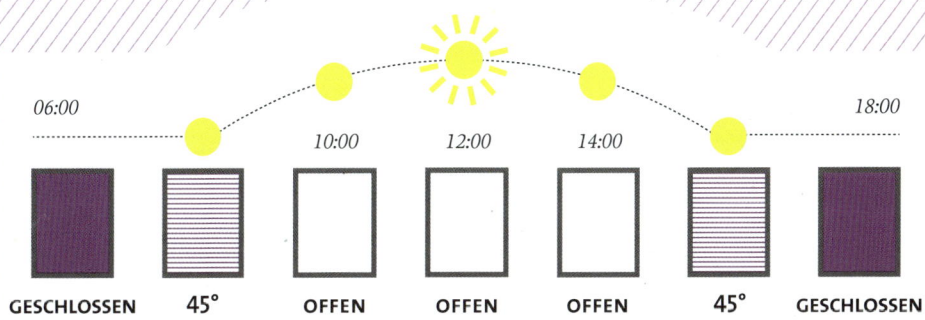

VERSCHATTUNG OPTIMAL GEPLANT

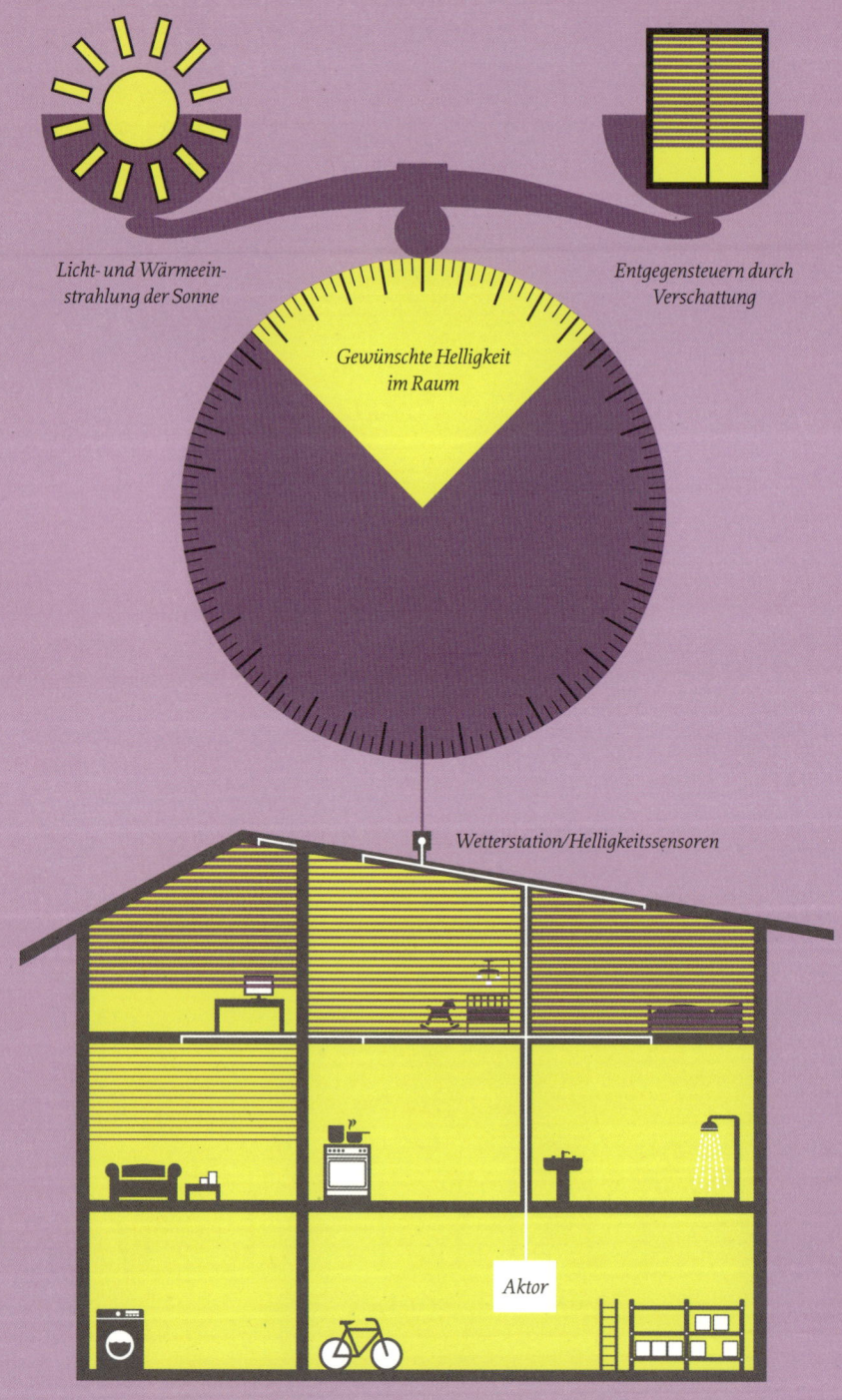

Licht- und Wärmein-
strahlung der Sonne

Entgegensteuern durch
Verschattung

Gewünschte Helligkeit
im Raum

Wetterstation/Helligkeitssensoren

Aktor

▶ Thema werden. Denn nicht nur aus architektonischen, sondern auch aus Gründen der Energieeffizienz sind bei modernen Häusern große Fenster sehr gefragt. Durch die ausgedehnten Glasflächen gelangt Sonnenwärme ins Haus, was vor allem an sonnigen, aber kühlen Tagen die Heizung entlastet. Durch den starken Lichteinfall kann die künstliche Beleuchtung länger ausgeschaltet bleiben.

Die Nachteile: An heißen Sommertagen kann die Sonne durch ungeschützte Fenster die Wohnräume gnadenlos aufheizen. Zudem kann eine starke Sonneneinstrahlung die Hausbewohner bei verschiedenen Tätigkeiten unangenehm blenden. Deshalb müssen Sie mit einem effektiven Sonnenschutzsystem gegensteuern – oder gegensteuern lassen.

DIE WAHL DES VERSCHATTUNGSSYSTEMS

Grundsätzlich ist ein außen am Haus angebrachter Sonnenschutz effektiver als eine Verschattung von innen. An der Innenseite der Fenster angebrachte Rollos, Jalousien oder Vorhänge halten nur etwa 25 Prozent der Sonneneinstrahlung ab. Im Vergleich dazu schaffen es Außenjalousien oder Fensterläden, rund 60 Prozent der Strahlung abzuhalten, Rollläden sogar 75 Prozent.

Geschlossene Rollläden bieten zudem zusätzlichen Wärmeschutz in kalten Winternächten sowie Schall- und Einbruchschutz. Bei modernen Rollläden ist es ähnlich wie bei Jalousien möglich, die Profile zu verstellen, sodass nur teilweise abgedunkelt wird. Auch Markisen bieten wirksamen Sonnenschutz und schützen zusätzlich vor Regen auf der Terrasse.

Für welche Art von Sonnenschutz Sie sich entscheiden werden, hängt auch von baulichen Gegebenheiten ab. Beim Neubau lassen sich die Kästen von Rollläden oder Außenjalousien gleich in die Fassade integrieren, was eine sehr stimmige Optik ergibt. Zum Nachrüsten kommen Vorbaulösungen oder – bei Fensteraustausch – mit den Fenstern fest verbundener Sonnenschutz infrage.

SONNENSCHUTZ

So viel Prozent der Sonneneinstrahlung halten Rollläden, Jalousien und Co. ab:

Quelle: Ratgeber für Ihr Zuhause (Heinze GmbH)

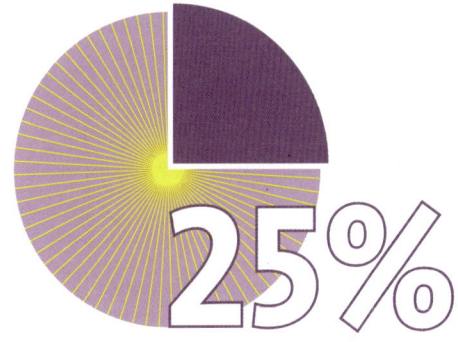

Sonnenschutz innen: Rollos, Jalousien, Vorhänge

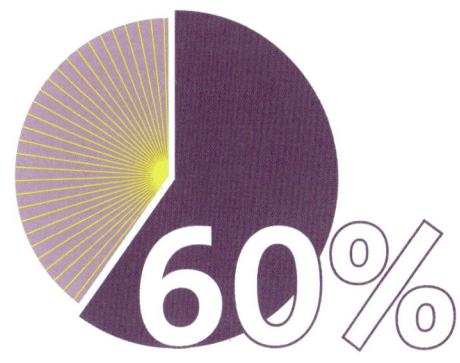

Sonnenschutz außen: Fensterläden, Außenjalousien

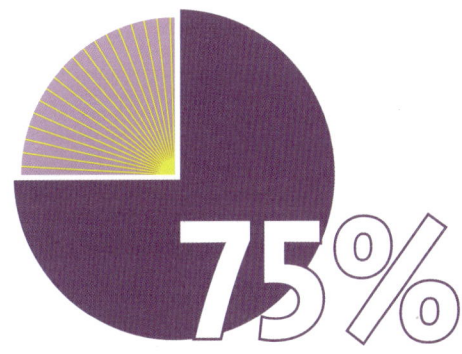

Sonnenschutz außen: Rollläden

Foto: jung.de

1 Schalter-Wippe von Jung zur Markisen-/Jalousiesteuerung

2 Drehschalter von Busch-Jaeger für manuelle Bedienung und Automatikbetrieb

BEDIENUNG PER SCHALTER

Für welche Art von Sonnenschutz Sie sich entscheiden: Was die Bedienung betrifft, können Sie sich ganz entspannt zurücklehnen. Statt sich mit schweren Führungen bei Rollläden oder Jalousien herumzuärgern, gibt es künftig für Sie viel komfortablere Lösungen.

Um Ihre Jalousien, Rollläden und Markisen bequem steuern zu können, existieren zwei Möglichkeiten. Die erste: Sie steuern den Sonnenschutz manuell über Taster. Ein kurzer Tastendruck könnte beispielsweise die Lamellen der Jalousien verstellen, ein längerer Druck sie selbsttätig nach oben oder unten fahren lassen. Komfortschalter ermöglichen auch einen einfachen Automatikbetrieb, sodass sich zum Beispiel der Rollladen im 24-Stunden-Rhythmus öffnet und schließt. Alternativ ist die Steuerung auch über ein multifunktionelles Bedienpanel möglich, das noch weitere Automationsfunktionen übernimmt (mehr zu den Panels in Kapitel 6).

STEUERUNG DURCH SENSOREN

Die zweite Möglichkeit, eine sensorabhängige Steuerung, erspart Ihnen nicht nur den physischen Kraftaufwand, sondern „denkt" selbstständig daran, wann die Verschattung herauf- oder heruntergefahren werden sollte. Hierfür

können verschiedene Sensoren an die Taster angeschlossen werden, beispielsweise für die Bestimmung der Sonneneinstrahlung, Helligkeit, Windgeschwindigkeit oder auch für die Signalisierung von Glasbruch. Ein Glasbruchsensor reagiert beispielsweise, wenn bei einem Einbruchsversuch eine Fensterscheibe zu Bruch geht. Über die entsprechenden Aktoren wird dann veranlasst, dass die Rollläden automatisch ganz nach unten gefahren werden.

Darüber hinaus kann die Sensor- um eine Zeitsteuerung ergänzt werden. Sie kann auch bei Abwesenheit im täglichen Rhythmus Aufwärts- und Abwärtsbewegung vollautomatisch wiederholen.

Steuertaster von Gira für Jalousien/Markisen mit Speicherung der Uhrzeit für Automatikbetrieb.

JALOUSIENSTEUERUNG MIT SENSOREN

Fenster und Türen im ganzen Haus mit Blick auf die Wetterlage komplett im Griff?
Sensoren machen es möglich. Sie messen hell und dunkel beziehungsweise Sonne,
Regen und Wind. Selbst Glasbruch registrieren sie und verschließen durch Sturmschäden
entstandene Lücken sicherheitshalber mit Rollläden oder Jalousien.

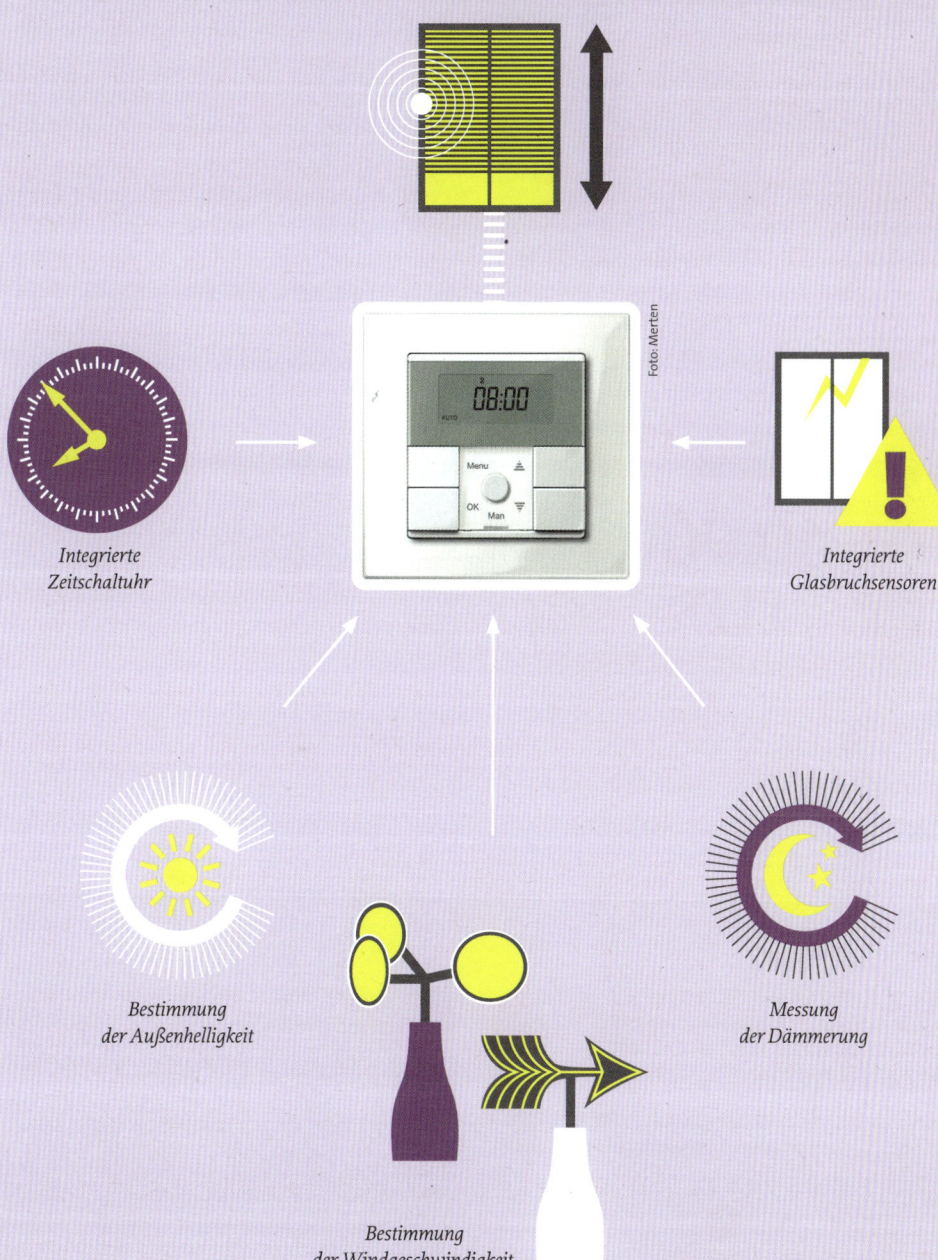

Foto: Merten

Integrierte
Zeitschaltuhr

Integrierte
Glasbruchsensoren

Bestimmung
der Außenhelligkeit

Messung
der Dämmerung

Bestimmung
der Windgeschwindigkeit

AUTOMATISCHE STEUERUNG NACH SONNENSTAND

Wie intelligent die Verschattungssysteme im Smart Home gesteuert werden können, sei am Beispiel einer „Sonnenautomatik" für die Jalousieführung demonstriert. Grundlage ist ein Sensor, etwa ein Helligkeitsmesser, der die Sonneneinstrahlung ermittelt. Wird der obere Helligkeits-Grenzwert (in Lux) länger als eine definierte Einschaltverzögerungszeit überschritten, senken sich die Jalousien in die angestrebte Position. Wird der untere Grenzwert für die Dauer der Ausschaltverzögerung unterschritten, so wird die Automatik deaktiviert. Ein Fahrbefehl wird ausgeführt, um den Sonnenschutz in eine definierte Ausgangslage zu bringen. Die Verzögerungszeiten verhindern, dass der Sonnenschutz auch auf kurzzeitige Helligkeitsschwankungen reagiert. So werden häufige und unnötige Fahrbewegungen weitgehend vermieden.

Die oberen und unteren Grenzwerte sollten entsprechend in einem Bereich zwischen 500 und 40.000 Lux einstellbar sein. Natürlich muss es Ihnen möglich sein, die Jalousien zwischendurch auch mal manuell zu bedienen. Die Sonnenautomatik wird in diesem Fall zeitweise deaktiviert.

GENUG TAGESLICHT DANK LAMELLENNACHFÜHRUNG

Nicht nur die Position der Jalousie als Ganzes, sondern auch die ihrer Lamellen kann dem jeweils aktuellen Sonnenstand angepasst werden. Durch diese sogenannte „Lamellennachführung" wird jeder Raum mit der größten Menge an natürlichem Tageslicht versorgt, ohne dass eine Blendung durch direkte Sonneneinstrahlung eintritt. Diese Komfortfunktion wird für unterschiedliche Abschnitte der Hausfassade separat durchgeführt. Für die Einstellung des Lamellenwinkels sind neben den Licht-Messwerten auch die Produkteigenschaften der Jalousie selbst wie Lamellengeometrie, Material (Metall oder Kunststoff) und Farbe (hell oder dunkel) ausschlaggebend.

LICHTEINFALL IN DEN RÄUMEN

Die Grenzwerte, jenseits derer die Sonnen-automation aktiviert oder deaktiviert wird, bewegen sich zwischen 500 und 40.000 Lux.

Quelle: ElKa Elektronik GmbH

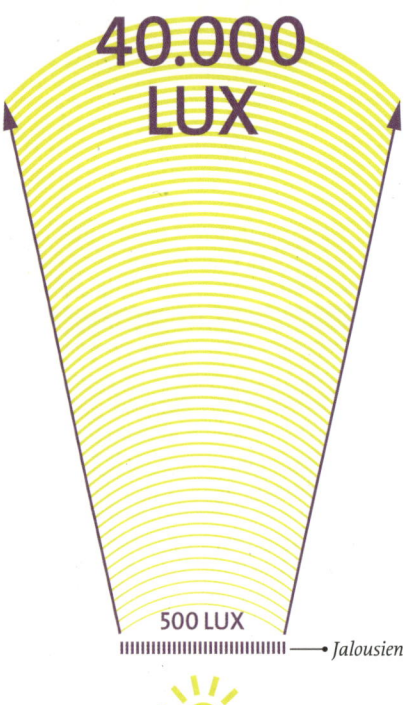

40.000 LUX

500 LUX → *Jalousien*

Optimale Licht- und Sichtverhältnisse durch eine perfekt abgestimmte Verschattung

Zu hell? Zu dunkel? Mit einer Sonnenautomation werden alle Außenbedingungen gemessen und die Jalousien entsprechend eingestellt.

 # LAMELLENNACHFÜHRUNG

Mit einer Nachführung werden die Lamellen dem Sonnenstand angepasst, um die Lichtlenkung und den Blendschutz optimal nutzen zu können. Diese Funktion ist nur mit modernen Bussystemen wie KNX realisierbar.

Wird der obere Helligkeitsgrenzwert länger als in der Einschaltverzögerung programmiert überschritten, wird die Lamellennachführung ebenfalls aktiviert. Regelmäßig ermittelt diese die optimale Position und den optimalen Winkel und führt entsprechende Fahrbefehle aus. Wird im Anschluss der untere Helligkeitsgrenzwert für die Dauer der Ausschaltverzögerung unterschritten, wird die Nachführung deaktiviert. Der Fahrbefehl wird ausgeführt, um den Sonnenschutz wieder in die definierte Ausgangslage zu fah-

BLENDSCHUTZ BIS INS KLEINSTE DETAIL

Auch die Lamellen der Jalousien richten sich am aktuellen Sonnenstand aus.

ren. Wenn der Sonnenschutz zwischendurch einmal manuell bedient wird, kann die Lamellennachführung kurzzeitig deaktiviert werden. Wie bei anderen Lösungen im KNX-System ist es möglich, die Lamellennachführung jederzeit ein- oder auszuschalten.

DER SCHATTENWURF VON NEBENAN WIRD MIT EINKALKULIERT

Zusammen mit den Funktionen „Sonnenautomatik" und „Lamellennachführung" ist auch eine Funktion „Schattenwurfermittlung" möglich. Hierbei wird die Sonnenschutzsteuerung mit Informationen über die Verschattung durch umgebende Gebäude, hohe Bäume oder Innenhöfe ergänzt. Dies bewirkt, dass bei Sonnenschein nur die Jalousiengruppen auf Sonnenautomatik und Lamellennachführung reagieren, die tatsächlich besonnt werden. An den vom Schattenwurf betroffenen Fenstern wird der Sonnenschutz in eine Warteposition gefahren, bis die Verschattung vorüber ist und die Sonne wieder auf die volle Fensterfläche scheint. Dann führen Sonnenautomatik und Lamellennachführung wieder entsprechende Fahrbefehle für die Jalousien aus.

Noch mehr Vorteile verspricht eine Kombination mit der Außen- und Innenbeleuchtung: Beispielsweise wird das Licht automatisch heller, sobald die Rollläden schließen.

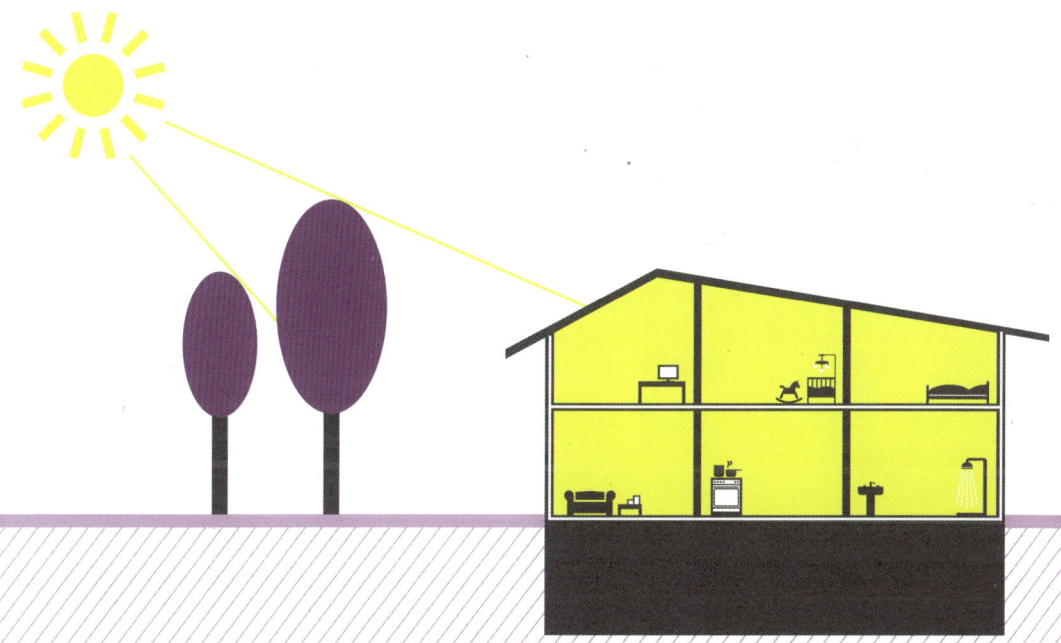

NATÜRLICHE VERSCHATTUNG DURCH BEPFLANZUNG

Bäume in unmittelbarer Nähe des Hauses werfen Schatten und mindern die Licht- und Wärmeeinstrahlung. Die Jalousien können geöffnet bleiben.

JALOUSIEAKTOREN FÜR DEN SONNENSCHUTZ

Wie überall im KNX-System sind auch für den Sonnenschutz Aktoren notwendig, die von den Sensoren Information erhalten und entsprechende Befehle ausführen. Aktoren für die Jalousie- oder Rollladensteuerung können direkt an den einzelnen Sonnenschutzvorrichtungen in Unterputzdosen installiert werden. Das ist in der Regel bei kleineren Sonnenschutzanlagen im Einfamilienhaus der Fall. Es kann aber auch ein Aktor in einem Technikschrank installiert werden, der dann von dort aus eine größere Anzahl von Jalousien oder Rollläden steuert.

BLICKSCHUTZ BEI DÄMMERUNG

Eine Dämmerungsautomatik bietet Ihnen zusätzlichen Komfort. Mit Einbruch der Nacht wird die Jalousie automatisch heruntergefahren, dadurch verfügen Sie neben dem Sicht- auch noch über einen Einbruchschutz. Das Prinzip gleicht dem der Sonnenautomatik: Wenn der Dämmerungs-Grenzwert länger als in der Einschaltverzögerung programmiert unterschritten wird, fahren die Jalousien in die Nachtposition. Wird bei Tagesanbruch für die Dauer der Abschaltverzögerung der Dämmerungs-Grenzwert überschritten, deaktiviert sich die Dämmerungsautomatik und ein entsprechender Fahrbefehl wird

Foto: Marcello Mariana

Räume mit großen Glasflächen benötigen einen automatischen Sichtschutz bei Dämmerung.

JALOUSIEAKTOREN

Es handelt sich um KNX-Aktoren, die für die Steuerung des Sonnenschutzes konzipiert sind. Sie können direkt an den einzelnen Jalousien oder zentral installiert werden.

0 – 200 LUX

HELLIGKEITSGRENZWERT

SCHUTZ VOR AKTIVIERUNG

Die gleißenden Scheinwerfer eines vorbeifahrenden Autos reichen nicht aus, um die Dämmerungsautomatisierung zu aktivieren. Die Helligkeitssensoren reagieren lediglich auf Werte zwischen 0 und 200 Lux.

Quelle: Elka Elektronik GmbH

ausgeführt. Der Sonnenschutz wird dann in eine zuvor definierte Tagesposition gefahren.

Durch die Verzögerungszeiten wird auch in diesem Fall ein unbeabsichtigtes Auslösen, beispielsweise aufgrund eines aufblitzenden Autoscheinwerfers, vermieden. Der Grenzwert muss im Bereich zwischen 0 und 200 Lux liegen. Die Dämmerungsautomatik kann wie die Sonnenautomatik auch von Ihnen ein- oder ausgeschaltet werden.

WIND, NÄSSE, FROST ODER EIS: IHR HAUS IST GEWARNT!

Das Wetter verschlechtert sich und Sie haben beim Verlassen des Hauses vergessen, die Jalousien hochzufahren? Im Smart Home müssen Sie sich nicht mehr um Ihren Sonnenschutz sorgen, wenn ein Sturm losbrechen sollte. Die Sensoren übernehmen diese Aufgabe für Sie. Wenn der definierte Wind-Grenzwert für einen Fassadenbereich länger als die Einschaltverzögerung überschritten wird, erhalten die Jalousien den Befehl zum Hochfahren. Diese Verzögerungszeit ist notwendig, damit der Sonnenschutz nicht auf kleine Windböen reagiert. Erst nach der Ausschaltverzögerung ist der Schutz wieder für Komfortfunktionen freigegeben.

Nicht nur starker Wind, auch Eisbildung kann gefährlich für die Jalousien werden, denn diese könnten beim Einfahren beschädigt werden. An geeigneten Stellen des Hauses werden deshalb Außentemperatur und Niederschlag ermittelt. Aus diesen beiden Werten wird ein „Eisalarm" generiert, schon bevor die tatsächliche Vereisung einsetzt. Bei Unterschreiten der einstellbaren Vereisungstemperatur, zum Beispiel bei 3 Grad Celsius, und bei gleichzeitigem Regen wird ein Fahrbefehl in eine sichere Endposition ausgegeben. Nach einer voreingestellten Auftauzeit wird wieder Entwarnung gegeben. Ähnlich funktioniert ein „Niederschlagsalarm", der zum Beispiel Textilmarkisen vor Feuchtigkeitsschäden schützt. Für die Dauer des Alarms sind sowohl die lokale Bedienung als auch die Komfortfunktionen für die betroffenen Jalousien blockiert.

DIE WETTERSTATION AUF DEM DACH SCHLÄGT SOFORT ALARM, WENN DIE JALOUSIEN NACH OBEN MÜSSEN

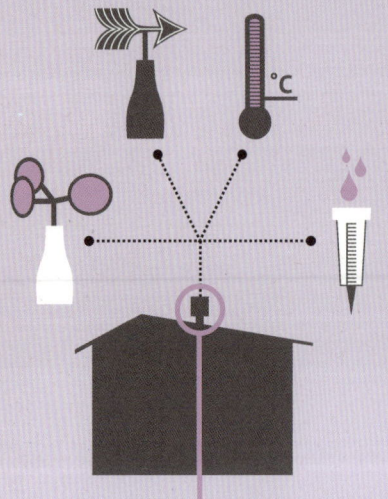

Die Wetterstation misst Windgeschwindigkeit, Niederschlag und Temperatur.

Ein Alarm für Sturm oder Eis wird per E-Mail an das Smartphone oder Tablet gesendet.

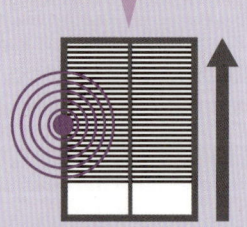

Gleichzeitig wird die Jalousie sicherheitshalber nach oben gefahren.

KNX-WETTERSTATION: DAS SENSIBELCHEN AUF DEM DACH

In einer KNX-Wetterstation sind die verschiedenen Sensoren für Wind, Temperatur, Helligkeit und Niederschlag vereint. Die Wetterstation erfasst sämtliche Wetterdaten und speist sie permanent in das KNX-System ein. Beim Erreichen festgelegter Grenzwerte, zum Beispiel für Helligkeit, Niederschlag, oder Windgeschwindigkeit, setzen entsprechende Aktoren die Jalousien und Rollläden in Bewegung.

Eine KNX-Wetterstation ist für die Außenmontage an einer Wand geeignet, mit optionalem Zubehör auch an einer Ecke oder einem Mast. Mit einem integrierten GPS-Empfänger empfängt sie auch Signale für Zeit und Standort oder kann die genaue Position der Sonne aus Standortkoordinaten und Zeitpunkten errechnen. Damit sind alle notwendigen Daten für die intelligente Steuerung von Jalousien, Rollläden und Markisen, aber zum Beispiel auch für eine automatische Fensteröffnung und -schließung abgedeckt.

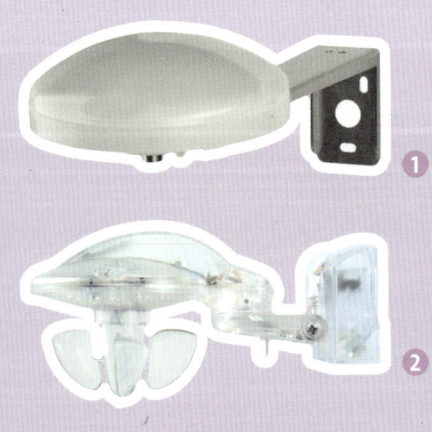

1 Wetterstation von Gira für Helligkeit, Wind, Temperatur und Regen

2 Durch das transparente Gehäuse der Wetterstation von Theben schimmert die Fassade und die Wetterstation fügt sich harmonisch in die Architektur ein.

KNX-WETTERSTATION

Eine Wetterstation erfasst Klimadaten und - ereignisse und speist diese ins KNX-System ein. Bei Bedarf werden Jalousien, Markisen und motorbetriebene Fenster angesteuert oder die Beleuchtung ein- und ausgeschaltet. Sie hat die erforderlichen Sensoren für Windgeschwindigkeit, Temperatur, Helligkeit und Niederschlag an Bord.

SPEZIAL-SONNENSCHUTZ FÜR FENSTER UND GLAS

Über einzelne Sensoren oder über die multifunktionale Wetterstation wird der Sonnenschutz in Ihrem Smart Home höchst komfortabel gesteuert. Allerdings gibt es auch Stellen im Haus, wo ein Verschattungssystem schwierig anzubringen oder nicht erwünscht ist. Das kann beispielsweise bei schrägen Dachfenstern, Panoramafenstern, ▶

Intelligenter Sonnenschutz ohne Jalousien: Auf Knopfdruck färbt sich das dimmbare Glas ein.

Fotos: Copyright by EControl-Glas

Foto: EControl-Glas

5 Grad

UM BIS ZU 5° C SOLLEN SONNEN-SCHUTZGLÄSER DIE SOMMERLICHEN RAUMTEMPERATUREN REDUZIEREN.

Quelle: Baunetz Wissen

▶ oder in Räumen, die auf ganzer Höhe verglast sind, der Fall sein. Hier kann eine Ausstattung mit Sonnenschutzglas eine Alternative sein. Mit solchen Spezialgläsern sollen sich die Raumtemperaturen in den Sommermonaten um bis zu 5 °C verringern lassen. Das Kühlsystem des Hauses wird spürbar entlastet. Die Räume bleiben dennoch hell, denn das Spezialglas ist nicht getönt, sondern transparent wie andere Fenster-

gläser im Haus. Die Sonnenschutzwirkung wird entweder durch Reflexion oder durch Absorption des Sonnenlichts erreicht. Zur Reflexion wird das Fensterglas mit metallischen Substanzen beschichtet, die einen Teil der Energie zurückwerfen und so eine Aufwärmung effektiv vermeiden. Zur Absorption und verzögerten Rückgabe werden dem Glas bei der Schmelze Farbstoffe wie Eisen- oder Kupferoxid beigemischt.

Während die beschriebenen Sonnenschutzgläser nichts mit Smart-Home-Technik im engeren Sinne zu tun haben, werden sogenannte elektrochrome oder dimmbare Gläser in die Gebäudeleittechnik, zum Beispiel in das KNX-System, eingebunden. Die elektrochromen Gläser lassen sich individuell via Knopfdruck beziehungsweise Sensor schalten, sodass Licht- und Wärmedurchlässigkeit reduziert werden. ■

 **ABSORPTIONSGLAS**

Es gehört wie das Reflexionsglas zu den speziellen Sonnenschutzgläsern. Bei der Glasschmelze werden Farbstoffe wie Eisen- oder Kupferoxid beigemischt, die einen Teil der Sonnenenergie festhalten und verzögert wieder nach außen abgeben.

FILIGRANE SCHATTENSPIELE

Auch bei den Herstellern von Fertighäusern setzt sich die intelligente Haustechnik im gehobenen Segment immer weiter durch. Ein Beispiel ist das Musterhaus „fine" des Herstellers Luxhaus, das als Plus-Energie-Haus konzipiert ist. Mithilfe einer Photovoltaikanlage soll das Haus mehr Energie produzieren, als es selbst verbraucht. Die gesamte Haustechnik, von der Fußbodenheizung über die Beleuchtung bis zum Sonnenschutz, wird über eine Businstallation mithilfe von Sensoren gesteuert und kann schalterlos über Tablet und Smartphone sowie über einfache Sprachbefehle bedient werden.

So wird auch die Jalousienanlage, welche die großen Fensterflächen des schnörkellos modernen Hauses vor zu viel Sonne schützt und zudem optische Akzente setzt, vollautomatisch gesteuert. Wind- und Sonnensensoren registrieren den jeweiligen Sonnenstand und schlagen Alarm, wenn schlechtes Wetter aufzieht und die Jalousien hochgefahren werden müssen. ◼

Dank automatischer Steuerung das richtige Maß an Licht und Verschattung zu jeder Tageszeit.

Von außen setzt die Terrassenüberdachung auf Licht- und Schatteneffekte.

Fotos: Luxhaus

Vom Tablet-PC lässt sich die gesamte Hautechnik überblicken und steuern. Es reicht aber auch ein einfacher Sprachbefehl wie „Licht an".

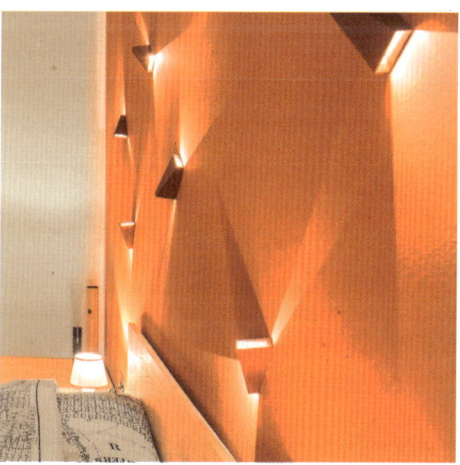

Raffinierte Lichtspiele finden sich auch in der künstlichen Beleuchtung.

Ein run
sicheres

Sicherheit geht vor im Smart Home – ob Sie anwesend sind oder nicht. Über Besucher an der Tür, auch die ungebetenen, werden Sie jederzeit informiert und können entsprechend reagieren.

dum Zuhause

17 MAL

IN DER STUNDE WIRD IN
HÄUSER UND WOHNUNGEN
EINGEBROCHEN

Quelle: Polizeiliche Kriminalstatistik 2014

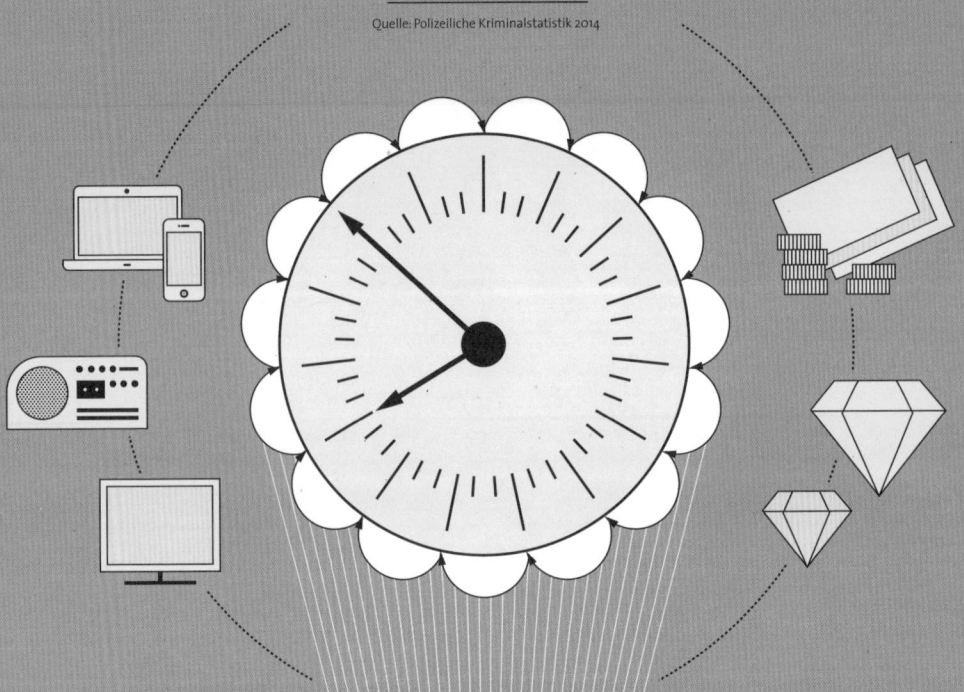

*Eingangstüren,
Balkon- oder
Terassentüren*

Fenster

SICHERHEIT DURCH
1. Rahmen, Beschlag und Verglasung
2. Elektronische Sicherung

DAS GUTE GEFÜHL, BEHÜTET ZU SEIN

Im Smart Home müssen Sie sich und Ihr Eigentum nicht hinter Gittern und dicken Schlössern verschanzen. Intelligente Sicherheitstechnik beschützt Sie ganz diskret rund um die Uhr.

Alarmierende Zahlen: In Deutschland wird alle 3,5 Minuten in eine Wohnung oder ein Haus eingebrochen. Laut polizeilicher Kriminalstatistik stieg die Zahl der Einbrüche im Jahre 2014 im Vergleich zum Vorjahr um 1,8 Prozent auf gut 152.000 Fälle. Das ist der höchste Wert seit 16 Jahren. Die Aufklärungsquote liegt dagegen bei lediglich knapp 16 Prozent (Quelle: Polizeiliche Kriminalstatistik 2014). Außerdem führt der Diebstahl teurer Geräte wie Notebooks und Smartphones dazu, dass auch die Schadenssummen Spitzenwerte erreichen – 2014 waren es im Durchschnitt knapp 3.300 Euro pro Einbruchsopfer (Quelle: Einbruch-Report 2015 der GDV). Den Betroffenen machen die Verletzung ihrer Privatsphäre und das verloren gegangene Sicherheitsgefühl meist mehr zu schaffen als der materielle Schaden.

Allerdings zeigt die Statistik auch eine positive Entwicklung: Gut 41 Prozent aller Einbruchsversuche scheitern, auch diese Zahl ist so hoch wie nie zuvor. Die Polizei führt dies vor allem auf verbesserte Sicherungsmaßnahmen zurück. Wenn das kein Ansporn ist, Ihr Smart Home von vornherein mit den bestmöglichen Sicherheitssystemen auszustatten!

> **IN DIESEM KAPITEL ERFAHREN SIE,**
>
> ► *welche Möglichkeiten es gibt, die Türen und Tore Ihres Hauses in Zukunft ganz ohne klassische Schlüssel zu öffnen*
>
> ► *wie Sensoren im Smart Home auch als Alarmanlage wirken können und was passiert, wenn zum Beispiel ein Bewegungsmelder anschlägt*
>
> ► *wie Ihr Haus mögliche Einbrecher mit Licht und Lärm vertreiben kann*
>
> ► *auf welche Weise Fotos und Videos von der Türkommunikation aufgenommen und an einem sicheren Ort gespeichert werden können*
>
> ► *wie Sie auch im Urlaub Ihr Haus im Blick behalten und mobil über unerwartete Vorkommnisse informiert werden*
>
> ► *wie Ihr Haus Anwesenheit simuliert, auch wenn Sie gar nicht zuhause sind*

MECHANISCHE UND ELEKTRONISCHE MASSNAHMEN KOMBINIEREN

Die meisten Einbrecher kommen durch die Haustür oder durch Fenster- und Terrassentüren, da diese sich leicht aufhebeln lassen. Dagegen helfen schon relativ einfache Maßnahmen, denn ein Dieb hat in aller Regel nicht die Muße, ein Fenster oder eine Tür länger als drei bis fünf Minuten zu bearbeiten. Einbruchhemmende Fenster und Fenstertüren, welche die Kriterien der nach einer europäischen Prüfnorm definierten Widerstandsklassen RC 2 bis RC 3 erfüllen, können einem Angriff über diesen Zeitraum standhalten. Ausschlaggebend dafür ist immer die Gesamtkonstruktion aus Rahmen, Beschlag und Verglasung.

►

Widerstandsklasse nach DIN EN 1627: 2011	Täterverhalten
RC 2	*Der Gelegenheitstäter versucht, mit einfachen Werkzeugen wie Schraubendreher, Zange und Keilen das verschlossene und verriegelte Bauteil aufzubrechen.*
RC 3	*Der Täter versucht, mit einem zweiten Schraubendreher und einem Kuhfuß sowie mit einfachem Bohrwerkzeug das verschlossene und verriegelte Bauteil aufzubrechen.*

Quelle: ift Rosenheim – Rosenheimer Fenstertage 2011

▶ Die Wirkung dieser mechanischen Sicherungen lässt sich durch eine Kombination mit elektronischen Einrichtungen noch wesentlich verbessern. Je höher das Risiko für Einbrecher ist, etwa durch Alarm- oder Videoüberwachungsanlagen entdeckt zu werden, desto eher lassen sich potenzielle Täter abschrecken.

Als Smart-Home-Besitzer können Sie wesentlich entspannter in den Urlaub fahren und nachts zuhause beruhigt schlafen, denn Sie wissen, dass Ihr KNX-System sämtliche Sicherungsgeräte und -anlagen steuert. Es ist so etwas wie Hausmeister und Wachdienst in einem für Sie. Es meldet, wenn sich Unbefugte an Türen oder Fenstern zu schaffen machen oder Bewegungsmelder in den Räumen ungewöhnliche Vorkommnisse registrieren. Auf Wunsch schickt es eine Nachricht an ausgewählte Telefonnummern, beispielsweise an einen Wachdienst. Vor dem Schlafengehen prüft es für Sie zudem, ob noch ein Fenster offen steht. Und falls ein verdächtiges Geräusch Sie wecken sollte: Eine Paniktaste am Bett schaltet bei Bedarf alle Lampen ein und verschafft schnell den Überblick.

Foto: Gira

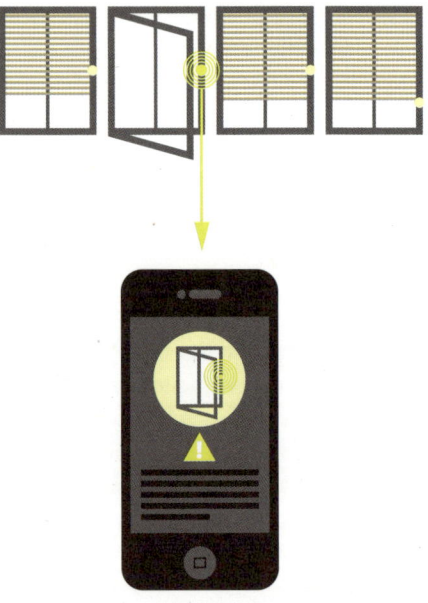

ÜBERTRAGUNG PER FUNK

Ob alle Fenster und Türen verschlossen sind, lässt sich auch per Smartphone kontrollieren.

Foto: jung.de

KOMMUNIKATION AN DER HAUSTÜR

Eine einfache Türsprechanlage kennt jeder bereits aus dem konventionellen Haus. Sie ist eine lohnende Investition in Sicherheit und Komfort. Egal, wer gerade vor der Tür steht – es ist möglich, mit der Person in Kontakt zu treten, ohne zuvor öffnen zu müssen. Die Sprechanlage funktioniert wie ein Telefon. Meist handelt es sich um eine Zentraleinrichtung, an die mehrere Endgeräte als Sprechstellen angeschlossen werden. Für den Innenraum gibt es diese mit Hörer oder als wandmontierte Freisprechgeräte.

Im Smart Home umfasst die Türkommunikation sehr viel mehr als nur eine Gegensprechanlage und einen Türöffner. Zum Beispiel eine Videoanlage, mit der Sie Besucher an der Haustür nicht nur ansprechen, sondern auch sehen können. Eine Kamera außen nimmt das Bild auf, das ihnen drinnen auf einem Display angezeigt wird. Je nachdem, wie Ihre Türanlage vernetzt ist, können Sie das Gespräch an der Tür auch per Telefon oder Handy annehmen, das Videobild auf dem Notebook sehen oder es sich sogar auf dem TV-Bildschirm anzeigen lassen.

Foto: Gira

Damit Bild und Ton von der Sprechanlage überall hin übertragen werden können, benötigt das Smart Home neben der KNX-Verkabelung ein weiteres Netz, entweder als IP-Netzwerk oder als 2-Draht-Bussystem.

Foto: Merten

Foto: Gira

1 Video-Freisprechanlage von Merten auf Basis des 2-Draht-Busses

2 Wohnungsstation von Gira mit Touchbedienung und Display

KOMMUNIKATION
DURCH INTELLIGENTE VERNETZUNG

IP-Netzwerk oder 2-Draht-Bus ermöglichen die Kommunikation zwischen Besuchern an der Haustür und den Hausbewohnern drinnen.

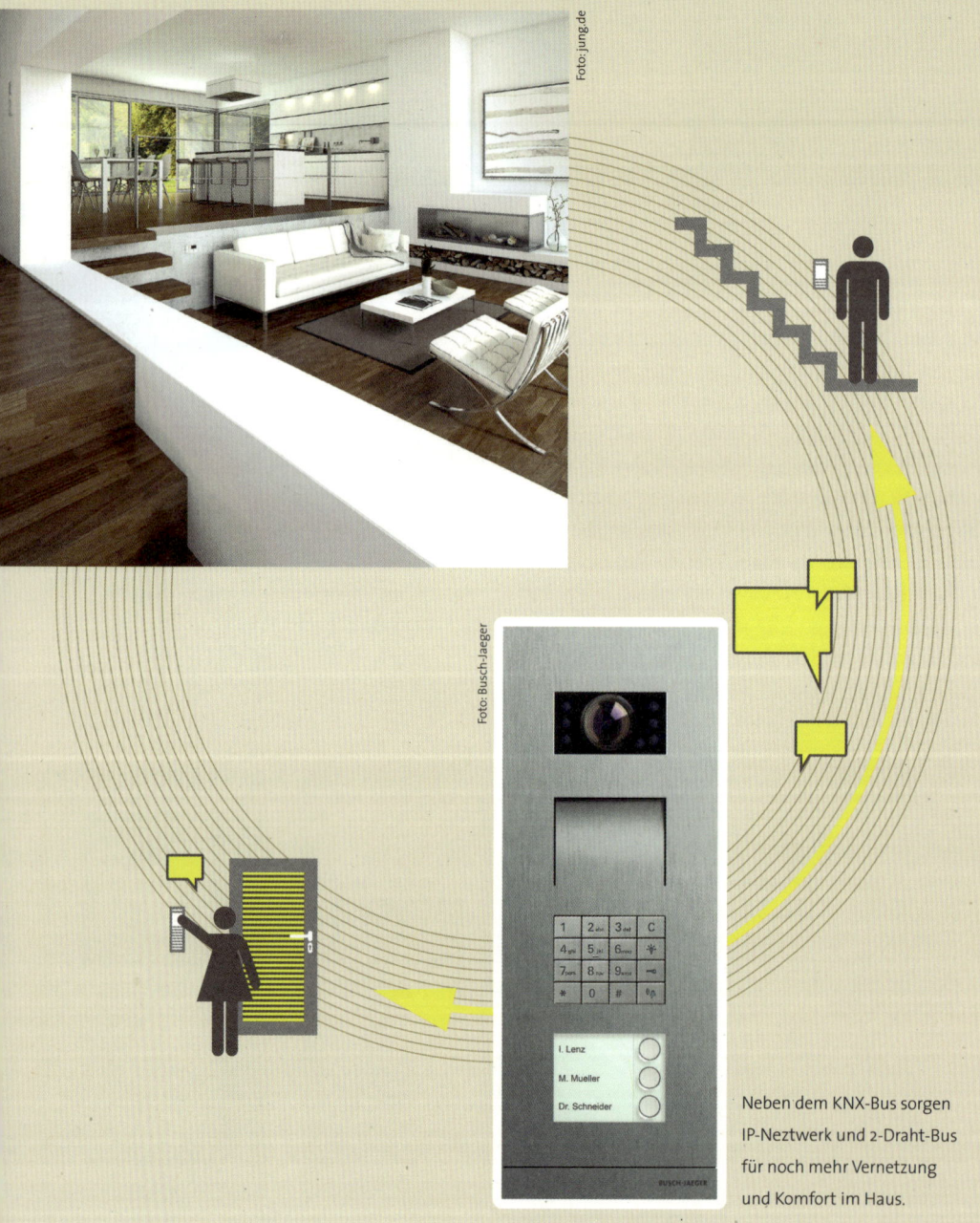

Foto: jung.de

Foto: Busch-Jaeger

I. Lenz

M. Mueller

Dr. Schneider

BUSCH-JAEGER

Neben dem KNX-Bus sorgen IP-Neztwerk und 2-Draht-Bus für noch mehr Vernetzung und Komfort im Haus.

Die vielfältigsten Möglichkeiten bietet die Türkommunikation, wenn sie in die KNX-Gebäudetechnik eingebunden ist. Die Verbindung zwischen den Sprechstellen läuft jedoch nicht über den KNX-Bus – dieser kann zwar vieles, aber keine Sprache übertragen – sondern über ein anderes Netzwerk. Eine Möglichkeit ist die „2-Draht-Bustechnik", die mit wenig Aufwand zu verlegen ist. Für die Spannungsversorgung der Komponenten und die Übertragung der Audio- und Videosignale sind nur zwei herkömmliche Klingelleitungen erforderlich, die auch in vielen älteren Häusern bereits verlegt sind. So lässt sich beispielsweise die bestehende Sprechanlage problemlos durch ein modernes Türkommunikationssystem ersetzen.

VARIANTEN BEI DER TÜRKOMMUNIKATION

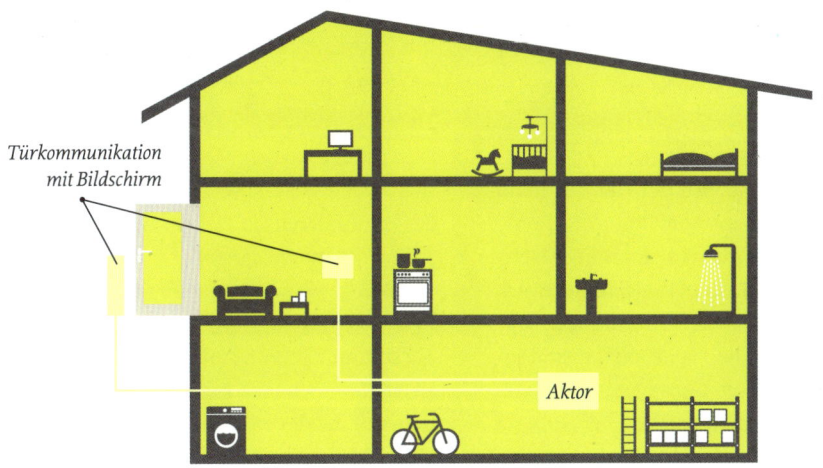

Türkommunikation mit Bildschirm

Aktor

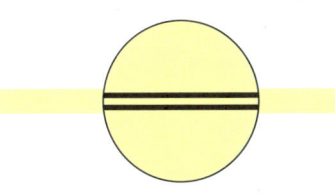

VARIANTE 1: DATENÜBERTRAGUNG PER KLINGELDRAHT

Klingeldrähte werden beim Hausbau für jede Klingelanlage verlegt. Die 2-Draht-Bustechnik nutzt die beiden Leitungen für ein Kommunikationssystem mit vielen Zusatzleistungen. Es werden sowohl Daten als auch Strom übertragen.

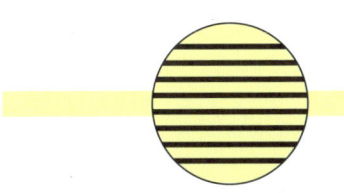

VARIANTE 2: DATENÜBERTRAGUNG PER ETHERNET-NETZWERK

Ihr Heimnetz mit Computer und Router lässt sich auch für die Türkommunikation nutzen. Moderne Kommunikationssysteme basieren auf dem Internet Protocol und können ohne weiteres integriert werden.

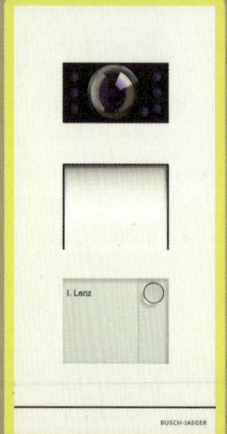

Außenstation und Freisprecheinheit für innen von Busch-Jaeger

Fotos: Busch-Jaeger

DAS IP-NETZ ALS ALTERNATIVE

Die Kommunikation mit der Haustür kann aber auch über das Internet Protocol (IP) abgewickelt werden. Sie wird dann über Netzwerkkabel oder WLAN in Ihr Heimnetzwerk mit Computer und Router eingebunden. Das IP-Netz überträgt die Daten digital und ermöglicht eine für die Gebäudekommunikation hohe Bild- und Tonqualität bei geringer Netzbelastung. Bei Kabelverbindung muss das erforderliche Ethernet-Kabel allerdings bis zur Haustür verlegt werden. Die notwendige IP-Technik ist bereits vollständig in die jeweiligen Kommunikationsprodukte integriert. Die Sprechstellen selbst benötigen keine Installation, lediglich einen Netzwerkanschluss. Das Videobild kann auch auf dem PC, dem Tablet oder Smartphone dargestellt werden.

Die Produkte verschiedener Hersteller lassen sich auf Basis des IP-Netzwerks gut miteinander kombinieren, da es einen weltweit kompatiblen Standard darstellt.

FOTOS UND FILME SPEICHERN

Türkommunikationsanlagen bieten je nach Hersteller noch eine ganze Reihe von Funktionen. Eine der interessantesten dürfte die Möglichkeit sein, Fotos, Sprachnachrichten und Videos von dem, was sich vor der Haustür abspielt, aufzuzeichnen und zu speichern. Beim Auslösen der Türklingel werden dann automatisch Standbilder oder Videos von den Besuchern aufgenommen und, mit Datum und Uhrzeit versehen, in einem Speicher abgelegt, von wo sie später abgerufen werden können. Ebenso lassen sich Sprachnachrichten aufnehmen, die zum Beispiel

 INTERNET PROTOCOL (IP)

Das Internet Protocol ist ein weit verbreitetes Netzwerkprotokoll und stellt die Grundlage für das Internet dar. Es hat sich als De-facto-Standard im Bereich der Kommunikation zwischen Geräten und Komponenten verschiedener Hersteller und Branchen durchgesetzt.

30 s
BESUCHER KÖNNEN
EINE NACHRICHT HINTERLASSEN
*Aufnahme von Sprachnachrichten
von bis zu 30 Sekunden sind möglich.*

durch ein blinkendes LED-Licht angezeigt werden und die wie Nachrichten auf dem Anrufbeantworter abgehört werden können.

Viele Türanlagen bieten auch eine freie Wahl und individuelle Anpassung der Klingeltöne. So kann man beispielsweise bestimmte Frequenzen ausschalten.

Fotos: jung.de

MACHEN SIE SICH EIN BILD
VON JEDEM BESUCHER
*am Beispiel einer Türkommunikation
mit Videostation von Jung.*

*Die Haustürklingel
wird ausgelöst.*

*Bild wird mit aktuellem Datum
und Uhrzeit abgespeichert.*

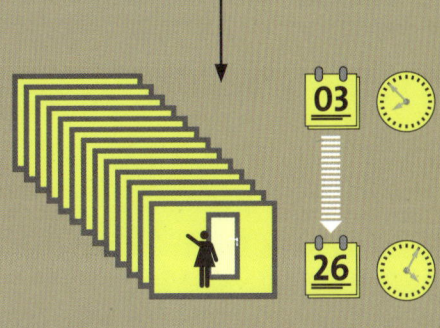

*Bilder werden in chronologischer
Reihenfolge abgelegt und können
jederzeit angesehen werden.*

Vielleicht halten Sie es für übertrieben, Überwachungskameras auf Ihrem Grundstück oder gar im Wohnbereich zu installieren. Sicher sind sie auch nicht in jedem Falle erforderlich und es bleibt Ihnen überlassen, sich dafür oder dagegen zu entscheiden und gegebenenfalls lieber auf andere Sicherheitsmaßnahmen zu vertrauen. Doch die Kameras können im Smart Home wichtige Aufgaben übernehmen: Sie schrecken ab und verhindern deshalb in vielen Fällen bereits einen Einbruchsversuch. Falls doch eingebrochen wird, zeichnen sie den Vorgang und die Handlungen der Täter auf. Wenn entsprechendes Videomaterial zur Verfügung steht, fällt der Polizei die Aufklärung leichter.

Draußen benötigen Sie eine spezielle Außenkamera mit einer Betriebstemperatur zwischen -30 und +50 Grad Celsius. Sie sollte möglichst wettergeschützt und außerhalb der Reichweite von unbefugten Personen installiert werden. Für Bilder in der Dunkelheit benötigen Sie eine Ausstattung mit Infrarot- oder Wärmebildtechnologie. Bei einem größeren Außenbereich können entweder mehrere Kameras oder ein steuerbares Gerät eingesetzt werden. Bei einer steuerbaren Kamera bleibt natürlich der Bereich, den die Kamera gerade nicht abdeckt, unbewacht.

Ein weiteres Auswahlkriterium ist das Objektiv. Soll ein großer Bereich überwacht werden, empfiehlt sich ein Weitwinkelobjektiv. Bei einem kleineren Bereich, der detailliert beobachtet werden soll, ist ein Teleobjektiv vorzuziehen. Bei Variooobjektiven können Brennweite und Fokus bei der Installation vor Ort manuell eingestellt werden.

ÜBERWACHUNG MIT WEITWINKEL- ODER TELEOBJEKTIV – ES KOMMT AUF DEN EINSATZZWECK AN

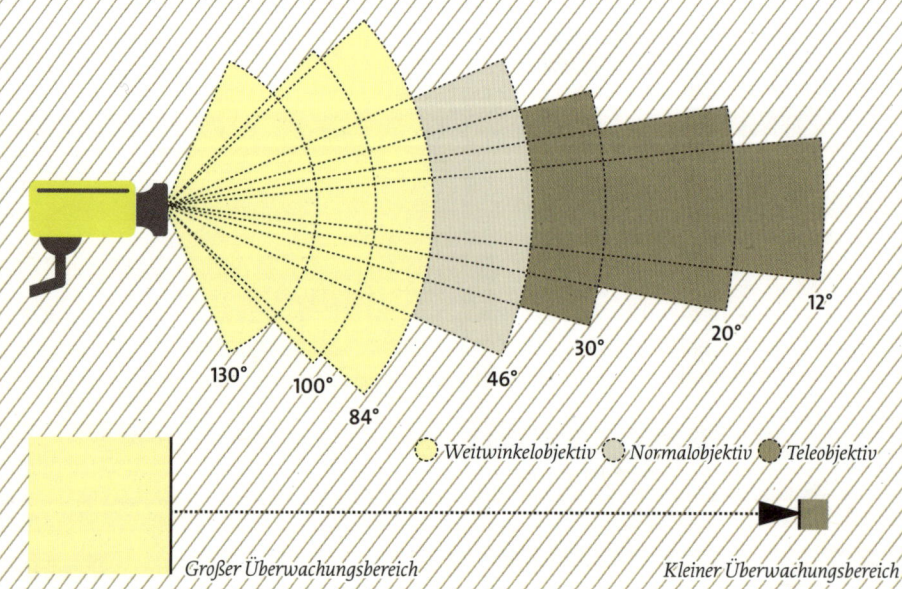

130°   100°   84°   46°   30°   20°   12°

Quelle: Foto-Kurs.com

○ Weitwinkelobjektiv   ○ Normalobjektiv   ● Teleobjektiv

Großer Überwachungsbereich   *Kleiner Überwachungsbereich*

NAS

Mit Network Attached Storage (NAS, netzgebundener Speicher) werden einfach zu verwaltende Dateiserver bezeichnet. Diese Speichergeräte werden in ein Netzwerk integriert, autorisierte Anwender können darauf zugreifen. Ideal, um große Datenmengen wie Filme und Bilder zentral abzulegen.

ANALOG- ODER NETZWERKKAMERA

Zur Auswahl stehen Analog- und Netzwerkkameras. Analoge Produkte werden an das 2-Draht-Bussystem, Netzwerkkameras an das vorhandene Ethernet-Netzwerk angeschlossen. Prinzipiell ist es möglich, solche Überwachungskameras auch im drahtlosen Funknetzwerk (WLAN) zu betreiben.

Wegen der geringeren Übertragungsgeschwindigkeit und dem Risiko eines schlechteren Empfangs ist WLAN jedoch nur dann zu empfehlen, wenn keine Anbindung ans Ethernet-Netzwerk möglich ist. IP-Kameras haben den großen Vorteil, dass Sie die hochauflösenden Bilder von überall aus betrachten können, wo Sie Internetempfang haben. Das ist praktisch, wenn Sie im Urlaub sind und schnell mal einen Blick auf Ihr Haus werfen möchten. IP-Kameras lassen sich automatisiert abschalten und werden erst aktiviert, wenn das Haus beispielsweise in den „Sicherheitsmodus" geht. Die Geräte übertragen die Daten per kabelgebundenem Netzwerk oder drahtlos per WLAN an einen Speicherort – zum Beispiel einen zentralen Netzwerkspeicher (Network Attached Storage, NAS).

SPEICHERUNG IM NAS

Ein NAS ist ein Festplattenspeicher, der direkt in das Heimnetzwerk eingebunden wird und Speicherplatz zusätzlich zur Festplatte des Computers bietet. Einige DSL-Router verfügen bereits über eine USB-Schnittstelle,

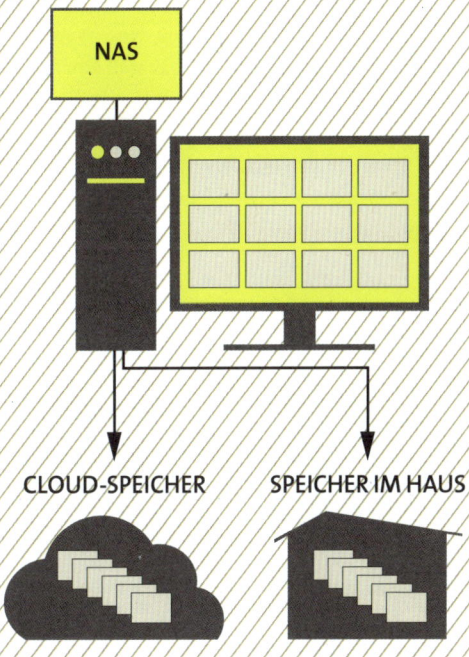

Manche NAS-Speicher (Network Attached Storage) können auch über eine Internetadresse von unterwegs aus angesteuert und wie ein Cloud-Speicher genutzt werden.

an der Sie eine Festplatte als NAS anschließen können. Es gibt bereits NAS-Systeme, die speziell für die Datenspeicherung von Videoüberwachungsstationen ausgelegt sind.

Eine Alternative zum NAS-Speicher im eigenen Haus sind sogenannte Cloud-Speicher: In diesem Fall mieten Sie sich bei einem Anbieter wie zum Beispiel Dropbox, Microsoft oder der Deutschen Telekom einen

▶ ausgelagerten, virtuellen Speicherraum. Ihre Aufnahmen können Sie von zuhause und von unterwegs aus aufrufen. Ein besonderer Vorteil der Cloud: Sie haben ein Backup Ihrer Daten an einem anderen Ort als Ihrem Haus zur Verfügung. So können die Daten, falls es doch zu einem Einbruch käme, nicht in die Hände der Einbrecher gelangen.

Andererseits mag es nicht jeder, sensible Daten komplett einem Cloud-Anbieter anzuvertrauen. Manche Hersteller von NAS-Systemen bieten die Möglichkeit, dass Sie sich über eine Internetadresse von außerhalb Zugang zu Ihrem heimischen Netzwerk und damit zu Ihrem NAS-Speicher verschaffen. Damit schaffen Sie sich sozusagen einen eigenen Cloud-Speicher, zu dem Sie von überall Zugang haben.

DATENSCHUTZ: KAMERARADIUS BEACHTEN!

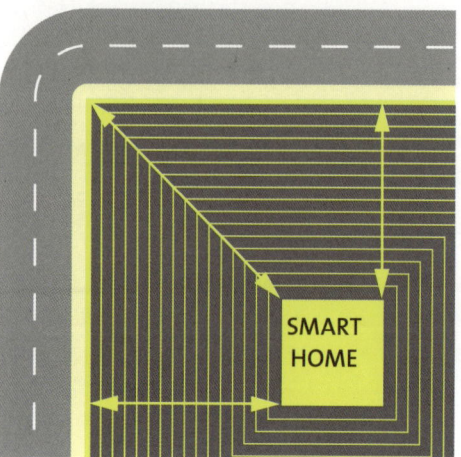

Grundstücksgrenze = max. Reichweite für Videoüberwachung

Foto: Kalim/Fotolia

DATENSCHUTZ IST PFLICHT!

Bevor Sie daran gehen, eine Überwachungskamera zu installieren, ein wichtiger Hinweis vorweg: Für die Videoüberwachung gelten Datenschutzrichtlinien. Öffentlichen Raum wie die Straße vor Ihrem Haus dürfen Sie nicht – beziehungsweise nur mit einer sehr selten erteilten Sondergenehmigung, falls ein „berechtigtes Interesse" besteht – filmen. Das gilt ebenfalls für das Privatgelände Ihres Nachbarn (Quelle: Urteil EuGH 2014). Auch im privaten Bereich müssen Sie bestimmte Regeln beachten. Zur „Wahrnehmung des Hausrechts" ist eine Videoüberwachung zwar zulässig, empfehlenswert ist jedoch, ein Hinweisschild „videoüberwachter Bereich" anzubringen. Besucher wissen dann, dass sie gefilmt werden und können überlegen, ob sie Ihr Haus betreten möchten (Quelle: Unabhängiges Landeszentrum für Datenschutz Schleswig Holstein (ULD)).

ABSCHRECKENDE MASSNAHMEN

Zwar kann schon der Hinweis auf eine Videoüberwachung potenzielle Täter von ihrem Vorhaben abhalten. Für mehr Sicherheit aber sorgt ein zusätzliches Alarmsystem, das einerseits ab-

Überraschungseffekt: Bei Alarmauslösung fahren die Jalousien hoch und die Lichter gehen an.

DIE ALARMZENTRALE SORGT FÜR ABSCHRECKUNG UND SICHERHEIT

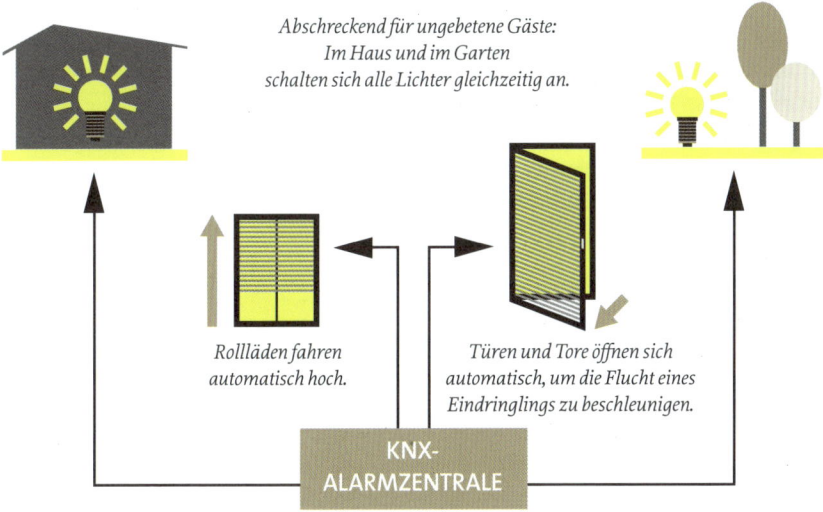

*Abschreckend für ungebetene Gäste:
Im Haus und im Garten
schalten sich alle Lichter gleichzeitig an.*

*Rollläden fahren
automatisch hoch.*

*Türen und Tore öffnen sich
automatisch, um die Flucht eines
Eindringlings zu beschleunigen.*

**KNX-
ALARMZENTRALE**

schreckend wirkt und zugleich Schutzmaßnahmen aktiviert.

Für diese Funktionen werden Präsenz- und Bewegungsmelder an eine KNX-Alarmzentrale angeschlossen. Einfache Alarmfunktionen sind mit denselben Sensoren möglich, die Sie beispielsweise auch für die Lichtsteuerung einsetzen. Von einigen Anbietern gibt es auch spezielle Alarm-Bewegungsmelder.

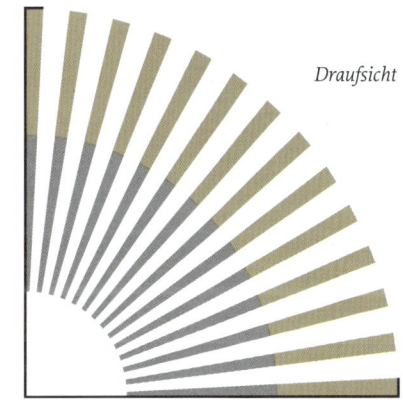

Draufsicht

Seitenansicht

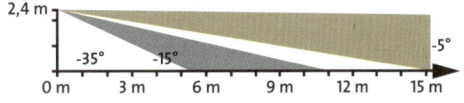

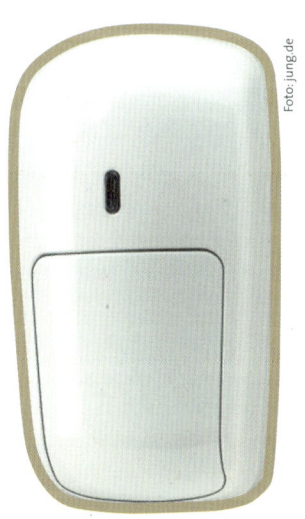

Foto: jung.de

Kombinierter Alarm- und Bewegungsmelder von Jung

ÜBERWACHUNGSBEREICH: REICHWEITE EINER STANDARDLINSE BEI EINER FLÄCHE VON 15 X 15 M

Der Überwachungsbereich des Alarmbewegungsmelders ist von der Einstellung des Vertikalwinkels abhängig. Quelle: Jung

▶ Erkennen die Geräte bei scharfgeschaltetem System eine Bewegung im Raum, melden sie es der Alarmzentrale. Diese aktiviert daraufhin die Alarmgeber, beispielsweise die Außensirene. Bewegungsmelder sollten für alle einbruchsgefährdeten Räume eingeplant werden, besonders für das Wohnzimmer und den Flur. KNX-Alarmzentralen werden von verschiedenen KNX-Herstellern angeboten, unter anderem von Berker, Jung und Gira.

Im Fall eines Einbruchalarms kann das KNX-System zusätzliche Maßnahmen zur Abschreckung einleiten: In allen Räumen, im Garten und an der Einfahrt werden Lichter eingeschaltet. Auf Wunsch fahren Rollläden automatisch hoch und alle elektrisch betriebenen Tore und Türen öffnen sich, um die Einbrecher zur Flucht aufzufordern. Ein Sabotageschalter überwacht zudem das Gehäuse der Alarmzentrale und löst bei einem gewaltsamen Zugriff auf die Technik ebenfalls Alarm aus.

EINSCHRÄNKUNG BEI KNX-ALARMANLAGEN?

Wenn es um Sicherheit geht, wird immer wieder empfohlen, bei der Auswahl von Produkten auf die „VdS-Prüfung", das heißt, auf die Zertifizierung durch die VdS Schadenverhütung GmbH, ein Unternehmen des Gesamtverbandes der Deutschen Versicherungswirtschaft (GDV), zu achten. KNX-Anlagen haben mit den VdS-Richtlinien allerdings ein Problem: Die VdS schreibt vor, dass über die Datenleitung einer Einbruchmeldezentrale (EMZ) nur Alarmmeldungen übertragen werden dürfen. Mit einem KNX-System werden bekanntlich auch Licht, Heizung und andere Funktionen gesteuert. Deshalb gibt es bisher kaum zertifizierte Anlagen auf KNX-Basis. Das heißt nicht, dass diese weniger gut arbeiten würden als ein konventionelles Alarmsystem. Im Privathaushalt wird Ihr Versicherungsschutz in der Regel auch gewährleistet sein, wenn Sie keine vom VdS anerkannte Anlage einsetzen – es sei denn, Sie haben außergewöhnlich hohe Werte in Ihrem Haus, etwa eine hoch gehandelte Kunstsammlung. Im Zweifelsfall erkundigen Sie sich bei Ihrer Versicherung, bevor Sie ihr Smart Home mit einer Alarmanlage ausrüsten.

DIE ALARMANLAGE EINSCHALTEN

Um Ihre Alarmanlage „scharf" zu stellen beziehungsweise um sie zu deaktivieren, stehen mehrere Möglichkeiten zur Verfügung: über einen Transponder (elektronischer Schlüssel), über einen Code an der Alarmzentrale, am

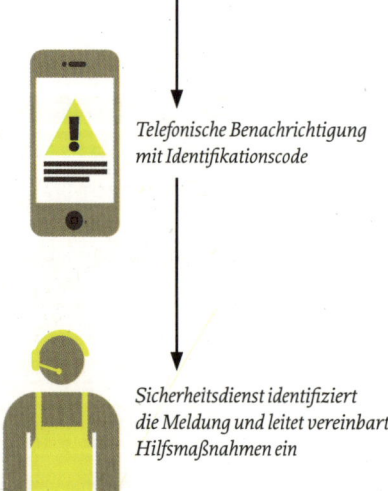

Foto: Gira

Telefonische Benachrichtigung mit Identifikationscode

Sicherheitsdienst identifiziert die Meldung und leitet vereinbarte Hilfsmaßnahmen ein

Multifunktionale Alarmzentrale von Gira zur KNX-Anbindung

Touchscreen oder Smartphone oder über einen Schlüsselschalter. Ein drahtgebundener Schlüsselschalter wird an eine KNX-Tasterschnittstelle angeschlossen und sendet über die KNX-Leitung entsprechende Telegramme an die Zentrale.

Bei Feuer, Überfall oder einer Störung erhalten Sie auf Wunsch eine Benachrichtigung per SMS oder E-Mail. Sind Sie im Urlaub, können Sie schnell reagieren und Polizei oder Feuerwehr alarmieren. Komfortabler, wenn auch teurer wäre es, einen Wachdienst zu beauftragen. Für einen monatlichen Pauschalbetrag leitet dieser die vereinbarten Hilfsmaßnahmen für Sie in die Wege. Für diese Zwecke gibt es digitale Telefonwählgeräte, die entsprechende Meldungen telefonisch an einen rund um die Uhr besetzten Sicherheitsdienst senden. Dieser kann anhand einer Identifikationsnummer, die dem Gerät zugeordnet ist, feststellen, von wo die Meldung versandt wurde, und wird aktiv.

FENSTER UND TÜREN BESSER SICHERN

Laut einer Polizeistudie finden über 80 Prozent der Einbrecher den Weg in Einfamilienhäuser durch Fenster und Fenstertüren. Die Haustür beziehungsweise Wohnungsabschlusstür ist erst ab dem dritten Obergeschoss im Mehrfamilienhaus der Hauptzugang der Eindringlinge. Trotzdem sind viele Fenster- und Fenstertüren immer noch so schlecht gesichert, dass Einbrecher sie binnen Sekunden überwinden können. Eine Umrüstung der Fenster- und Türbeschläge mit Rollzapfen auf die wesentlich sichereren Pilzkopfzapfen wäre ein erster Schritt zu mehr Sicherheit. Neben diesen mechanischen Grundvoraussetzungen gibt Ihnen eine elektronische Absicherung der gefährdeten Fenster und Türen zusätzlich Sicherheit und schreckt potenzielle Täter ab.

80 % ALLER EINBRÜCHE IN EINFAMILIENHÄUSER ERFOLGEN ÜBER FENSTER UND FENSTERTÜREN.

Quelle: Netzwerk „Zuhause sicher"

Foto: Gira

Türen und Fester mechanisch zu sichern ist der erste Schritt zum effektiven Einbruchsschutz.

FENSTERKONTAKTE FÜR DIE AUSSENHAUTSICHERUNG

Für leichter zugängliche Bereiche im Keller, Erd- und Obergeschoss sollten Sie auf Tür- beziehungsweise Fensterkontakte setzen. Diese unauffälligen, kleinen, drahtgebundenen Melder werden für eine optimale Außenhautsicherung an Türen und Fenstern installiert. Die Kontakte werden jeweils an eine KNX-Tasterschnittstelle angeschlossen und so in das KNX-System eingebunden.

Wenn das Alarmsystem scharfgeschaltet ist und ein Tür- oder Fensterkontakt ein offenes Fenster registriert, sendet der Kontakt eine Meldung über die KNX-Leitung an die Alarmzentrale. Sie löst Alarm aus und führt von Ihnen definierte Maßnahmen wie Aktivierung der Alarmsirene oder Information des Wachdienstes aus.

ALARM PER AUSSENSIRENE

Ihre Alarmzentrale kann einen Einbruchsversuch als „stillen Alarm" oder mit Alarmton melden. In ersterem Fall werden Sie oder Ihr Wachdienst lediglich auf dem Mobiltelefon angerufen oder erhalten eine SMS. Im zweiten Fall ist ein lauter, durchdringender Ton über eine Sirene zu hören, der zur Abschreckung dient. Eindringlinge verlassen in solchen Fällen oft sofort Haus und Grundstück. Natürlich kann man beides – Benachrichtigung und Alarmton – auch kombinieren.

UNÜBERHÖRBAR: SIRENEN

Sirenen gibt es als Innen- und Außenmodelle. Die Innensirene wird im Haus oder in der Wohnung über eine 12-Volt-Leitung an die KNX-Alarmzentrale angeschlossen, läuft also wie ein Alarm-Bewegungsmelder nicht über den KNX-Bus. Das Gerät warnt im Alarmfall wahlweise mit einem lauten Wechselton oder einem Dauerton. Der Montageort muss so gewählt werden, dass die Sirene überall im Haus gut hörbar ist. Innensirenen gibt es unter anderem von Gira, Jung und ABB Stotz-Kontakt.

Außensirenen sind Ihnen vielleicht schon einmal in der Nachbarschaft oder beim Spaziergang aufgefallen. Häufig sind sie an der Hausfront zur Straße angebracht, damit potenzielle Täter sofort sehen, dass sie es mit einem professionellen Alarmsystem zu tun bekommen. Eine Außensirene mit Blitzlicht informiert im Ernstfall die ganze Umgebung und sollte deswegen auch gut sichtbar zur Straße, aber unerreichbar für fremde Hände angebracht sein. Die Alarmdauer lässt sich stufenlos einstellen, ist aber auf wenige Minuten begrenzt. Verbunden wird sie, wie die Innensirene, über eine 12-Volt-Leitung mit der Alarmzentrale.

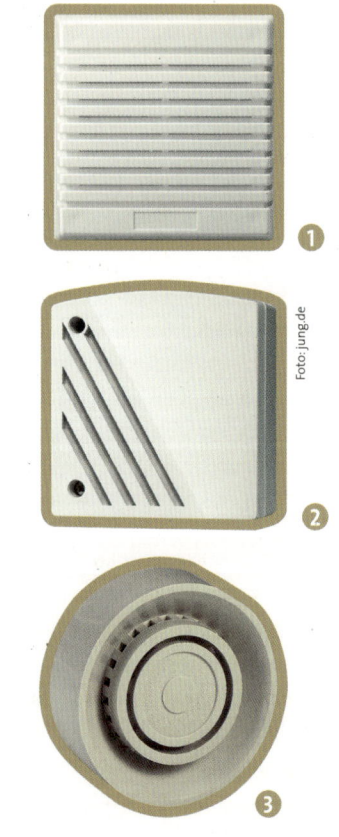

Foto: jung.de

1 Gira-Alarmsirene für innen zum Anschluss an Anlarmzentrale

2 Jung-Innensirene zum Anschluss an Alarmsystem

3 Einbruchalarmsirene von ABB für den Innenbereich

DIE HAUSELEKTRONIK STEUERT
ALLE SICHERHEITSEINRICHTUNGEN IM HAUS.

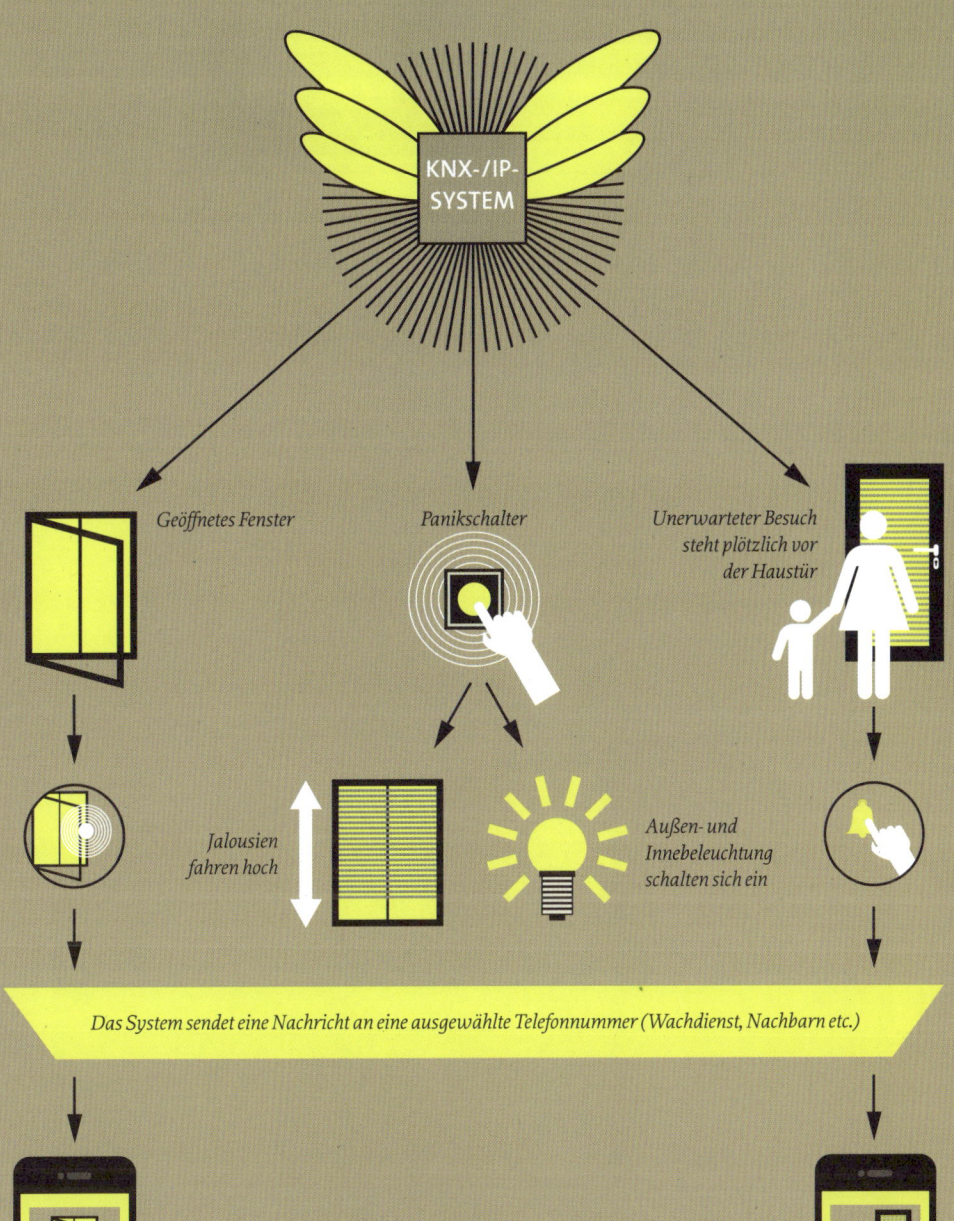

KNX-/IP-SYSTEM

Geöffnetes Fenster

Panikschalter

Unerwarteter Besuch steht plötzlich vor der Haustür

Jalousien fahren hoch

Außen- und Innebeleuchtung schalten sich ein

Das System sendet eine Nachricht an eine ausgewählte Telefonnummer (Wachdienst, Nachbarn etc.)

PANIKTASTER: MIT EINEM FINGERTIPP IST ALLES HELL

Eine beunruhigende Vorstellung: Sie meinen, nachts ein verdächtiges Geräusch zu vernehmen und müssen sich durch den dunklen Flur bewegen, um nach dem Lichtschalter zu suchen. Im Smart Home gibt es eine weitaus nervenschonendere Art, die Geräuschursache auszumachen: der Paniktaster in der Nähe des Betts. Kurz angetippt, taucht er Haus und Garten in abschreckend helles Licht. Sollten wirklich ungebetene Besucher auf dem Gelände sein, dürfte ihnen das einen Schock versetzen, der sie sofort in die Flucht schlägt.

Es handelt sich dabei um eine einfache Lösung innerhalb der KNX-Installation: ein Tast-sensor beziehungsweise Funk-Wandsender, der als Panikschalter programmiert wird. Entsprechend können Sie auch weitere Aktionen programmieren, die bei Tastendruck ausgelöst werden.

KNX-Panikschalter von Gira zur Alarmauslösung im Haus

EIN SCHALTER GEGEN DIE PANIK

Verdächtige Geräusche in der Nacht? Mit einem Tastendruck gehen Licht und gegebenenfalls auch die Sirenen an.

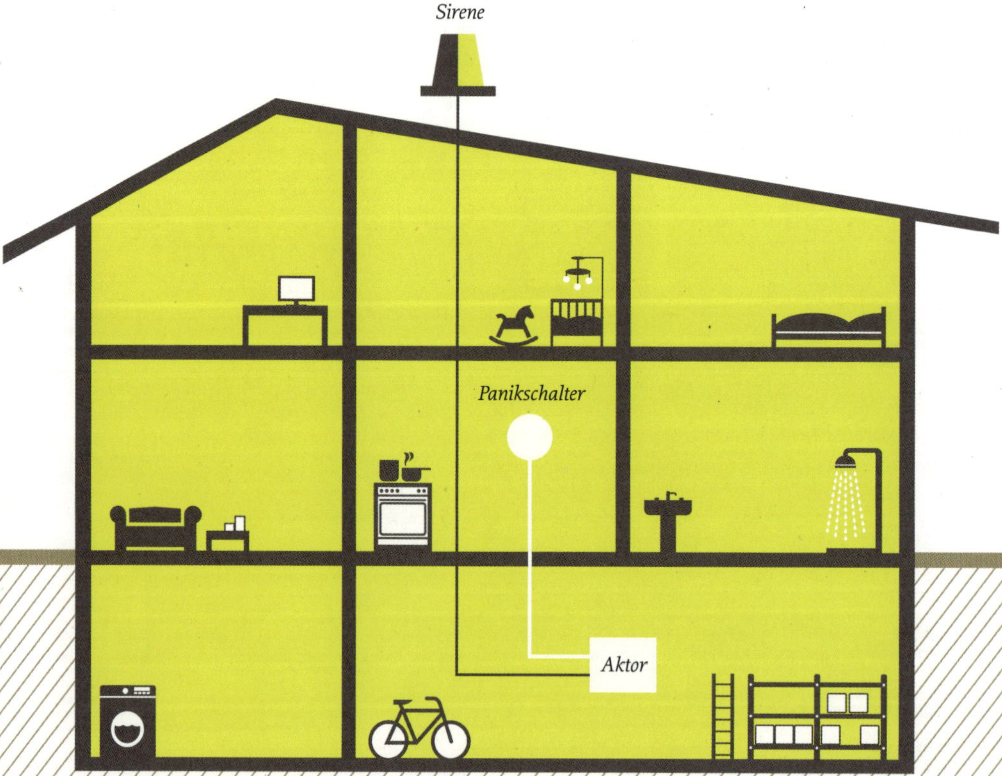

Sirene

Panikschalter

Aktor

Die Beleuchtung geht an und aus, Jalousien fahren selbsttätig am Morgen und Abend herauf und herunter. Durch eine Anwesenheitssimulation sieht ein Haus ständig bewohnt aus.

TUN SIE SO, ALS WÄREN SIE DA ...

Eine typische Anwesenheitssimulation richten Sie vermutlich längst ein, wenn Sie verreisen: Sie lassen vom Nachbarn den Briefkasten leeren. Diese Angewohnheit sollten Sie auch als Besitzer eines Smart Home auf jeden Fall beibehalten. Nur können Sie jetzt noch viel raffiniertere Methoden zusätzlich nutzen, damit Ihr Heim bewohnt aussieht, wenn Sie mal länger weg sind: Wie von Geisterhand werden zu bestimmten Zeiten Jalousien oder Rollläden herauf- oder heruntergelassen, die Beleuchtung wird abwechselnd ein- und ausgeschaltet.

Die automatische und zeitabhängige Steuerung von Licht und Verschattung lässt Ihr Haus bewohnt wirken. Potenzielle Einbrecher müssen denken, jemand sei zuhause. Über die Zeitschaltuhren im KNX-System können Sie so mehrere Aktionen definieren, die stets zum gleichen Zeitpunkt durchgeführt werden, für Jalousien, Rollläden oder Licht. Eine bloße Zeitschaltung kann allerdings auch sehr mechanisch und deshalb auffällig wirken. Spezielle Anwesenheitssimulatoren, wie sie für KNX und andere Gebäudesteuerungen als Bausteine angeboten werden, variieren deshalb Schalt-, Dimm- und Jalousieaktivitäten zeitlich in einer Weise, die keine einfachen Rückschlüsse erlaubt.

DIE ANWESENHEITSSIMULATION KANN FÜR MEHRERE WOCHEN EINE VIELZAHL VON AKTIONEN SPEICHERN UND WIEDERGEBEN.

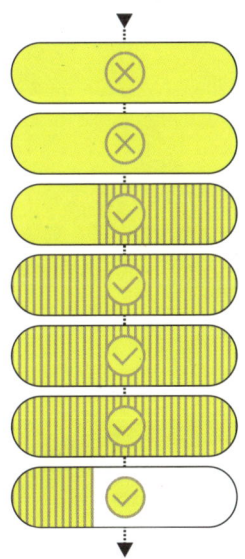

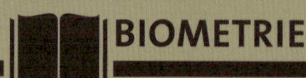

BIOMETRIE

Wird als Erkennungsverfahren zur Personenidentifikation aufgrund biologischer Merkmale verwendet. Häufige Verfahren sind die Überprüfung von Fingerabdruck, Hand oder Iris per Scan.

DIGITALE ZUGANGSMÖGLICHKEITEN

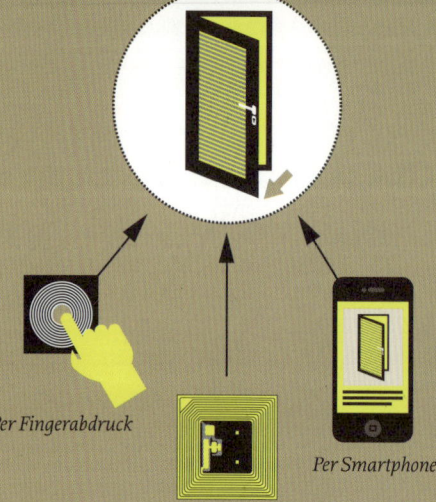

Per Fingerabdruck

Per RFID-Tag oder Chip

Per Smartphone

Immer öfter öffnen sich die Türen moderner Häuser auch ohne Schlüssel.

Foto: jung.de

TSCHÜSS SCHLÜSSEL: HIER KOMMEN DIE DIGITALEN TÜRÖFFNER

Kehren wir noch einmal zum Ausgangspunkt unseres Sicherheitsrundgangs im Smart Home zurück: zur Eingangstür. Sie schließen bisher Ihre Haustür mit einem Schlüssel auf? Sie wissen ja: Beim Verlust eines Schlüssels müssten Sie aus Sicherheitsgründen das komplette Schloss austauschen und neue Hausschlüssel an alle Bewohner ausgeben. Im Smart Home können Sie den Schlüssel ruhig vergessen. Sie dürfen sich künftig sogar ein wenig wie James Bond fühlen, denn hier öffnet sich die Tür weitaus komfortabler und sicherer: per Fingerabdruck-Scan, mit einem Transponder, der auf einen RFID-Code hört, oder per Smartphone.

BIOMETRISCHER ZUGANG

Der Fingerabdruck eines Menschen ist ein absolut individuelles und unverwechselbares Merkmal – und zwar für jeden einzelnen Finger. Das wird für die sogenannte biometrische Zugangskontrolle genutzt. Im Prinzip funktioniert das System folgendermaßen: Ein Fingerabdruck-Lesegerät mit integriertem Sensor scannt zunächst das Muster eines aufgelegten Fingers und speichert ihn im System. Das Gleiche geschieht auch mit den Fingerabdrücken aller anderen Hausbewohner. Beim nächsten Zutrittsversuch wird der Finger einfach über den Scanner bewegt. Das Gerät prüft sekundenschnell, ob das Abdruckmuster einer zugangsberechtigten Person gehört. Ist dies der Fall, wird die Tür geöffnet.

Die Biometrik-Technik wurde ursprünglich für den Einsatz in Unternehmensgebäuden konzipiert. In hochsensiblen Anlagen wie Forschungseinrichtungen erhalten die Mitarbeiter je nach Sicherheitslevel Zutritt zu bestimmten Bereichen. Inzwischen wird die Technologie aber auch gerne für den Eingangsbereich von Privathäusern genutzt – komfortabler geht es kaum noch.

Fingerabdruck-Scanner von Elcom für die Hauseingangstür

SESAM ÖFFNE DICH – MIT RFID-TAG

Eine weitere Digitalvariante ist die Zugangskontrolle über „Radio-Frequency Identification", kurz: RFID. Die smarte Technologie steckt heute bereits in einer Vielzahl von Systemen. Sie kennen das Prinzip vielleicht aus dem Skiurlaub, wo RFID-Funktechnik in Ihrem Skipass Liftschranken für Sie öffnet, von den neuen Pässen und Ausweisen oder auch von Haustieren, die zur Identifikation einen RFID-Chip am Halsband tragen.

Ein RFID-System besteht aus einem Transponder (der „Chip" oder „Tag") mit einem Code als Schlüsselersatz und einem Lesegerät an der Tür zum Auslesen des Codes. Geht der RFID-Chip versehentlich einmal verloren, wird er einfach aus der Liste gültiger Codes ausgetragen und ist wertlos. Beim Eintritt meldet das Lesegerät die Nummer des Chips ans Heimnetzwerk und löst zugeordnete Anwendungen aus.

Sowohl Fingerprint- als auch RFID-Systeme können so programmiert werden, dass verschiedenen Personen zu unterschiedlichen Zeiten Zugang erhalten. So kommen Familienmitglieder zum Beispiel jederzeit ins Haus, die Putzfrau jedoch nur zwischen 15 und 17 Uhr. Mit der Türöffnung kann auch gleich ein von Ihnen definiertes Beleuchtungs- oder Medienszenario verbunden werden, indem sich beispielsweise Musikanlage oder Fernseher einschalten.

ZUTRITT PER SMARTPHONE

Auch Ihr Smartphone kann Türen öffnen. Über WLAN meldet es sich im Heimnetzwerk an. Das Gebäudesteuerungsmenü wird auf dem Display angezeigt und die Haustür lässt sich öffnen. Allerdings könnten Sie Ihr Smartphone auch einmal verlieren, oder – was häufiger vorkommt – mit leerem Akku an der Tür stehen. Für diese Situation benötigen Sie dann noch eine alternative Zutrittsmöglichkeit. Die Zeiten des konventionellen Schlüssels aber dürften bald vorbei sein. ∎

 **RFID**

Unter „Radio-Frequency Identification" (RFID) versteht man eine Technik, mit der Daten auf einem Transponder berührungslos und ohne Sichtkontakt gelesen und geschrieben werden können. RFID kommt häufig als berührungsloser Schlüsselersatz zur Türöffnung zum Einsatz.

Imposant aus Metall, Glas und Sichtbeton, außergewöhnlich in der Architektur: Dieses Haus fällt auf.

IM BLICKPUNKT
RUNDUM INTELLIGENT GESICHERT

Es hat etwas von einer modernen Burganlage, dieses Haus aus zwei quer zueinander versetzten Baukörpern, die zusammen vier Stockwerke umfassen. Dazu viel glänzendes Metall an der Fassade, das wie ein Schutzschild wirkt. Auch der eigentliche Hauszugang über eine Stahlbrücke auf der Nordseite des oberen Baukörpers erinnert an historische Vorbilder. Doch anders als etwa eine mittelalterliche Burg muss dieses Haus aus Furcht vor finsteren Gestalten mit bösen Absichten nicht „die Schotten dichtmachen". Es kann sich offen zeigen, mit vielen großen Glasflächen, die dem Bauherren einen wunderbaren Blick auf die Landschaft bieten.

Für höchste Sicherheit ist dennoch gesorgt: Die komplette Außenhaut des Gebäudes ist mit zusätzlichen Bewegungsmeldern gesichert. Es sind unsichtbare Wächter, die zu jeder Zeit ungewöhnliche Vorkommnisse an die Zentrale, einen KNX-Homeserver, melden können. Im Inneren des Hauses sorgt die intelligente Gebäudetechnik für viel Komfort, zum Beispiel dank einer Heizungssteuerung, Lichtszenarien und einem Multiroom-Audiosystem, mit dessen Hilfe sich in jedem Raum Musik von zentralen Audioquellen abspielen lässt.

Wenn Besucher den Klingeltaster draußen an der Türstation aus Edelstahl betätigen, erscheint ihr Bild über eine Videoanlage direkt auf dem Touchpanel drinnen im offenen Wohnbereich. Ein Blick auf den Bildschirm bestätigt: Ja, es handelt sich um die bereits freudig erwarteten Gäste! Ein Fingerdruck und schon öffnen sich Tür und Tor. ◼

Fotos: Ulrich Beuttenmüller für Gira

Türkommunikation auf modernstem Niveau: Wenn Besucher klingeln, wird ihr Bild per Videoanlage an die Hausbewohner gesendet.

Der Wachdienst ist unsichtbar: Die Außenhaut des Gebäudes ist komplett mit Bewegungsmeldern gesichert.

Im Inneren bestimmen warme Materialien wie Holz und Leder die Atmosphäre.

Über das große Touchpanel im offenen Koch-Ess- und Wohnbereich lässt sich nicht nur der Hauseingang überwachen, es können auch viele andere Funktionen gesteuert werden.

⑥ STEUERUNG

Alle Fun
zentral v

Ganz wie Sie es wünschen: Ein Server regelt zentral Funktionen
für Beleuchtung, Verschattung, Heizung, Lüftung, Warmwasser und
vieles mehr im Smart Home.

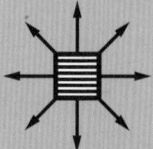

ktionen
erwalten

AUF ALLEN EBENEN BESTENS VERNETZT!

Von jedem Raum und jeder Etage aus können wichtige Informationen, aber auch Musik oder Filme abgerufen und viele Funktionen Ihres Hauses gesteuert werden. Ein Homeserver macht es möglich.

IN DIESEM KAPITEL ERFAHREN SIE,

▶ *wie Sie verschiedene Netzwerke in Ihrem Haus miteinander verbinden und zum Beispiel E-Mails auf einem Touchscreen lesen, ohne den Computer starten zu müssen*

▶ *warum Sie auf viele verschiedene Fernbedienungen verzichten können*

▶ *welche Möglichkeiten der zentralen Steuerung Ihrer Hausautomation Sie haben*

▶ *auf welche Weise Fotos und Videos von der Türkommunikation aufgenommen und an einem sicheren Ort gespeichert werden können*

▶ *wie Sie die Haustechnik von zuhause und von unterwegs flexibel über mobile Endgeräte wie Tablet-PCs oder Smartphones steuern*

▶ *was Sie tun sollten, um Ihre Daten im intelligenten Hausnetz gegen unerlaubte Zugriffe von außen zu schützen*

Vieles ist im Smart Home realisierbar, je nachdem, wie viel Automatisierung Sie persönlich wünschen. Heizung, Klima, Licht, Verschattung, Sicherheit – für das absolute Komforterlebnis fehlt eigentlich nur noch die zentrale Intelligenz, die Ihnen den Rücken frei hält und alle Aktionen für Sie steuert und überwacht. Hierfür ist eine zentrale Steuereinheit, ein Homeserver, am besten geeignet.

In gewerblichen Gebäuden sind zentrale Server schon lange selbstverständlich, in Haushalten sind sie noch nicht so stark verbreitet. Dabei ist diese Lösung auch im Privathaus überaus praktisch: Auf solch einem Server können Sie unter anderem die komplette Datenbibliothek Ihrer Familie speichern, damit sie von überall im Haus aufgerufen werden kann: Filme, Musik, Familienfotos, Arbeitsdokumente, Schulaufgaben, ja ganze Datenbanken. Wenn sich also die Kinder mit Hörbüchern die Zeit in ihrem Zimmer vertreiben und die Eltern einen ausgewählten Film auf ihrem Großbildschirm im Wohnzimmer genießen – dann fliegen nirgendwo mehr CD- oder DVD-Hüllen herum. Der früher von den entsprechenden Regalen beanspruchte Platz kann jetzt anderweitig genutzt werden.

STEUERUNG UND REGELUNG SÄMTLICHER GEWERKE

Um es klarzustellen: Sie benötigen im Smart Home nicht unbedingt einen eigenen Server für die Steuerung von Licht, Klima und Verschattung – das System ist dann eben nur ein bisschen weniger „smart". Sie können die klassischen An-

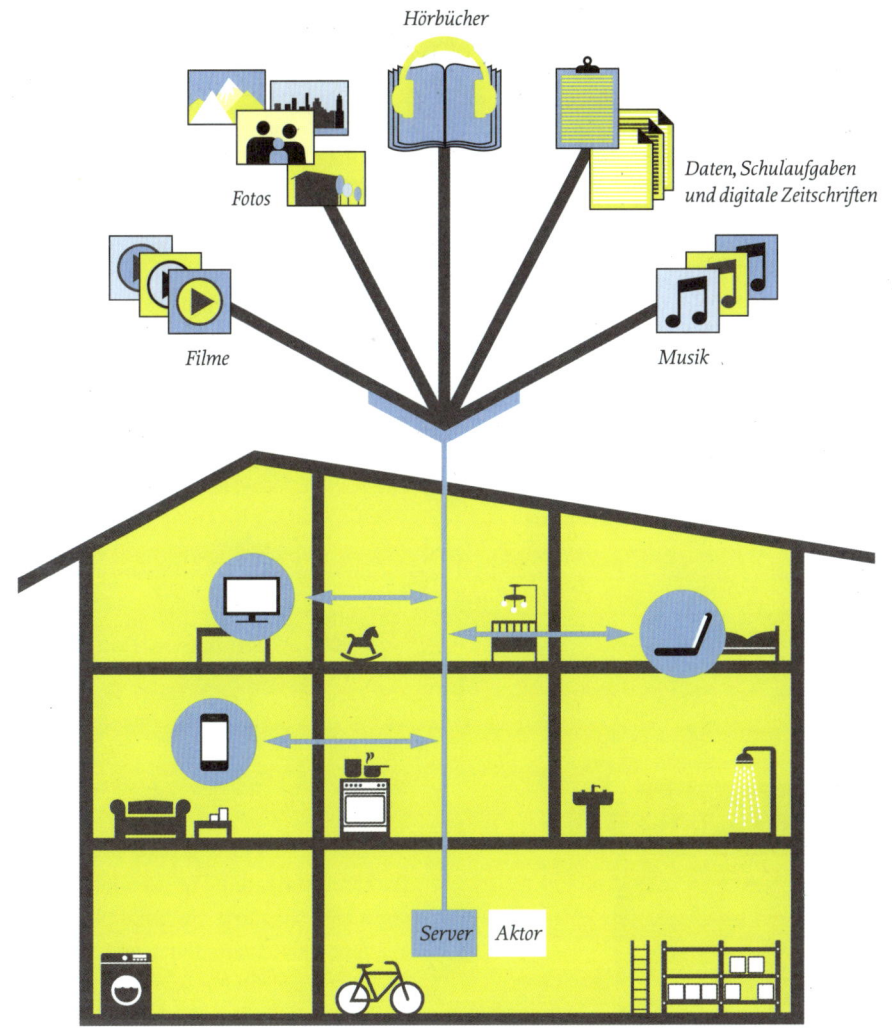

Hörbücher

Fotos

Daten, Schulaufgaben
und digitale Zeitschriften

Filme

Musik

Server Aktor

STEUERUNG DES HAUSES

*Ein Homeserver ermöglicht die Steuerung des gesamten Hauses,
die Speicherung vieler Daten und einen flexiblen Medienzugang
im kompletten Gebäude.*

wendungen ebenso direkt über das KNX-System steuern. „Licht an, Licht aus" funktioniert auch über Schalter oder Präsenzmelder. Doch bereits komplexere Anwendungen wie an Tages- und Jahreszeiten gekoppelte Lichtszenen oder die Sonnenautomatik und Lamellennachführung Ihrer Jalousien werden ohne zentralen Homeserver schon schwieriger oder gar unmöglich.

Der Homeserver ist der Bordcomputer Ihrer intelligenten Haustechnik, hier laufen alle Leitungen zusammen. Dabei agiert er unsichtbar im Hintergrund. Sie können den Homeserver an verschiedenen Stellen platzieren. Ein guter Ort dafür ist beispielsweise der Technikraum im Keller.

SO WERDEN KNX- UND IP-NETZ VERBUNDEN

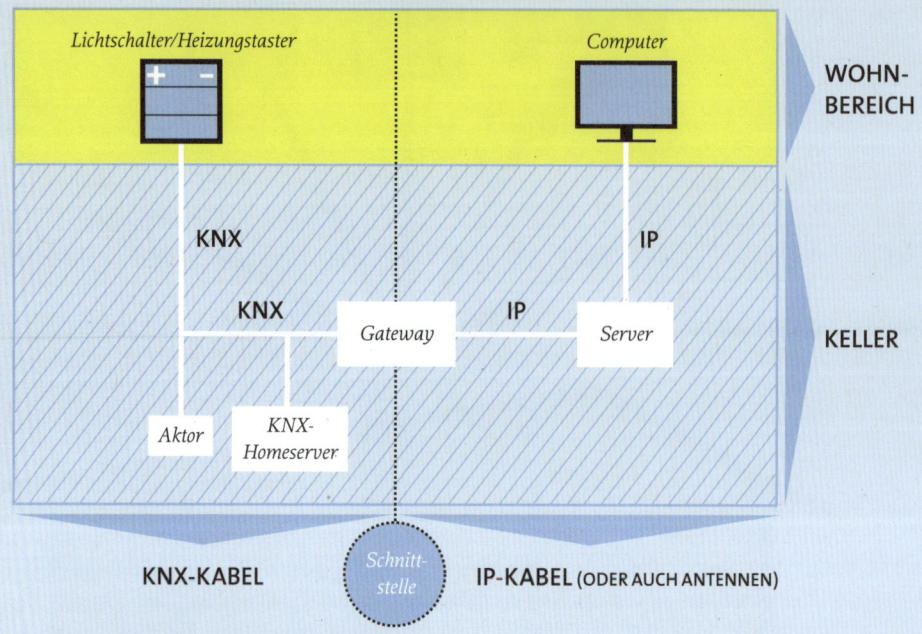

Lichtschalter/Heizungstaster   *Computer*

WOHN-BEREICH

KNX   IP

KNX   *Gateway*   IP   *Server*

KELLER

Aktor   *KNX-Homeserver*

KNX-KABEL   *Schnitt-stelle*   **IP-KABEL** (ODER AUCH ANTENNEN)

MEHRERE NETZE ZUSAMMENFÜHREN

Wie wir bereits im Zusammenhang mit der Türkommunikation in Kapitel 5 besprochen haben, basiert ein Smart Home meist auf mehr als einem Netzwerk. Neben dem KNX-Standard finden wir fast immer noch das Netz auf Basis des IP-Standards (Internet Protocol) in Form eines Ethernet-Netzwerks oder WLAN-Funknetzes. Mit einem Homeserver werden die unterschiedlichen Netze zur umfassenden Hausautomation integriert.

Für die netzübergreifende Vernetzung müssen Daten zwischen den einzelnen Systemen ausgetauscht werden. Das ist zunächst nicht ohne Weiteres möglich, denn sie „sprechen" verschiedene Sprachen. Da-

Steuerung sämtlicher Haustechnik per Smartphone und Tablet über WLAN dank KNX-/IP-Gateways

mit sie trotzdem miteinander kommunizieren können, sind sogenannte Gateways oder Schnittstellen notwendig.

So sind KNX-/IP-Gateways beispielsweise die Schnittstelle zwischen dem KNX-System und dem Ethernet-Netzwerk. Jedes Peripherie-Gerät, das an das Netzwerk angeschlossen ist oder über WLAN drahtlos verbunden wird, kann so mit dem KNX-Bus kommunizieren. Dadurch wird für Sie das Handling Ihrer Smart-Home-Technik richtig komfortabel, denn nun können auch ihre PCs, Notebooks, Tablets oder Smartphones die Steuerung von Heizung, Klima und Rollläden übernehmen.

Gateways zur Verbindung zwischen verschiedenen Netzen werden von nahezu jedem Hersteller von KNX-Komponenten angeboten. Es gibt verschiedene technische Möglichkeiten, die Integration von Netzen zu realisieren und dementsprechend unterschiedliche Produkte. Dazu gehören Schnittstellen (Interfaces) oder IP-Router.

SYSTEMINTEGRATION DURCH DEN FACHMANN

Als künftiger Smart-Home-Besitzer oder -Bauherr müssen Sie an dieser Stelle allerdings nicht tief in die technischen Details einsteigen, denn Sie werden die Vernetzung ihres Hauses vermutlich nicht selbst durchführen und müssen deshalb auch nicht jeden Systembaustein eigenhändig auswählen.

Für Sie ist es vielmehr wichtig, dass Sie von Anfang an einen Systemintegrator an der Planung Ihres Smart Home beteiligen. Es handelt sich um Fachunternehmen, die auf die Beratung, Projektierung und Inbetriebnahme von Produkten der Gebäudesteuerungstechnik spezialisiert sind. Diese Fachleute kennen die verschiedenen funktionalen Möglichkeiten der Netzwerkverbindungen und wählen die Lösungen aus, mit der die Bedienung des Systems für Sie am komfortabelsten ist und Ihren persönlichen Wünschen entspricht.

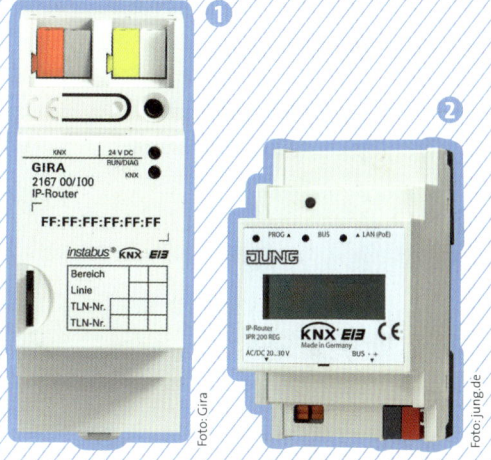

Foto: Gira

Foto: jung.de

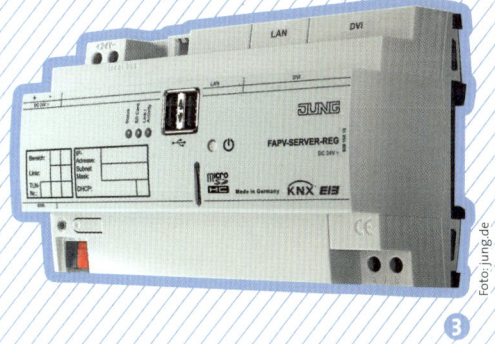

Foto: jung.de

1   Verbindet Ethernet-Netzwerk mit KNX:
    Gira-IP-Router
2   KNX-/IP-Router von Jung
3   Jung Facility Pilot Server
    zur Haussteuerung

EINFACH UMRÜSTEN

Um eine konventionelle Elektroinstallation auf ein Funk-Bussystem umzurüsten, müssen nicht unbedingt neue Schalter installiert werden. Hersteller wie Gira oder Jung bieten für ihre Schalterserien spezielle Funk-Bedienaufsätze an, die einfach anstelle der herkömmlichen Aufsätze montiert werden können.

Licht schalten und dimmen per Funk.

Jalousien steuern per Funk

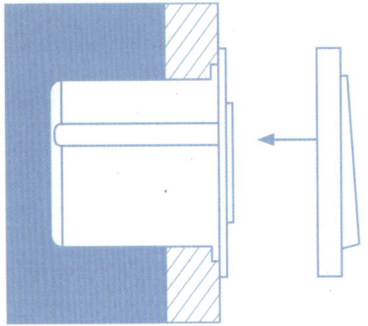

Bestehende Schalter können durch eNet-Funk-Bedienaufsätze ersetzt werden.

Auch in funkbasierten Bussystemen, zum Beispiel den eNet-Systemen von Gira oder Jung, kann das IP-Netz über einen Server integriert werden. Das ermöglicht Ihnen dann ebenfalls die Visualisierung und Steuerung der Haustechnik über Computer oder Mobilgeräte. Sie müssen also, wenn Sie sich zum Beispiel bei der Nachrüstung Ihres Altbaus zum Smart Home für eine drahtlose Lösung entscheiden, keineswegs auf den Bedienkomfort verzichten, den KNX-Installationen mit Homeserver bieten.

Mit einem Mini-Server im Elektroschaltschrank arbeitet beispielsweise das digitalSTROM-System, bei dem die Steuerung der Smart-Home-Komponenten über die Stromleitung erfolgt. Der Server ermöglicht ebenfalls die Visualisierung und Steuerung über Bildschirme und Mobilgeräte.

KOMFORTLÖSUNG HOMESERVER

Die anspruchsvollste Lösung bleibt jedoch ein Homeserver, der die gesamte KNX-Installation im Haus steuert und die KNX-Welt mit dem IP-Netzwerk verbindet.

So können Sie ortsunabhängig mit unterschiedlichen Bediengeräten auf alle intelligenten Funktionen der Haustechnik zugreifen und noch weitere Technologien wie Türsprechanlagen, IP-Kameras oder Multiroom-Audiosysteme einbinden. Der Homeserver kann viele Komfort- und Energiefunktionen gleichzeitig erledigen. Dazu gehört vieles, was Sie in den vorherigen Kapiteln bereits kennengelernt haben, wie etwa individuell festgelegte Licht- und Funktionsszenen, beispielsweise „Abendessen", „Party mit Freunden" oder „Kuschelatmosphäre". Im Ergebnis wird auf einen Tastendruck hin die Beleuchtung gedimmt oder erhellt, die Lüftungsanlage aktiviert, die Rollläden heruntergelassen und die Raumtemperatur erhöht oder gesenkt.

Die Bedienung erfolgt über einen oder mehrere Touchscreens im Gebäude, auf denen die verschiedenen Funktionen anschaulich dargestellt werden, sodass auch Einsteiger schnell ▶

STEUERUNG ÜBER ZENTRALEN SERVER

Eine zentrale Steuereinheit wie zum Beispiel der Gira HomeServer verbindet die KNX-Installation mit weiteren Netzen. Der „Bordcomputer" des Smart Home erlaubt über unterschiedliche Bediengeräte von verschiedenen Standorten im und außerhalb des Hauses aus den Zugriff auf die angeschlossenen Komponenten wie etwa Türkommunikation, Heizung, Alarm- oder Audiosysteme.

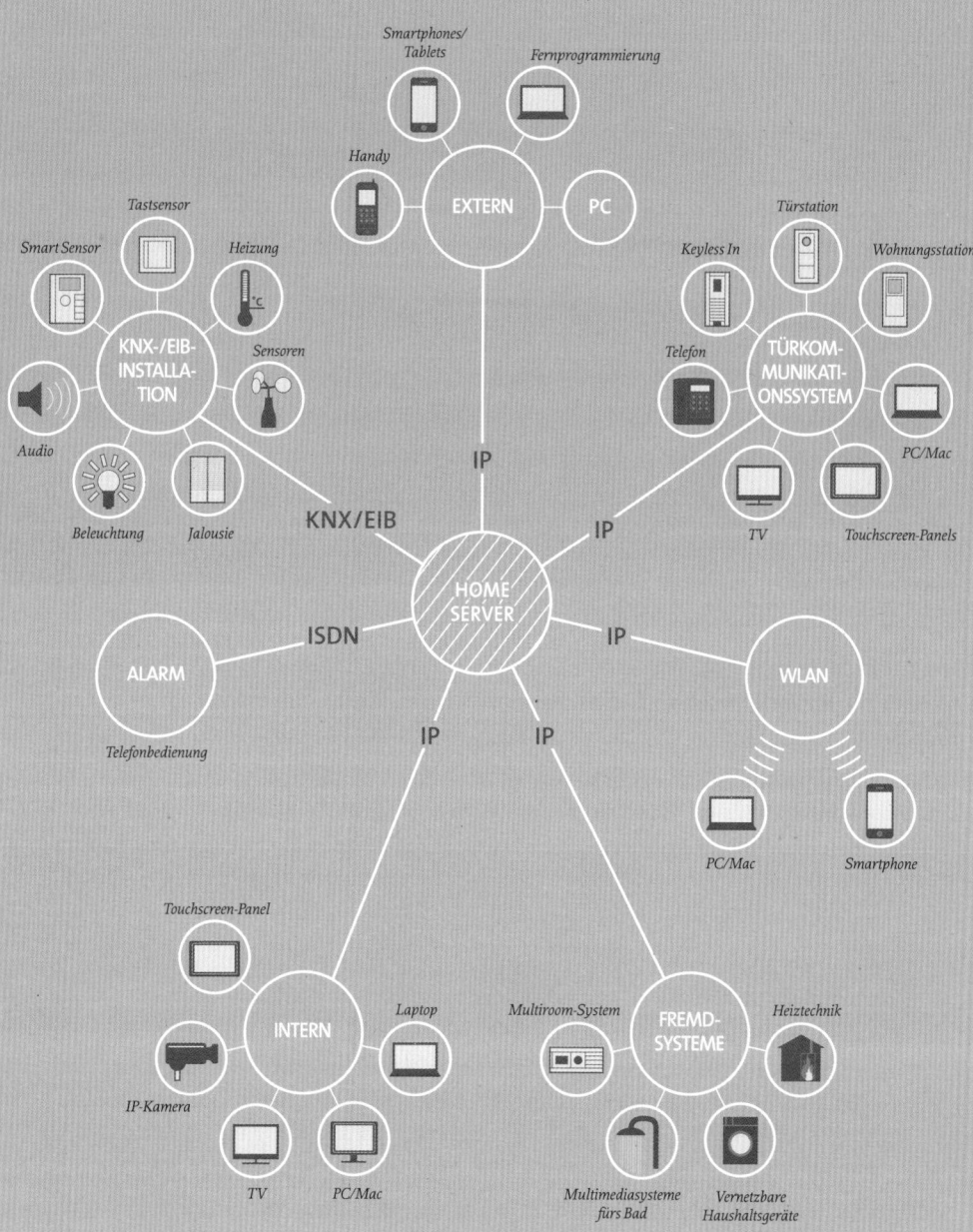

▶ damit zurechtkommen. Die Einbindung von Smartphones oder Tablets in die Haussteuerung funktioniert über Apps, sodass auch von unterwegs auf das Haus zugegriffen werden kann.

DIE AUFGABEN VON IP UND KNX AM BEISPIEL DER TÜRKOMMUNIKATION

● *Bewegungsmelder*
● *Licht*

KNX

IP

Foto: fazon/Fotolia

● *Video*
● *Audio*

Einen Internetzugang nutzen Sie mit größter Wahrscheinlichkeit ja bereits in Ihrem konventionellen Haus. Da im Smart Home auch ein Teil Ihrer Haussteuerung über das IP-Netz läuft, ist eine funktionierende und schnelle Internetverbindung hier unverzichtbar. Sie haben die Möglichkeit des Zugangs über Telefon- und Kabelanschluss, Mobilfunk oder Satellitenempfang.

Der DSL-Empfang über den Telefonanschluss unter Verwendung eines Routers ist der Klassiker der Internetverbindung im privaten Haushalt. Allerdings gewinnt die Option Inter-

 DSL

Als Digital Subscriber Line (DSL) wird ein Internetstandard für die digitale Datenübertragung zu einem Teilnehmeranschluss bezeichnet. Über die vorhandenen Kupferleitungen des Telefonnetzes werden Daten mit Übertragungsraten von bis zu 1.000 Mbit/s (mit der neuesten Breitbandtechnologie G.fast) empfangen.

 **LTE**

Long Term Evolution (LTE) ist ein noch recht junger Mobilfunkstandard in der Nachfolge von UMTS (3G). LTE kann mit bis zu 300 Megabit pro Sekunde deutlich höhere Übertragungsraten erreichen. In Deutschland ist LTE noch nicht flächendeckend verfügbar, wird aber derzeit ausgebaut.

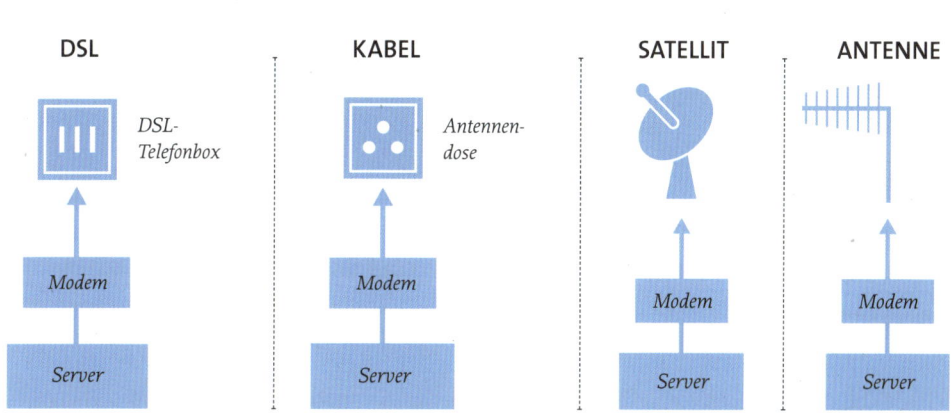

net per Kabelanschluss immer mehr Nutzer. Damit ist dann „im Paket" auch der TV-Empfang enthalten.

Auf Ihrem Smartphone oder Tablet nutzen Sie wahrscheinlich bereits den Internetzugang über das Mobilfunknetz. UMTS, der Mobilfunkstandard der dritten Generation (3G), macht einem DSL-Anschluss durchaus Konkurrenz. Doch es geht noch schneller. Long Term Evolution (LTE), der Mobilfunkstandard der

vierten Generation (4G) erreicht noch höhere Übertragungsraten. Demnächst dürfte LTE in Deutschland auch flächendeckend verfügbar sein. Ende 2014 betrug die Abdeckung seitens der Deutschen Telekom immerhin bereits fast 80 Prozent (Quelle: Infoportal 4G.de).

Wenn Sie Ihr Smart Home in einer ländlichen Region planen, sollten Sie sich allerdings zuvor genauer mit den Möglichkeiten einer adäquaten Internetverbindung beschäftigen. Hier hinkt der Netzausbau immer noch hinterher. Unter' Umständen kann ein Internetempfang über Satellit eine Alternative sein.

INTERNETSTANDARDS UND MAXIMALE ÜBERTRAGUNGSRATEN
Die Geschwindigkeit der Datenübertragung hängt sehr stark vom Medium und der Umgebung ab.

64 Mbit/s

14,4 Mbit/s   **16 Mbit/s**

       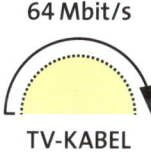

UMTS   **DSL**   **TV-KABEL**

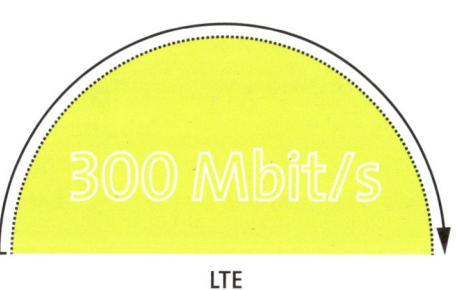

LTE

IP UND KNX IM VERBUND MIT WEITEREN SYSTEMEN

Neben dem IP-Netzwerk und dem KNX-System kann es manchmal nötig oder sinnvoll sein, im Smart Home noch ein weiteres System miteinzubinden – beispielsweise, wenn an bestimmten Stellen kein KNX-Kabel verlegt wurde (oder werden konnte) und genau dort nachträglich ein Schalter angebracht werden soll.

Bei solch einer Nachrüstung empfiehlt sich zum Beispiel das drahtlose Funksystem des Herstellers EnOcean, von dem schon ein paar Mal die Rede war. Es ist KNX-kompatibel und ermöglicht einen Systemverbund aus Funk, KNX und IP. Von anderen Funksystemen unterscheidet die EnOcean-Technologie, dass sie Sensordaten ohne Batterie oder externe Stromzufuhr erfassen und drahtlos weiterleiten kann. Die Funkreichweite beträgt im Gebäude bis zu 30 Meter und im Freifeld bis zu 300 Meter. Ein winziger elektrodynamischer Wandler sorgt dafür, dass aus einem Fingerdruck auf dem Schalter elektrische Spannung wird, vergleichbar mit einem Dynamo am Fahrrad. Das zugehörige Funktelegramm wird vom EnOcean-Funkschalter beim Drücken beziehungsweise Loslassen der Taste übertragen. Ein KNX-Gateway empfängt das Funksignal und generiert die entsprechenden KNX-Telegramme auf dem Bus (Quelle: EnOcean GmbH).

KLEINE SOLARZELLEN VERSORGEN DIE SENSOREN

Die EnOcean-Sensoren, die ihre Umgebung zyklisch überwachen sollen, können mittels einer Mini-Solarzelle versorgt werden. Zum Aufrechthalten der Funktion über Nacht dient ein kleiner Energiespeicher, der tagsüber geladen wird. In einem typischen Szenario wird der Sensor alle 10 Sekunden für etwa 5 Millisekunden geweckt, um eine Messung durchzuführen, 99,95 Prozent der Zeit befindet er sich im energiesparenden Schlafmodus. EnOcean will zur Spannungserzeugung künftig noch weitere interessante

REICHWEITE DES FUNKSTANDARDS ENOCEAN

Die Funkreichweite der flexiblen EnOcean-Sensoren liegt bei 30 Metern in Innenräumen und 300 Metern im Freifeld.

Quelle: EnOcean GmbH

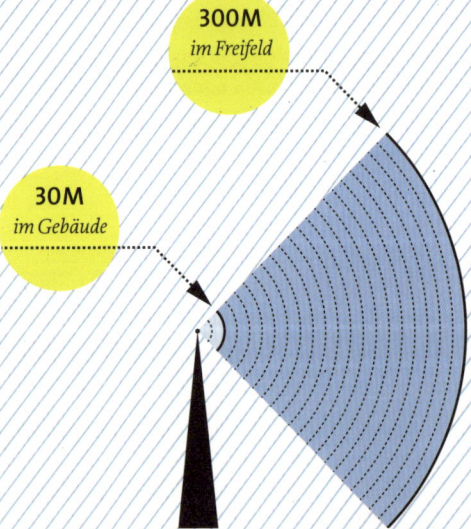

300M
im Freifeld

30M
im Gebäude

ENOCEAN

EnOcean ist ein herstellerübergreifendes Funk-Bussystem, dessen Bediengeräte ohne Batterien auskommen. Über Schnittstellen kann EnOcean auch mit KNX-Installationen verbunden werden.

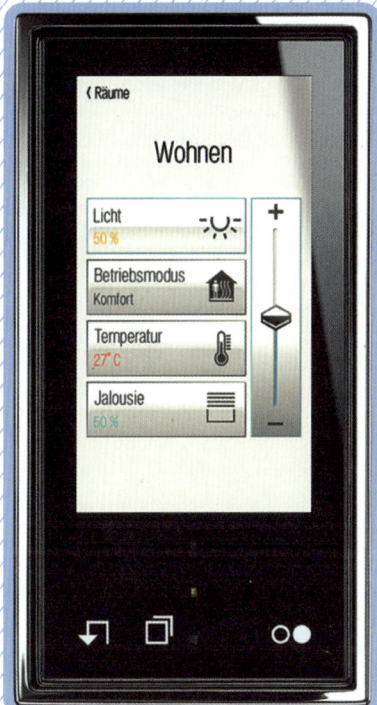

Fotos: Jung.de

Mit KNX-Raumbediengeräten lassen sich verschiedene Funktionen komfortabel anzeigen und steuern. Über „Smart Control IP" von Jung lässt sich zudem das aktuelle Wetter abrufen.

Energiequellen aus der Umgebung nutzen – wie zum Beispiel Wärmeunterschiede. So reichen einem Thermowandler, der zurzeit noch entwickelt wird, schon 2 Grad zum Versenden eines Signals. Das ist weniger als die Temperaturdifferenz zwischen der Raumluft und der Oberfläche von warmen Heizkörpern oder Maschinenteilen (Quelle: EnOcean GmbH).

VIELE FUNKTIONEN, EIN SCHALTER

Das Smart Home ist über das Heimnetzwerk nun optimal vernetzt. Die zentrale Steuereinheit fungiert als „Gehirn" Ihres intelligenten Zuhauses. Bedienen und schalten sollen Sie die verschiedenen Funktionen – Klima, Licht, Rollläden, Alarmanlage und Musik – jedoch nicht direkt am Server oder zumin-

dest nur in wenigen Ausnahmefällen. Die „Visualisierung" aller Parameter erfolgt praktischerweise an Geräten, die dafür weitaus besser geeignet sind. Dazu zählen spezielle KNX-Schalter mit Display, über die fast sämtliche Hausprozesse eingestellt werden können, Touchscreens oder Fernbedienungen. Eine neuere, besonders elegante Variante ist die ortsunabhängige Bedienung des Systems über Apps für Smartphones und Tablet-PCs.

Mit KNX-Raumbediengeräten lassen sich verschiedene Funktionen komfortabel überwachen und steuern. Sie kombinieren die Funktionalität von Stetigreglern, Info-Displays und Tastsensoren mit umfangreichen Anzeige- und Konfigurationsmöglichkeiten. Die Visualisierung und Bedienung erfolgt ▶

DAS FERNGESTEUERTE HAUS

Jede handelsübliche Infrarot-Fernbedienung
lässt sich als Kontrollinstrument für Smart-Home-Funktionen nutzen.

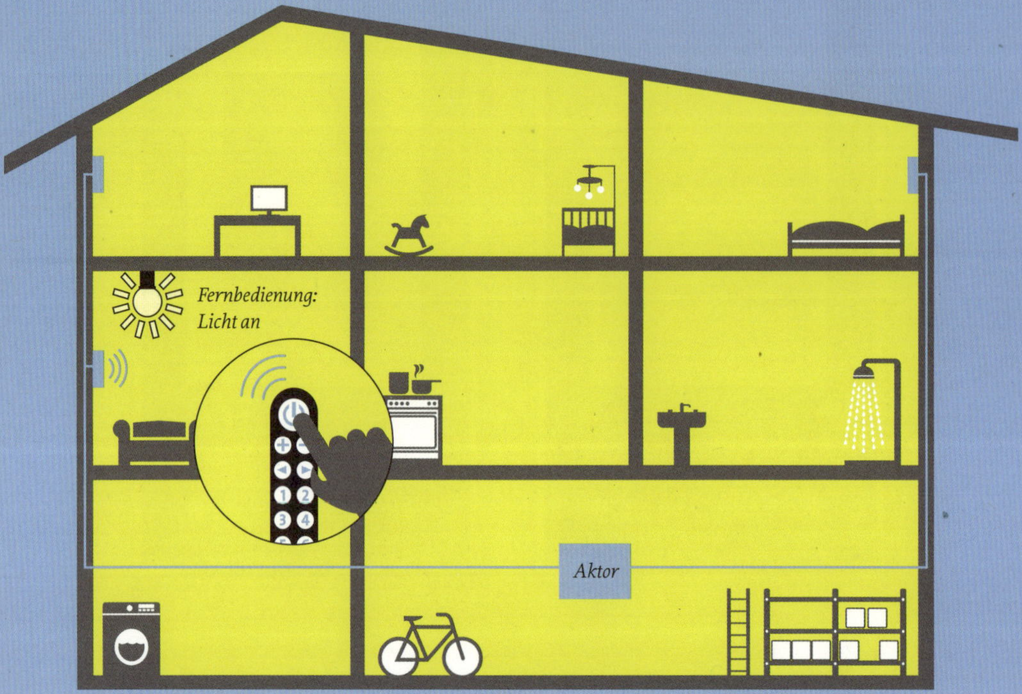

Fernbedienung:
Licht an

Aktor

über Touchdisplays per Fingertipp, Scrollen oder Blättern und ist damit so einfach wie vom Umgang mit dem Smartphone her gewohnt. So lassen sich unter anderem Leuchten schalten und dimmen, Jalousien steuern und die Heizungen regeln. Auch lassen sich verschiedene Funktionen zusammengefasst als Szenen aufrufen und steuern.

STEUERUNG PER FERNBEDIENUNG

Neben allen anderen Bedienmöglichkeiten spielen auch Fernbedienungen eine Rolle bei der KNX-Steuerung, auch wenn sich inzwischen immer häufiger die Nutzung von Smartphones als Bediengerät durchsetzt. KNX-Fernbedienungen gibt es beispielsweise auf Basis von KNX RF, einem herstellerun-

IR-GATEWAY

IR-Gateways sind Schnittstellen, die das Senden und Empfangen von Infrarotsignalen ermöglichen. Als Empfänger wandelt ein Gateway die von einer konventionellen IR-Fernbedienung empfangenen Signalcodes in KNX-Befehle um.

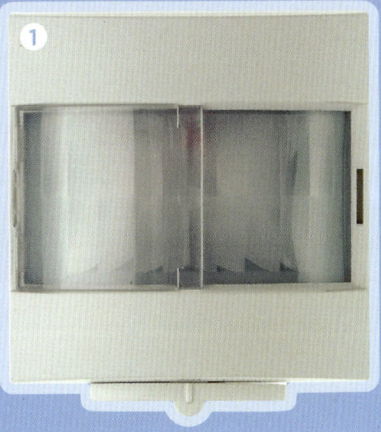

1 IR-Gateway von Berker

2 Programmierbare Fernbedienung von
Berker zur Steuerung des gesamten Hauses

abhängigen Funkstandard für die Erweiterung von KNX-Anlagen.

Aber auch eine herkömmliche Infrarot-Fernbedienung, die Sie sonst für Fernseher und Stereoanlage verwenden, können Sie als KNX-Fernbedienung nutzen. Dazu müssen Sie allerdings ein IR-Gateway zum Senden und Empfangen der Infrarotsignale in das System einbinden, das KNX-Befehle in IR-Codes übersetzt und umgekehrt. Auf

diese Weise integrieren Sie Ihre Unterhaltungselektronik oder über Infrarot steuerbaren Beleuchtungsanlagen gleich mit in die hausweite Automation. Und Sie können die IR-Komponenten in unterschiedliche Szenarien oder Anwesenheitssimulationen miteinbinden.

BEDIENUNG PER TOUCHSCREEN

Noch viel angenehmer ist die Steuerung des Smart Homes mittels Touchpanel oder Touchscreen. Das Gerät verwaltet den zentralen Server und damit die gesamte Hausautomation. Das Panel wird in der Regel im Eingangsbereich in die Wand integriert. Sie können auch auf jedem Stockwerk einen Touchscreen installieren. Der Bildschirm bildet das gesamte Gebäude mit seinen Funktionen und Gewerken ab und kann per Fingertipp intuitiv bedient werden. Eine Visualisierungssoftware für die einzelnen Parameter ist in der Regel bereits aufgespielt. Auch Ihr PC mit einem berührungsempfindlichen Bildschirm kann als Screen eingesetzt werden.

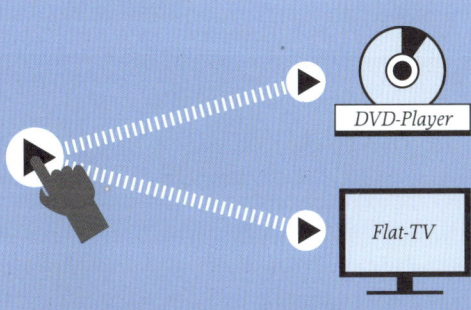

DVD-Player

Flat-TV

Auf Knopfdruck werden DVD-Player oder TV-Gerät von der Fernbedienung im jeweils richtigen Kanal adressiert.

❶

► Über integrierte Lautsprecher und Mikrofone sind Panel und Screen auch gleichzeitig als Stationen für die Türkommunikation zu verwenden. Verfügt das Panel über einen Netzwerkanschluss, können Sie obendrein Internetfunktionalität nutzen: Daten herunterladen, Newsdienste abonnieren oder Störmeldungen per E-Mail versenden. Darüber hinaus zeigt Ihnen der Bildschirm die Bilder aus Ihren Überwachungskameras an.

❷

❸

❹

Foto: Jung.de

SMARTE HELFERLEIN
*Die gesamte Haussteuerung
ist über das IP-Netzwerk auf lokalen
oder auch mobilen Screens aufrufbar.*

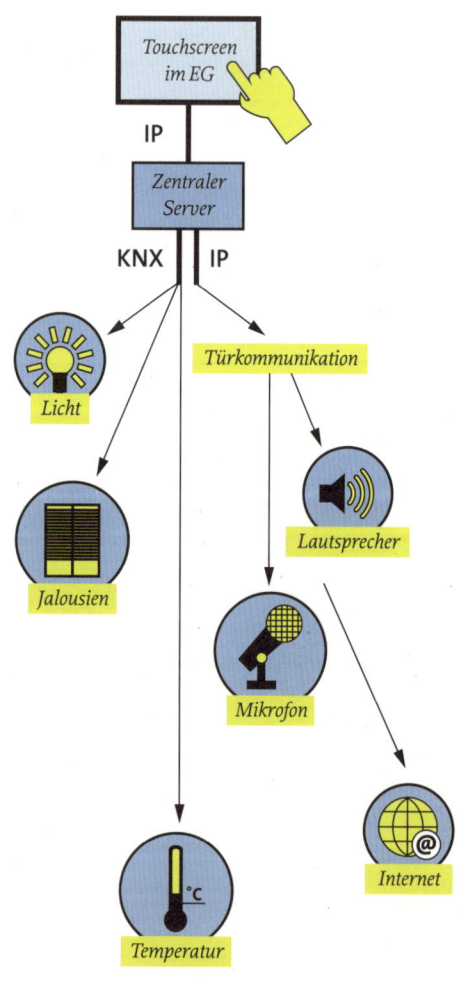

Touchscreen
im EG

IP

Zentraler
Server

KNX   IP

Licht

Türkommunikation

Jalousien

Lautsprecher

Mikrofon

Internet

Temperatur

1 Control 9 Client von Gira

2 InfoTerminal Touch von Gira

3 KNX-Touchpanel von Gira

4 Touchscreen von Jung zur Steuerung
   des gesamten Hauses

Auch Funktionen wie die Anwesenheitssimulation können vom Touchpanel aus gesteuert werden. Viele Einstellungen erfolgen über den Internetanschluss automatisch, zum Beispiel der Abgleich der Zeitschaltuhr und die Umstellung von Sommer- auf Winterzeit.

Die Menüführung von KNX-Steuerpanels ist meist gut verständlich und intuitiv zu handhaben, sodass sich auch Neulinge der intelligenten Haustechnik darin leicht zurechtfinden. Es lassen sich auch einzelne Bedienseiten gesondert durch ein Passwort gegen unberechtigten Zugriff schützen.

STEUERUNG ÜBERS FERNSEHGERÄT

Auch Ihr TV-Gerät kann möglicherweise Steueraufgaben im Smart Home übernehmen. In vielen Haushalten steht oft schon ein Smart TV, der mit ins Heimnetzwerk eingebunden werden kann. Am Bildschirm werden Sie dann nicht nur fernsehen oder im Internet surfen, sondern auch Bilder von Ihrer Überwachungskamera betrachten oder prüfen, wer gerade an der Tür klingelt. Allerdings bieten bisher nur wenige TV-Geräte, zum Beispiel der Marken Loewe oder Samsung, diese Möglichkeit einer Integration in ein KNX-System. Das könnte sich aber in Zukunft ändern.

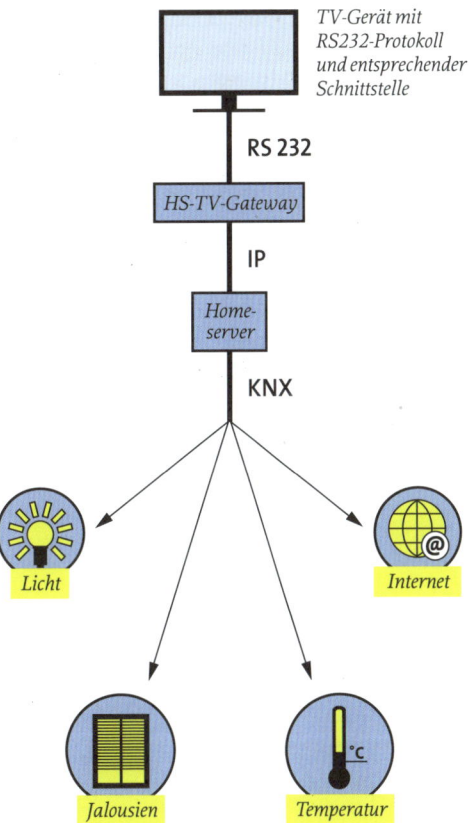

FERNSEHER ALS SCHALTZENTRUM

TV-Gerät mit RS232-Protokoll und entsprechender Schnittstelle

RS 232

HS-TV-Gateway

IP

Home-server

KNX

Licht

Internet

Jalousien

Temperatur

Ein TV-Gerät, das nicht nur Home-Entertainment, sondern auch die Möglichkeit zur Steuerung der Haustechnik bietet.

Foto: Loewe

AUCH MOBIL ALLES IM GRIFF

Ein Smartphone nutzt entweder den integrierten Browser oder eine spezielle App für die mobile Steuerung des Smart Home.

Foto: Gira/Samsung

Internet   *App*

ZUGANG PER BROWSER ODER APP

Sie können die Funktionen auf dem Smartphone oder dem Tablet-PC entweder per Browser oder per Application (kurz: App) aufrufen. Browseranwendungen sind plattformunabhängig, also auf allen Geräten mit Internetzugang verfügbar: Desktop-PC, Notebook, Tablet oder Smartphone. Sie rufen dazu die IP-Adresse des Smart-Home-Servers in der Browser-Adresszeile auf und haben Zugriff auf die gesamte Hausautomation. Sollten Sie Notebook oder Smartphone mal zuhause vergessen haben, können Sie Ihre Hausdaten auch von einem anderen Gerät aus abrufen. Dabei sollten Sie allerdings Ihre Datensicherheit beachten – das Internetcafé ist möglicherweise nicht der richtige Ort, um sich in die Haussteuerung einzuloggen.

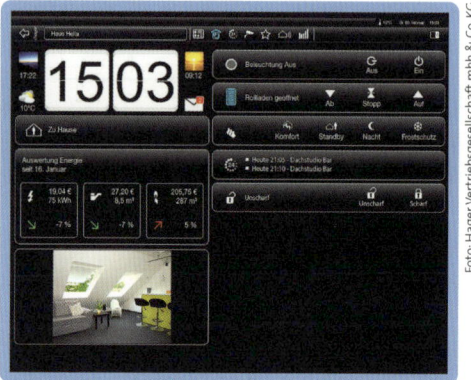

Foto: Hager Vertriebsgesellschaft mbH & Co. KG

Ohne Apps: Steuerung sämtlicher Smarthome-Funktionen per Tablet und Internetbrowser.

DAS MOBILTELEFON ALS FERNBEDIENUNG

Die Steuerung aus der Ferne gehört sicherlich zu den beeindruckendsten Möglichkeiten, die Ihnen das Smart Home bietet. So überwachen Sie Ihr Grundstück auch im Urlaub über IP-Kameras, drehen nach einem erfrischenden Herbstspaziergang von unterwegs die Heizung in Bad und Wohnzimmer auf oder schließen die Rollläden, wenn Sie planen, erst später nach Hause zu kommen. Möglich macht dies die Fernbedienung per Mobiltelefon und Mobilfunk. Im Haus benutzen Sie Ihr Smartphone im WLAN dann einfach wie eine gewöhnliche Fernbedienung.

Eine App lädt jedoch meist etwas schneller als ein Browser und wurde speziell für die jeweilige Anwendung, in diesem Fall die Steuerung des Smart Home, programmiert. Das mobile Betriebssystem Android von Google wird heute von mehreren Smartphoneherstellern eingesetzt. Das Betriebssystem iOS ist dagegen ausschließlich auf Apple-Geräten installiert. Andere Betriebssysteme wie Windows Phone spielen eine eher untergeordnete Rolle – die meisten Apps werden deshalb für iOS und Android entwickelt. Für die mobile Steuerung Ihres Smart Home empfiehlt sich deshalb ein Android- oder Apple-Gerät.

Passende Apps für Ihr Smart Home bieten Ihnen sowohl KNX-Hersteller als auch herstellerunabhängige Unternehmen für die Systemintegration an. Zu den wichtigen

Die Visualisierungssoftware ayControl kann zur Steuerung von KNX und Multimediageräten eingesetzt werden.

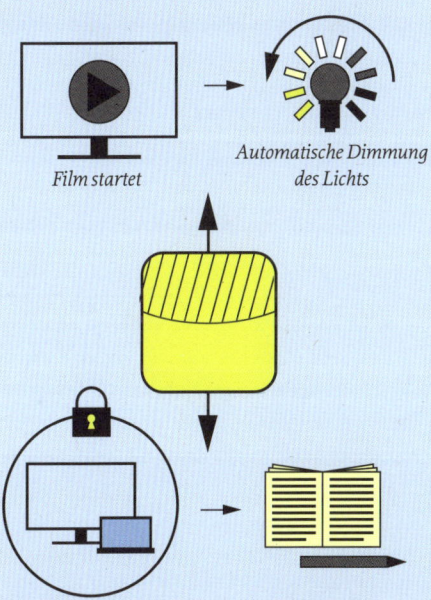

Film startet

Automatische Dimmung des Lichts

Sperre für TV und PC

Kinder lernen

EINFACHE ÜBERPRÜFUNG
Wer regelmäßig den Energieverbrauch kontrolliert – zum Beispiel per Tablet oder Smartphone – kann sein Nutzungsverhalten anpassen und Energie sparen.

VON DER SCHNITTSTELLE AUF DEN BILDSCHIRM
Visualisierung der Haussteuerung

eibPort 3.0

IP-Netzwerk

Einsatzgebieten der Fernsteuerung per Apps gehört vor allem das Energiemanagement mit der Kontrolle von Fenstern, Heizkörpern und Lichtschaltern oder der Abfragemöglichkeit des laufenden Strom- und Gasverbrauchs. Auch Programme, die zum Beispiel die Sperrung von PC und Fernseher ermöglichen, während die Kinder Hausaufgaben machen, sind gefragt.

DATENSICHERHEIT IM SMART HOME

Wie sicher ist eine intelligente Gebäudetechnik eigentlich vor unerlaubtem Zugriff durch Hacker oder andere Kriminelle? Vielleicht haben Sie sich diese Frage beim Lesen der bisherigen Kapitel schon hin und wieder gestellt, und in der Tat ist es nun an der Zeit, darauf einzugehen. Schließlich ist gerade Sicherheit ein starkes Argument für das Smart Home, dem wir ein eigenes Kapitel gewidmet haben. Da wäre es fatal, wenn dieser Vorteil durch leichtsinnigen Umgang mit der Technik wieder verloren ginge.

Der erste und wohl wichtigste Grundsatz in diesem Zusammenhang lautet: Basteln Sie nicht selber, sondern lassen Sie die Smart-Home-Technik unbedingt professionell einrichten! Auch wenn es diverse Foren im Internet gibt, die etwas anderes suggerieren: Hausautomation ist nichts für Heimwerker. Ihre Partner in der Planung und Ausführung sind zum einen die schon zuvor in diesem Kapitel erwähnten Systemintegratoren, zum anderen auf diesem Gebiet erfahrene Fachbetriebe für Hausinstallationen. Diese Fachleute werden Ihnen auch die entsprechenden Produkte renommierter Hersteller empfehlen – und nur diese sollten Sie verwenden.

KEIN SYSTEM IST VÖLLIG UNANGREIFBAR

Grundsätzlich besteht bei funkbasierten Systemen vor allem aufgrund ihrer Reichweite eine größere Gefahr, von außen angegriffen zu werden als bei kabelgebundenen Installationen. Da es viele verschiedene Standards gibt, lassen sich dazu aber keine allgemein verbindlichen Aussagen machen.

Auch wenn eine KNX-Installation mit ihrem Leitungssystem einen sehr hohen Sicherheitsstandard hat, ist sie grundsätzlich angreifbar. Sogar im KNX-System könnten Hacker mit Expertise und krimineller Energie Signale zwischen den angeschlossenen Sensoren und Geräten abfangen und sich somit Zugriff auf das Hausinstallationsnetz verschaffen. Das Landeskriminalamt Nordrhein-Westfalen, das sich gemeinsam mit der Smart-Home-Initiative Deutschland e.V. mit dem Thema beschäftigt, hatte zwar bis Ende 2014 noch keine derartigen Angriffe auf vernetzte Gebäude zu verzeichnen. Dennoch gilt es, auf mögliche Schwachstellen bei der KNX-Installation zu achten und sie zu vermeiden. Das wären zum Beispiel zu tief angebrachte Bewegungsmelder oder im Außen- und Gartenbereich offen zugängliche Buskabel.

GESCHÜTZTE VERBINDUNGEN NUTZEN

Dass IP-Netze Sicherheitslücken aufweisen können, ist nichts Neues. Wahrscheinlich haben Sie sich schon im Zusammenhang mit Onlinebanking und anderen sensiblen Vorgängen mit Themen wie verschlüsselten Verbindungen und sicheren Passwörtern beschäftigt. Das ist natürlich auch und gerade für die Steuerung Ihres Smart Home per Browser oder App, vom Computer oder mobilen Endgeräten aus sehr wichtig. Halten Sie sich vor allem immer auf dem neuesten Stand, was Sicherheitsstandards und neue Erkenntnisse betrifft und lassen Sie sich gegebenenfalls von Experten beraten. ■

HAUSSTEUERUNG
VON DER FERNE AUS

Sämtliche Anwendungen und Haus-Funktionen lassen sich
im Smart Home über mobile Geräte steuern.
Denken Sie aber dabei an Verschlüsselung und sichere Passwörter!

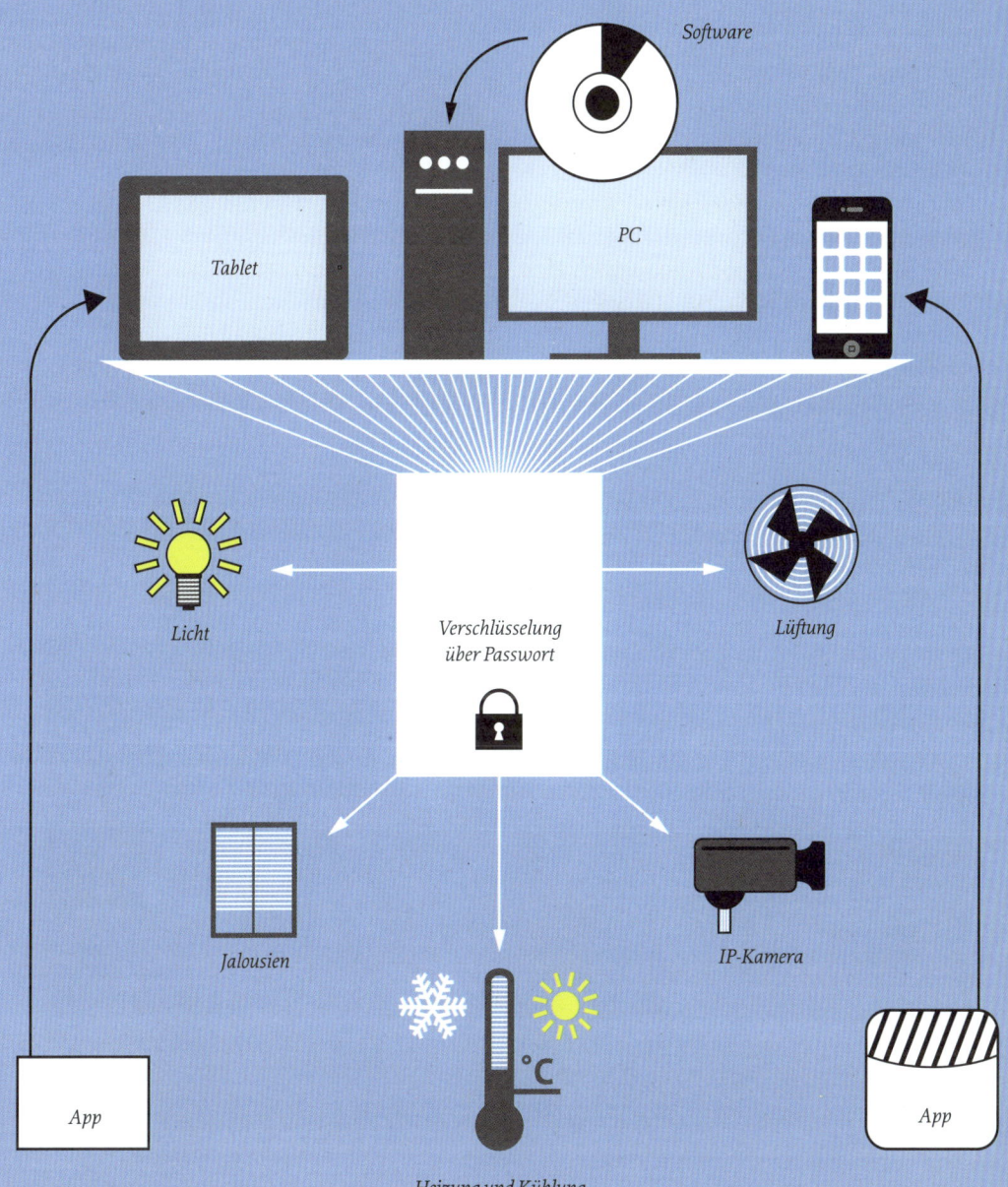

Software

Tablet

PC

Licht

Verschlüsselung
über Passwort

Lüftung

Jalousien

IP-Kamera

App

Heizung und Kühlung

App

DER HOMESERVER WACHT ÜBER HAUS UND GARTEN

Moderne Bauhaus-Architektur trifft auf traditionell asiatischen Stil, Natur und Hightech: Mit ihrem malerisch am Hang gelegenen Haus in Thüringen haben die Bauherren einiges vereint, was auf den ersten Blick gegensätzlich scheint. Im Inneren ist das äußerlich streng geometrische Haus sehr wohnlich eingerichtet, mit Holzmöbeln, exotischen Pflanzen, geschnitzten Tierfiguren und anderen Details, die die Verbindung der Bauherren zum asiatischen Kontinent deutlich machen. Viel Tageslicht durch die großen Fensterflächen oder automatisch gesteuerte Beleuchtungsszenen erleuchten die Innenräume aufs Schönste. Auch im Außenbereich finden sich die Anklänge an Asien wieder: mit einer japanischen Pagode als Gartenhäuschen und einem Teich mit Koi-Karpfen.

Erneuerbare Energien und umweltfreundliche Technik spielen eine große Rolle im Hauskonzept: Haus, Koi-Teich und der Swimmingpool auf der Terrasse werden weitgehend mit Solarwärme beheizt, der Pool ohne Chlor über Flusskiesel natürlich gereinigt. Eine große Photovoltaikanlage liefert reichlich Strom für Haus und Anlagen, überschüssige Energie wird vorübergehend in Solarbatterien gespeichert.

Miteinander vernetzt und gesteuert wird die gesamte Haustechnik vom „Gehirn" des Hauses, dem Gira HomeServer. Vom Technikraum aus wacht er über Türkommunikation, Heizungsanlage und Sonnenschutz ebenso wie über die

Smart Home in Thüringen: Malerisch gelegen, eine gelungene Symbiose aus Natur und Hightech, aus Bauhaus und asiatischem Flair.

Beleuchtung, ein Multiroom-Audiosystem, Alarm- und Solaranlage. Über fest installierte Touchpanels vom Typ „Gira Control 19 Client" in drei Räumen haben die Bewohner jederzeit alle Funktionen ihres Hauses im Blick, können zum Beispiel Energieverbrauchsstände abrufen und per Fingerdruck Licht oder Jalousien schalten. Sie können sämtliche Einstellungen aber auch innerhalb und außerhalb des Hauses auf dem Tablet oder Smartphone ausführen.

Sogar der Gartenteich ist an die KNX-Installation angebunden. So ist die fortwährende Kontrolle von Füllstand, Temperatur oder Wasserqualität ebenso möglich wie eine automatische Reinigung. Die neueste Raffinesse der intelligenten Technik: Finden sich Katzen oder Fischreiher zur Jagd auf Kois am Teichufer ein, werden sie von einer Kamera erfasst und dem Homeserver gemeldet. Dieser steuert dann Wasserdüsen am Teich an, die alle tierischen Räuber in die Flucht schlagen – mit einer kalten Dusche. ▪

Lichtszenen schaffen am Abend besondere Atmosphäre in den großzügigen Wohnräumen. Über ein Tablet können sie jederzeit verändert werden.

Alles im Blick: Auf jedem Stockwerk ist ein Gira Control Client installiert, von dem aus Energiedaten abgerufen und Bedienungsfunktionen ausgeführt werden können.

Wellness auf der Terrasse mit Außenpool. Beheizt wird er, wie auch das Haus, größtenteils mit Solarwärme.

Hier laufen alle Leitungen zusammen: Der Gira HomeServer im Technikraum ist das „Gehirn" des Hauses – und des Gartens, denn seine Steuerung reicht bis zum Fischteich.

Fotos: Gira

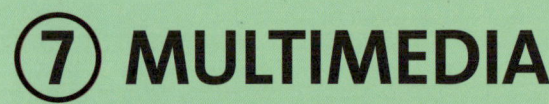

Entertai
flexibel

Mit einer zentralen Mediathek im Heimnetzwerk können alle Mitglieder Ihrer Familie gleichzeitig Musik oder Filme abspielen, ohne dass unbedingt Equipment in jedem Raum zur Verfügung stehen muss.

nment
genießen

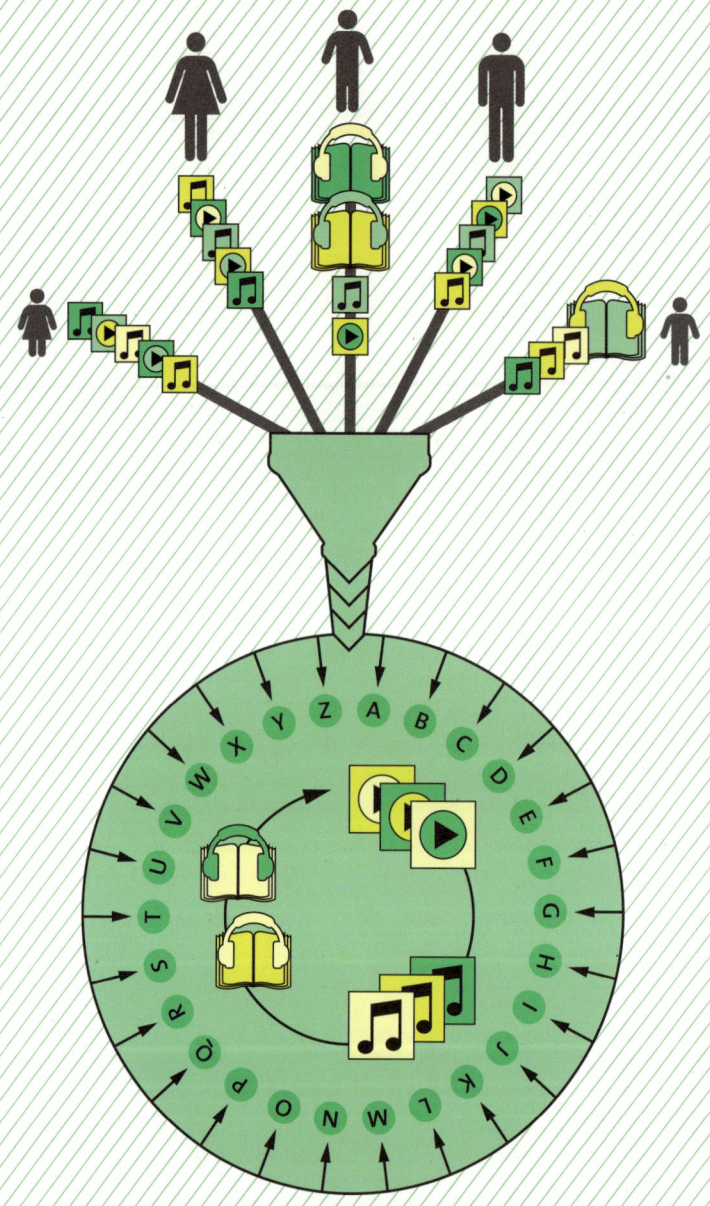

MUSIK- UND FILMBIBLIOTHEK
AUF EINEM SERVER

Jedes Familienmitglied hat seinen eigenen Musik- und Filmgeschmack.
Im Laufe der Jahre kann da eine große CD- und DVD-Bibliothek zusammenkommen.
Im Smart Home werden alle Medien zentral auf einem Server abgelegt,
sodass sie in jedem Raum zu jeder Zeit verfügbar sind.

WUNSCHKONZERT UND KINOABENDE IN DEN EIGENEN VIER WÄNDEN

Hörgenuss in allen Räumen, Filmvergnügen in nie gekannter Qualität, Musik- und Videodateien einfach vom zentralen Server abrufen – Smart Home macht's möglich!

So langsam wird unser Smart Home komplett. In den vorherigen Kapiteln haben wir eine ganze Reihe von smarten Techniken vorgestellt, die für die ganze Familie ein großes Komfort-Plus bedeuten. Durch das automatische Zusammenspiel von Heizung, Lüftung, Beleuchtung und Verschattung ist das Haus zudem ein echter Energiesparer. In diesem Kapitel aber geht es weniger um so ernste Themen wie Sicherheit oder Energieeffizienz, sondern um Hör- und Sehgenuss. Gute Musik in erstklassiger Qualität zu hören, einen Filmabend mit Freunden zu verleben, sich schnell mal ein E-Book oder ein Spiel aufs Tablet zu laden – das alles gehört ja zu den vergnüglichen Seiten des Lebens und ist selbstverständlich Teil eines Smart Home.

EIN SERVER FÜR ALLE MEDIEN

Die Zeiten, in denen über Jahre gesammelte CDs und DVDs sich irgendwann in Kisten oder Kellerregalen stapeln, gehen ihrem Ende entgegen, ebenso wie der Streit um verstreut herumliegende Hüllen, weil die jüngsten Zuschauer vergaßen, die DVDs wieder wegzuräumen. Zu einem immer größeren Teil werden Musik und Filme nur noch als Dateien erworben, im Internet-Store gekauft und heruntergeladen, auf dem Computer oder Mobilgeräten wie Smartphones und MP3-Playern gespeichert. Dort nehmen sie zumindest nicht so viel Platz weg wie im Regal, doch das Chaos ist damit noch nicht vollständig behoben: Die Kinder möchten in ihrem Zimmer

ein Hörspiel hören, das aber auf dem Familien-PC gespeichert ist. Auf den Laptops der Eltern gibt es „meine" und „deine" Musikbibliothek – auch nicht sehr praktisch. „Wo war noch mal der Film abgelegt, den wir alle gemeinsam gucken wollten?"

Was jetzt noch fehlt, ist ein hausweites Multimediasystem für Musik und Filme mit einer zentralen Medienbibliothek. Die wohl vielseitigste ▶

IN DIESEM KAPITEL ERFAHREN SIE,

▶ *wie Sie künftig Videos und Musik digital in einer zentralen Medienbibliothek speichern*

▶ *mit welcher Technik Sie Ihre Lieblingsmusik raumübergreifend genießen können*

▶ *was nötig ist, um Hi-Fi-Anlage oder Beamer in das IP-/KNX-System Ihres Smart Home einzubinden*

▶ *wie Sie ein besonders empfindliches Audiosystem besser vor Spannungsschwankungen im Stromnetz schützen*

▶ *wie Sie in allen Räumen Ihres Hauses Internetzugang erhalten*

▶ Möglichkeit, eine solche einzurichten, haben Sie bereits im letzten Kapitel kennengelernt: den Homeserver als Zentrale einer KNX-Installation. Er bietet den Speicherplatz, um dort Audio- und Videodateien, aber zum Beispiel auch das gesamte Fotoarchiv der Familie abzulegen, alphabetisch oder nach anderen Wunschkriterien geordnet. Damit hat das lange Suchen ein Ende.

KNX UND IP ZUR MULTIMEDIASTEUERUNG

Die Verbindung des Homeservers über Schnittstellen mit dem IP-Netz macht es möglich, dass die Inhalte der Film- und Musikdateien vom zentralen Speicherort dorthin transportiert werden, wo sie abgehört oder angesehen werden sollen. Wir erinnern uns: KNX-Leitungen selber können weder Töne noch Bilder übertragen, IP-Netzwerke können das aber schon.

Über die KNX/IP-Integration können somit die Auswahl und das Abspielen von Musik und Filmen über alle Geräte gesteuert werden, von denen aus auch die übrige Gebäudetechnik – von der Heizung bis zu den Jalousien – bedient wird: zentrale Touchpanels, dezentrale Raumcontroller oder KNX-Fernbedienungen. Und natürlich auch über Laptop, Tablet oder Smartphone. Über die gemeinsame Steuerung ist es auch möglich, beispielsweise Musik und Beleuchtung oder auch Verschattung zu Multimediaszenen zu kombinieren: Die Dämmerung bricht an, die Jalousien schließen sich so weit, dass kein Einblick von außen möglich ist, gedimmte Lichtquellen gehen an, entspannte Loungemusik ertönt aus den Lautsprechern. Am Morgen, nachdem durch das Öffnen der Rollläden die Aufwachphase eingeleitet wurde, reicht ein einziger Tipp auf den Taster an der Badezimmertür, um neben dem Licht auch noch aufmunternde Beats aus den Boxen in Gang zu setzen.

Neben dem KNX-Homeserver gibt es noch andere zentrale Speichermöglichkeiten für Multimediadaten, auf die wir etwas später noch eingehen werden.

Foto: WHD/Apple

Dockingstation für die Musikwiedergabe per MP3-Player oder Smartphone

MUSIK IN ALLEN RÄUMEN HÖREN

Zunächst gehen wir dahin, wo die Musik spielt. Im Smart Home bedeutet das: wo immer Sie es wünschen. Selbst wenn Sie sich von Raum zu Raum bewegen, können Sie die Musik einfach ohne Unterbrechung abrufen oder weiter genießen. Sie müssen weder mit dem tragbaren Radio durch die Zimmer laufen noch sich über Kabelsalat oder fehlende Anschlüsse ärgern. Lautsprecher in jedem Raum, eventuell noch nicht einmal sichtbar, sondern diskret in Decken oder

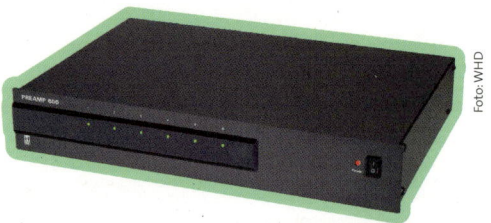

Foto: WHD

Verstärker für die Beschallung von mehreren Räumen

MUSIK IM GANZEN HAUS

In jedem Raum lässt sich die Wunschmusik abspielen –
gesteuert wird die Wiedergabe per Taster oder Touchscreen über KNX.

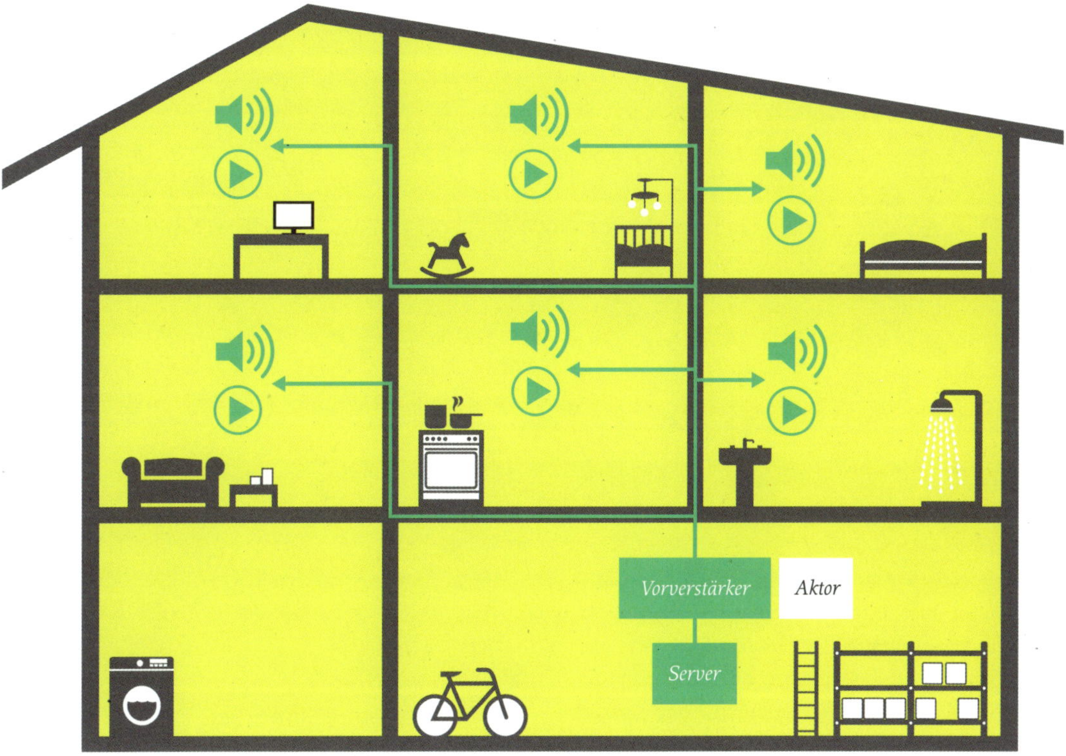

Vorverstärker

Aktor

Server

Wänden montiert, stehen überall bereit, um Sie mit Musik von Ihrer Playlist zu beschallen oder auch das Informationsprogramm Ihres bevorzugten Radiosenders zu übertragen.

„Multiroom-Audio" ist die Bezeichnung für derartige zentral gesteuerte Systeme aus Lautsprechern in verschiedenen Räumen. Hochwertige Multiroom-Anlagen versprechen für Musikliebhaber einen wahren Ohrenschmaus.

IMMER GRÖSSERES ANGEBOT

Während Multiroom-Systeme mit KNX-Anschluss vor einigen Jahren noch Pionierprodukte waren, ist die Auswahl an diesen intelligenten Audioanlagen heute schon recht groß. Im Prinzip funktionieren sie so, dass ein Audioaktor oder eine andere zentrale Einheit die Bedienung über das KNX-System ermöglicht. Welches System das richtige für Ihr Smart Home ist, hängt ▶

AUDIOAKTOR

Ein Gerät, das die Steuerung von Musik über den KNX-Bus ermöglicht. Audioaktoren funktionieren ähnlich wie Dimmaktoren, die die Lichtstärke regeln.

MULTIROOM-AUDIOSYSTEM MIT KNX-ANBINDUNG FÜR GEHOBENE ANSPRÜCHE

Lautsprecher können freistehend oder eingebaut platziert werden,
je nach Architektur der Räume und Nutzung der Bewohner.

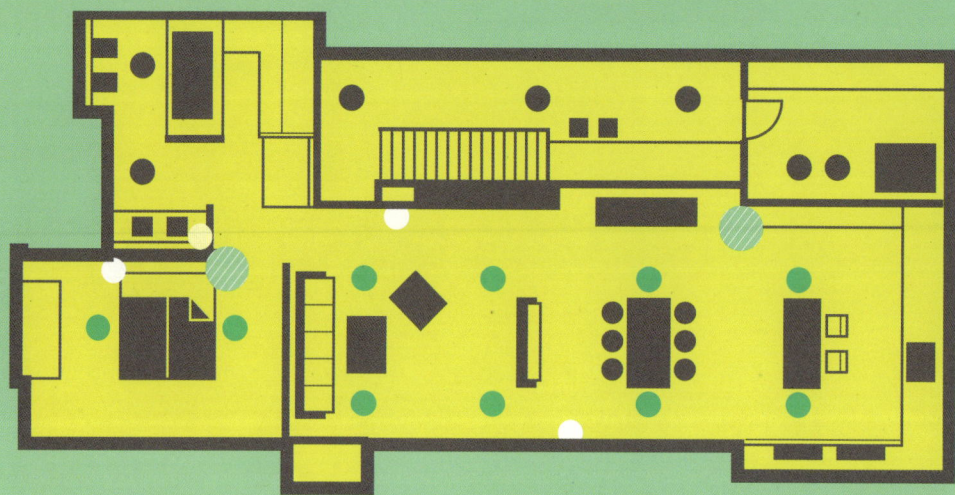

unter anderem davon ab, wie viele Räume Sie insgesamt beschallen lassen wollen, wie viel Platz Sie für die Lautsprecher zur Verfügung haben, welche Bedienelemente Sie nutzen wollen, welche Ansprüche an die Klangqualität Sie stellen und wie viel Geld Ihnen Letztere wert ist.

- *Ladestation für Smartphone mit App zur Steuerung*
- *Stereo-Lautsprecher*
- *KNX-Tastsensoren zur Steuerung*
- *Mono-Lautsprecher*
- *Lautsprecher in Zwischenwand*

STEUERGERÄTE FÜR MULTIROOM-SYSTEME

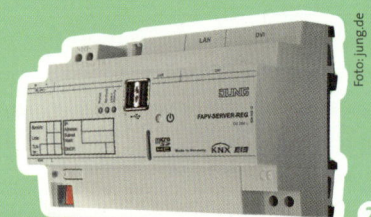

Foto: jung.de

1 Loxone Music Server

2 Facility Pilot von Jung

3 Das Multiroom-System Audio World
     von Busch-Jaeger

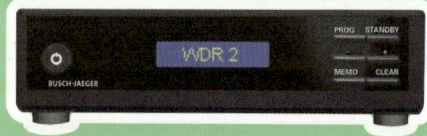

Sie müssen jedoch nicht Ihr gesamtes Haus auf einmal komplett mit Lautsprechern ausstatten, sondern können auch in ein, zwei oder drei Räumen beginnen und später nachrüsten. Wichtig ist aber, dass Sie sich für ein System entscheiden und dabei bleiben, denn die Kombination von Boxen verschiedener Hersteller ist nicht möglich.

Am einfachsten ist die Integration eines Audiosystems mit einer KNX-Installation, wenn die Hersteller beider Komponenten kooperieren und ihre Produkte technisch aufeinander abstimmen. Das ist zum Beispiel beim KNX-Hersteller Gira und dem Audiosystem-Spezialisten Revox der Fall, die innerhalb des Kooperationsprojekts „Connected Comfort" ihre Technologien verknüpfen.

Falls Sie bereits eine hochwertige Hi-Fi-Anlage besitzen, die Sie gerne auch weiterhin nutzen möchten, dabei aber nicht auf den Komfort der neuen, smarten Technik verzichten wollen: Einige Anbieter von Multiroom-Lösungen ermöglichen auch die Einbindung konventioneller Musikanlagen.

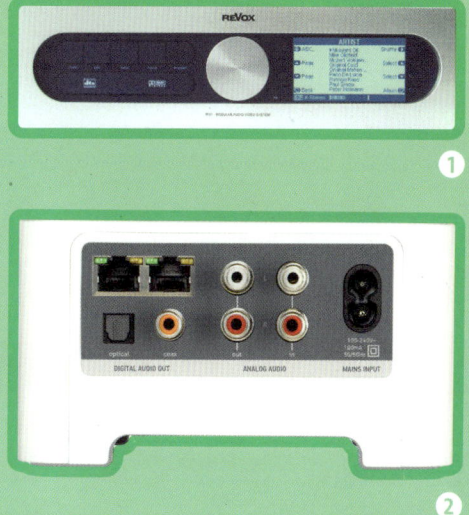

1 Audio/Video-Server miti Multiroom-Zentrale von Revox

2 Streaming-Player von Sonos, der auch bestehende Hifi-Anlagen und Aktivlautsprecher einbindet

3 Schaltzentrale mit modularem Steckkartensystem von trivum

FLEXIBLE MULTIROOM-SYSTEME
MIT ERWEITERUNGSMÖGLICHKEITEN

Das System wächst mit den Ansprüchen: Über Erweiterungskarten lässt sich die Audioanlage den persönlichen Bedürfnissen anpassen.

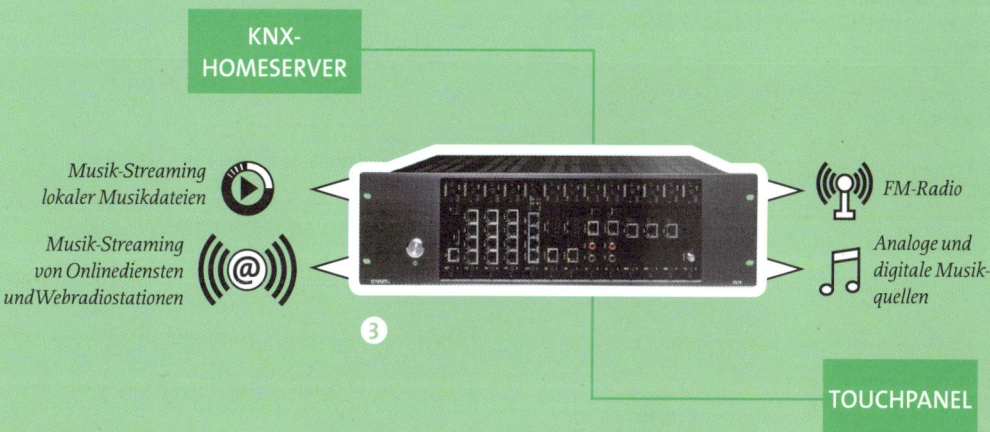

KNX-HOMESERVER

Musik-Streaming lokaler Musikdateien

Musik-Streaming von Onlinediensten und Webradiostationen

FM-Radio

Analoge und digitale Musikquellen

TOUCHPANEL

Alternative zu klassischen Standboxen: Flache Lautsprechermodelle, die an die Wand gehängt oder eingebaut werden können.

UNSICHTBARE LAUTSPRECHER – PERFEKTER HÖRGENUSS

Musik in allen Räumen, ja gern! Aber wohin mit den Lautsprechern? Diese Frage könnte Sie noch von der Entscheidung für ein hausumfassendes Soundsystem abhalten. Tatsächlich werden Architekten und Inneneinrichter häufig darauf angesprochen, wie eine hochwertige Beschallung ohne die Raumoptik störende Elemente möglich wäre. Dafür gibt es mittlerweile Lautsprecherserien, die sich unauffällig, ja sogar fast unsichtbar an oder in Wand und Decke montieren lassen. Moderne Audiotechnik ermöglicht hochwertige Klangqualität auch mit Lautsprechern von nur wenigen Zentimetern Tiefe. An der Wand oder Decke befestigt, heben sie sich kaum vom Untergrund ab und wirken wie dekorative Elemente. Von Modellen, die in die Wand eingebaut werden können, sieht man entweder nur eine dezente Abdeckung oder sie verschwinden ganz unter Putz.

Am besten besprechen Sie das Thema Einbaulautsprecher bereits in der Planungsphase Ihres Smart Home mit Ihrem Architekten. Dann können bei Ziegel-, Beton- oder anderer Massivbauweise bereits im Rohbau entsprechende Aussparungen vorgenommen werden.

Doch auch im Nachhinein ist ein Lautsprechereinbau noch möglich, wenn man vor eine massive Wand eine Trockenbauwand setzt. Wenige Zentimeter Abstand zwischen Wand und Trockenbauplatte reichen für den Einbau der flachen Lautsprechersysteme.

Nur in Räumen mit festen Sitzplatzpositionen lohnt sich die Stereo-Beschallung.

MONO ODER STEREO?

Ein Audiosystem kann in Mono oder Stereo aufgesetzt werden. Um bei der unauffälligen Installation von Lautsprechern in der Decke ein gleichmäßiges Schallfeld zu erzeugen, sollten Sie für ein optimales Klangerlebnis eher eine Monolösung anstreben. Sonst müssten Sie sich jedes Mal ruhig hinsetzen oder auf den Boden legen, um den Stereoklang von der Decke mit Links- und Rechts-Kanälen optimal genießen zu können. Bei der Stereobeschallung kann es passieren, dass Sie den linken oder rechten Kanal des Audiosignals betonter hören. Für Räume, in denen Sie sich beim Hören frei bewegen möchten, sollten Sie deshalb eher auf gleichmäßig gepegelten Monoklang setzen.

Die Lautsprecher sind dabei vielleicht der wichtigste Faktor für den optimalen Hörgenuss. Für den Wand- und Deckeneinbau gibt es eine ähnliche Vielfalt wie bei klassischen Standlautsprechern, mit denen

MONO UND STEREO

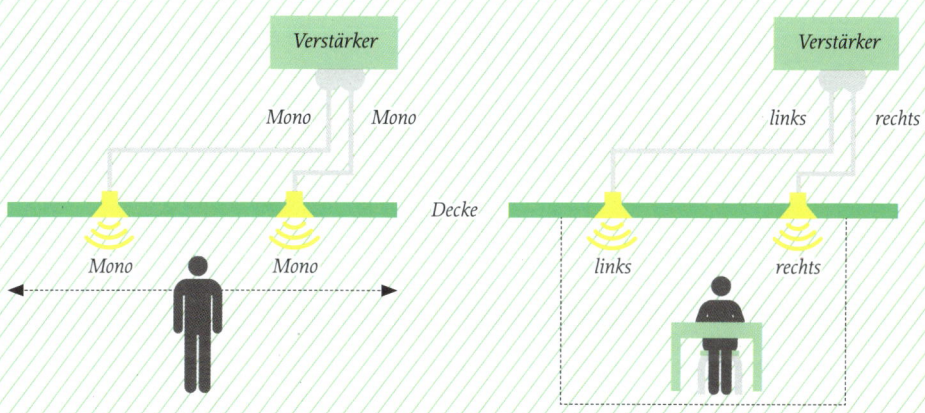

Sie wahrscheinlich bereits vertraut sind: Sie haben die Wahl zwischen Zweiweg-, Drei-weg- oder Center-Lautsprechern. Wenn die Boxen nicht nur der Musikbeschallung, sondern auch der Vermittlung von Fernseh- und Filmsound dienen sollen, werden sie idealerweise ober- und unterhalb vom Fernsehgerät oder der Leinwand eingebaut.

VOM AUDIOGENUSS ZUM MULTIMEDIAERLEBNIS

Bisher haben wir hauptsächlich über das Hören gesprochen. Aber natürlich wollen Sie im Smart Home auch in bester Qualität Filme genießen. Die Einbindung der Akustik in die intelligente Gebäudetechnik zu Raumszenen – wie schon am Beispiel von Aufwach- oder Abendszenen beschrieben – kann natürlich auch als perfekte Vorbereitung auf einen Heimkinoabend genutzt werden. Ein einziger Befehl über das KNX-Touch-

EINBAULAUTSPRECHER

1 Canton Deckenlautsprecher
2 ELAC Einbau-Wandlautsprecher
3 Bowers & Wilkins Wandeinbau-lautsprecher

GEMÜTLICHER HEIMKINOABEND

Wohlfühlatmosphäre fängt bei den Sitzgelegenheiten an, geht über eine Abdunkelung des Raums und setzt ein kontraststarkes Beamer-Bild auf der Leinwand voraus. Das Szenario stellt sich im Smart Home auf Wunsch vollkommen automatisch ein – nur die Snacks und Getränke müssen Sie noch selber servieren.

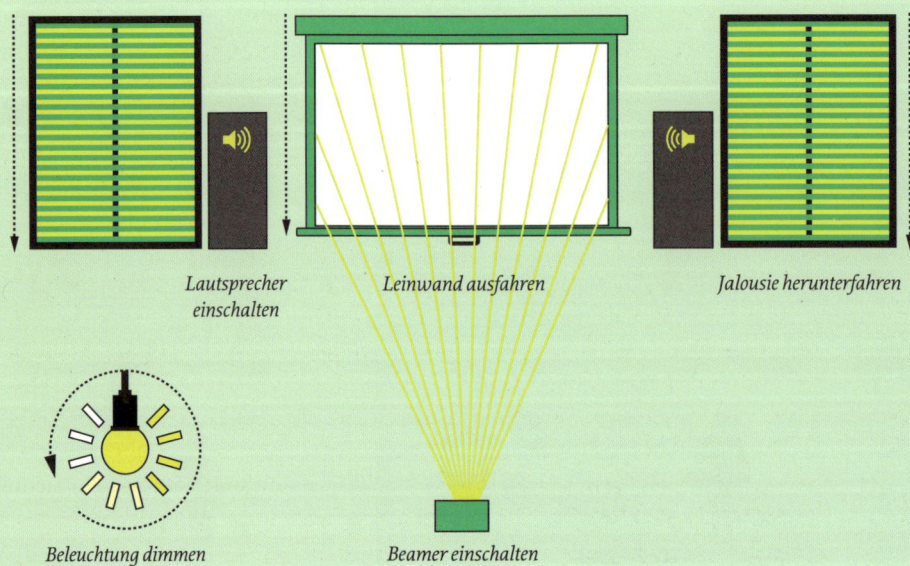

Lautsprecher einschalten

Leinwand ausfahren

Jalousie herunterfahren

Beleuchtung dimmen

Beamer einschalten

panel lässt Rollläden oder Jalousien herunter, der Raum verdunkelt sich, eine gedimmte Lichtszene wird aufgerufen, die Leinwand senkt sich herab. Über den Homeserver wird der gewünschte Film abgerufen, der Beamer startet und Ihre Vorstellung beginnt. Nur das Popcorn müssen Sie sich vorher noch aus der Küche holen. Für dieses Szenario arbeiten im Smart Home wie immer verschiedene Aktoren zusammen. Manche können auch Multitasking: Jalousieaktoren können beispielsweise die Befehle für Leinwand und Beamer mit übernehmen.

WEITERE SCHNITTSTELLEN

Beim Beamer handelt es sich wieder um ein „systemfremdes" Gerät im KNX-Haushalt, für dessen Einbindung Sie eine Schnittstelle benötigen, ähnlich wie schon beim Zusammenschluss von IP- und KNX-Komponenten. Für den Anschluss von Beamern und anderen Unterhaltungselektronikgeräten mit serieller Schnittstelle stehen sogenannte Multimedia-Gateways zur Verfügung. Viele Produkte der Unterhaltungselektronik besitzen einen seriellen Steuereingang, über den herstellerspezifische Befehle für Funktionen wie An- und Ausschalten oder Lautstärkeregelung gesendet oder gelesen werden können. Das Gateway übersetzt klassische KNX-Steuerungen in die herstellerspezifischen Befehle. Es wird auf der KNX-Seite mit dem Bus und auf der Medienseite mit der seriellen Leitung verbunden. Derartige zentrale Schnittstellen werden unter dem Namen „Medienbox" oder ähnlichen Bezeichnungen von verschiedenen KNX-Herstellern angeboten und können für die Verbindung zu verschiedenen Audio- und Videosystemen renommierter Anbieter eingesetzt werden. Die Bedienung der Home-Entertainment-Geräte kann dann wieder über den Touchscreen, der als Schaltzentrale für die gesamte Haustechnik einschließlich der Multimediaelektronik fungiert, erfolgen.

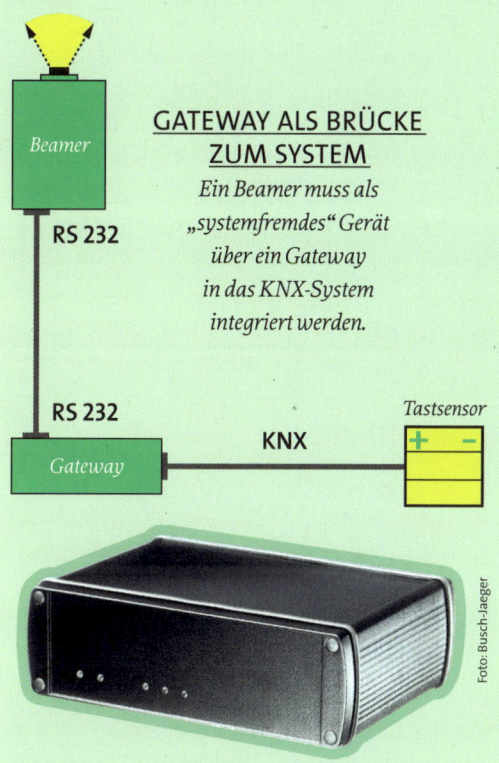

GATEWAY ALS BRÜCKE ZUM SYSTEM

Ein Beamer muss als „systemfremdes" Gerät über ein Gateway in das KNX-System integriert werden.

Gateway zum Anschluss von Multimediageräten an die KNX-Installation

ECHTES HEIMKINOERLEBNIS MIT BEAMERTECHNIK

Nachdem große Flachbildfernseher mit Full-HD-Auflösung und 3-D-Technik längst die Wohnzimmer erobert haben, stellt sich die Frage, ob ein Beamer eigentlich noch notwendig ist, um Filme zuhause zu genießen. Zumindest die Größe des Bilds ist nicht mehr unbedingt ein schlagendes Argument. Doch nach wie vor sind die Projektoren aus atmosphärischen Gründen unter Heimkinofans sehr gefragt. Das gilt umso mehr in Verbindung mit einem anspruchsvollen Soundsystem. Deshalb gehen wir an dieser Stelle auch noch etwas näher auf die Beamertechnik ein.

Soll Ihr Beamer auch am Nachmittag in einem helleren Raum in Betrieb sein, muss

BEAMER: HELLIGKEIT VS. KONTRAST

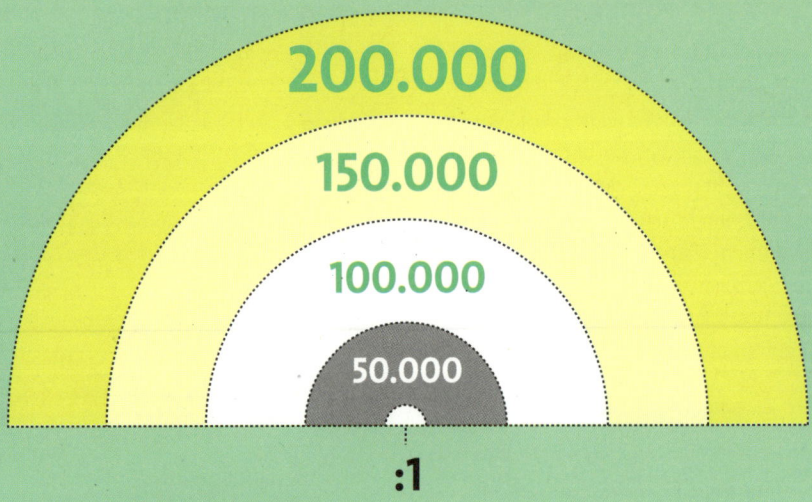

200.000

150.000

100.000

50.000

:1

Je höher das Kontrastverhältnis, desto brillanter wirken die Farben. Quelle: Focus online

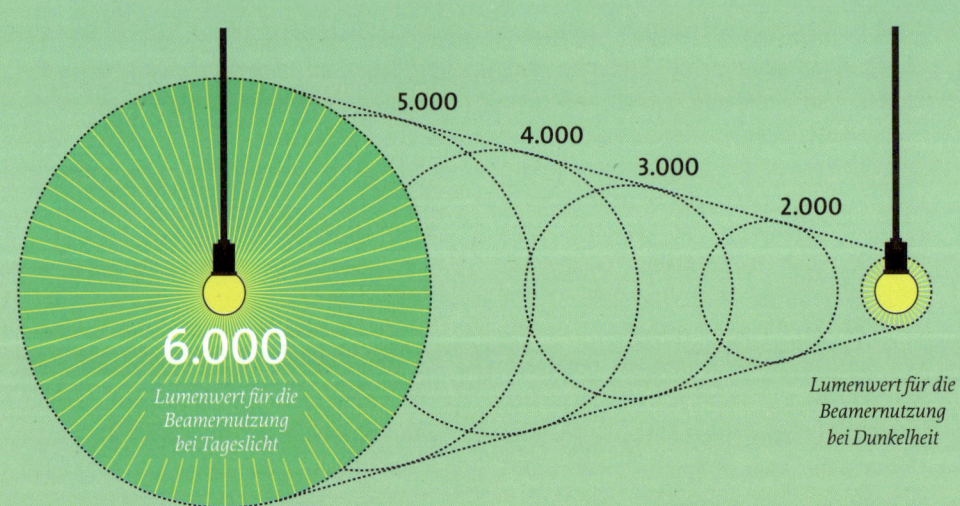

5.000

4.000

3.000

2.000

6.000
*Lumenwert für die
Beamernutzung
bei Tageslicht*

*Lumenwert für die
Beamernutzung
bei Dunkelheit*

▶ es ein lichtstarkes Gerät sein. Wenn Sie nur abends Spielfilme anschauen möchten, können Sie sich für einen Beamer mit niedriger Lichtstärke, hohem Kontrast und hoher Farbtreue entscheiden. Diese haben oft nur Lichtwerte um 1.000 Lumen und Kontrast-

werte im Verhältnis von 10.000:1. Tageslichtfähige Beamer sind viel heller, weisen aber geringere Kontrastwerte auf. Es gilt die Faustregel: Je höher das Kontrastverhältnis ist, desto strahlender wirken die Farben.

LEBENSDAUER VON BEAMERLAMPEN

bis zu 6.000 h

2.000 h

MAX. 4.000 FILME

bei einer durchschnittlichen Spiellänge von 90 Minuten. Quelle: Focus online

LCD- ODER DLP-BEAMER?

Beamermodelle unterscheiden sich darin, wie sie ihr Bild generieren: LCD-Beamer (für „Liquid Crystal Display") bauen das Bild wie ein LCD-Flachbildschirm auf. DLP-Beamer (für „Digital Light Processing") schicken das Licht von der Lampe auf einen Chip, der es mit bis zu zwei Millionen Mikrospiegeln reflektiert. Je nach Stellung jedes Spiegels erscheinen Bildpunkte unterschiedlicher Helligkeit auf der Leinwand. DLP-Beamer weisen auch gute Reaktionszeiten auf – relevant zum Beispiel für ein verzögerungsfreies Bild bei Fußballspielen oder Action-

szenen. Die Detaildarstellung ist besonders bei dunklen Szenen hervorragend. Bei Beamern, die tagsüber genutzt werden, empfiehlt sich das DLP-Modell – mit einem kleinen Nachteil: Bei Hell-Dunkel-Übergängen tritt der „Regenbogeneffekt" auf, ein Farbblitzen, das mancher als störend empfindet.

Einen Nachteil haben alle Beamer: Ihre Lampen müssen nach einigen Tausend Stunden ausgetauscht werden. Eine Ersatzbirne kann bis zu 500 Euro kosten. Für diese Summe erhalten Sie unter Umständen auch ein LCD-TV-Gerät. Einige Beamer schaffen bis zu 6.000 Stunden ohne Lampenwechsel, tageslichtfähige Geräte benötigen manchmal bereits nach 2.000 Stunden eine neue Lampe – beim Kauf sicher ein ausschlaggebendes Detail.

AUCH HIER: FERNBEDIENUNG ÜBER MULTIFUNKTIONSSCHALTER UND TOUCHSCREENS

Wie viele Fernbedienungen benutzen Sie derzeit für DVD-Spieler, Hi-Fi-Anlage, Soundsystem, Flat-TV, für Player in den Kinderzimmern oder für Sounddocks von iPod und iPhone? Im Prinzip besteht dieser ganze Gerätepark aus jeweils eigenen Systemen mit eigenen Bedienoberflächen.

Das geht im Smart Home natürlich weitaus komfortabler, wo jetzt die Gateways und Audioaktoren die Unterhaltungselektronik mit der Hausautomation zusammenführen. Über bereits im KNX-System etablierte Multifunktionsschalter und Touchscreens rufen Sie nicht nur Ihre E-Mails ab, Sie wählen auch Ihren Radiosender oder Ihre Lieblingsmusik aus, die über das Multiroom-System in jeden Raum ▶

 **DLP-BEAMER**

Basieren auf der Digital-Light-Processing-Technik und schicken das Licht von der Lampe auf einen Chip, der es mit bis zu zwei Millionen Mikrospiegeln reflektiert. Je nach Stellung jedes Spiegels erscheinen dann Bildpunkte unterschiedlicher Helligkeit auf der Leinwand.

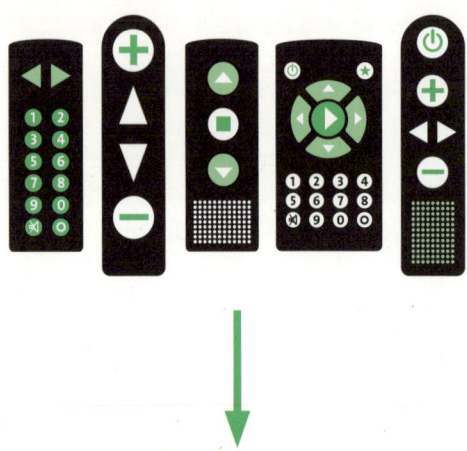

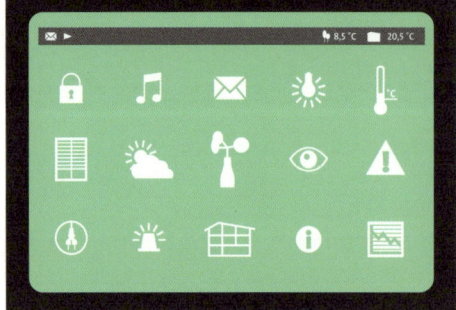

SCHLUSS MIT DEN VIELEN FERNBEDIENUNGEN!

Sämtliche Funktionen der Haussteuerung und des Home Entertainments lassen sich über einen Touchscreen bedienen.

▶ übertragen wird, auf Wunsch in ein passendes Ambiente-Szenario eingebunden.

Mit dem Home Server als Dreh- und Angelpunkt steht Ihnen damit die ganze Multimediavielfalt zur Verfügung: DVD-Filme mit digitalem Surround-Sound, Musik- und Fotoarchive, selbst TV-Aufnahmen finden ihren Platz auf dem Serverspeicher. Die Wunschmusik kann in jeden Raum „gestreamt" werden, entweder per Kabel oder per Funk im WLAN-Netzwerk. Auch über PCs und Notebooks haben Sie Zugriff auf die Daten.

ALTERNATIVE MEDIENSERVER

Falls Sie Ihre Haustechnik nicht über einen zentralen Homeserver steuern, können Sie alternativ auch andere Geräte als Medienserver nutzen. Das geht sogar mit einem einfachen PC, auf dem lediglich ein Windows-Betriebssystem installiert ist. Bedenken sollten Sie aber, dass der Speicherbedarf bei wachsendem Medienkonsum oder neuen technischen Entwicklungen künftig eher zunehmen wird. Ein Archiv mit HD-Filmen, die Musikbibliothek der Familie und eigene Video- und Fotoaufnahmen benötigen viel Speicherkapazität, wobei Sie mit dem PC schnell an die Grenzen stoßen dürften, sofern Sie nicht kontinuierlich die Festplatten wechseln.

Das NAS-Speichersystem („Network Attached Storage"), das wir schon in Kapitel 5 im Zusammenhang mit dem Thema Sicherheit vorgestellt hatten, ist auch für Ihre Multimediabibliothek eine empfehlenswerte Ausrüstung. Mit Einschüben für Computer-Festplatten kann es deutlich mehr als externe USB-Festplatten leisten. Oft können Sie das System noch um eine weitere Festplatte erweitern. Die Einbindung ins Netzwerk verläuft problemlos: Über das mitgelieferte Netzwerkkabel schließen Sie das NAS-System an einen DSL-Router oder Server an und verbinden ihn mit dem Stromnetz. Danach können Sie von jedem Rechner im Netzwerk auf die Festplatten zugreifen. Wie immer im Heimnetzwerk können Sie für diese Daten Zugriffsrechte einrichten oder unterschiedliche Speichergrößen für jeden Nutzer zuweisen. Für manche NAS-Systeme ist ein mobiler Zugriff möglich, sodass sie auch wie Cloud-Speicher genutzt werden können.

MULTIMEDIAABRUF IM WEB

Ein Phänomen, das viele Eltern kennen: Kinder und Jugendliche schauen heute tatsächlich viel weniger Fernsehen. Ihr verstärktes Interesse gilt vielmehr dem Tablet, dem Smartphone oder dem Notebook. Dort rufen sie Musik über iTunes, Videos über YouTube oder Vimeo beziehungsweise Games auf den zahlreichen Spiele- ▶

HOME ENTERTAINMENT IM SMART HOME

*Aufbau eines Multimediasystems zur Wiedergabe von Audio und Video
über einen Mediaserver und Steuerung über KNX-Homeserver*

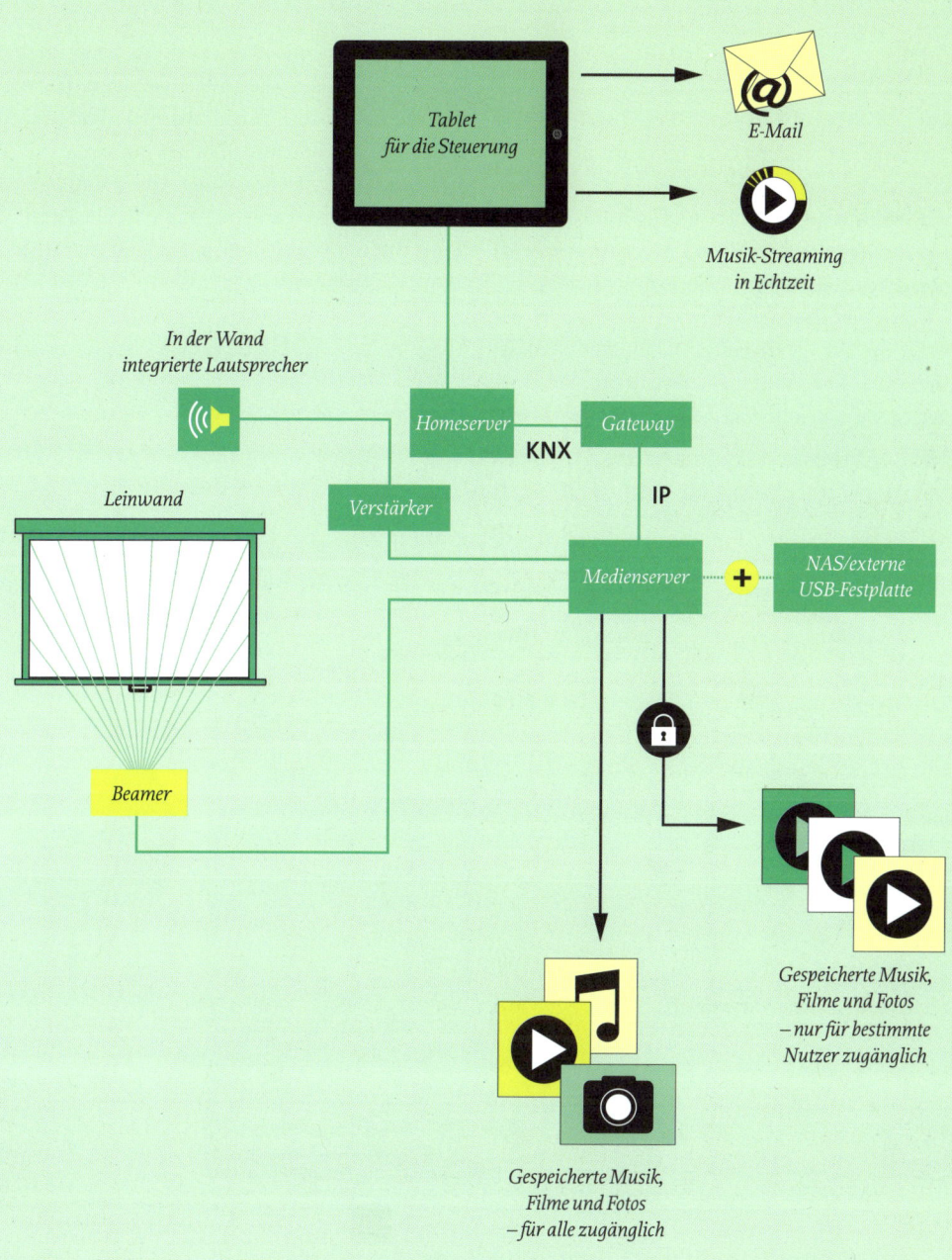

Tablet
für die Steuerung

E-Mail

Musik-Streaming
in Echtzeit

In der Wand
integrierte Lautsprecher

Homeserver

Gateway

KNX

IP

Leinwand

Verstärker

Medienserver

+

NAS/externe
USB-Festplatte

Beamer

Gespeicherte Musik,
Filme und Fotos
– nur für bestimmte
Nutzer zugänglich

Gespeicherte Musik,
Filme und Fotos
– für alle zugänglich

LAN

Ein „Local Area Network" (LAN) wird über eine strukturierte Verkabelung aufgebaut. Ethernet ist heute der am weitesten verbreitete Standard. Die Übertragung erfolgt mittlerweile meist über Twisted-Pair-Kabel.

▶ Plattformen im Web ab. Auch die Seh- und Hörgewohnheiten der Erwachsenen haben sich mit den allgegenwärtigen MPEG-Dateien (MP3 und MP4) verändert. Und nicht einmal mehr diese Dateien werden lokal gespeichert, Musik wird inzwischen über Streaming-Angebote wie Deezer oder Spotify gehört. „Always on", der jederzeitige Zugang zum Web, macht es möglich.

In vielen Haushalten wird dafür allein das drahtlose WLAN über den DSL-Router genutzt. Im Smart Home sollten Sie jedoch für Homeserver, Medienspeicher oder Gateways sowohl ein klassisches lokales Netzwerk (LAN) sowie dazu das WLAN für den mobilen Internetzugang über tragbare Geräte einrichten.

In Räumen und Stockwerken, die zu weit weg vom Standort des WLAN-Routers liegen oder in denen die Umgebungsbedingungen – etwa dicke Wände und Stahlbetondecken – für den Empfang schlechter sind, ist die WLAN-Verbindung oft von geringer Qualität. Hier empfiehlt sich ein WLAN-Repeater, mit dessen Hilfe

IP-NETZWERK
Das IP-Netzwerk im Smart Home
sollte sowohl aus einem kabelgebundenen
Netzwerk (LAN) als auch aus einem drahtlosen
Netzwerk (WLAN) bestehen. Vom zentralen
Switch aus werden Kupferkabel zu den
Wand-Anschlussdosen verlegt.
WLAN ermöglicht den drahtlosen Zugang
per Smartphone und Tablet.

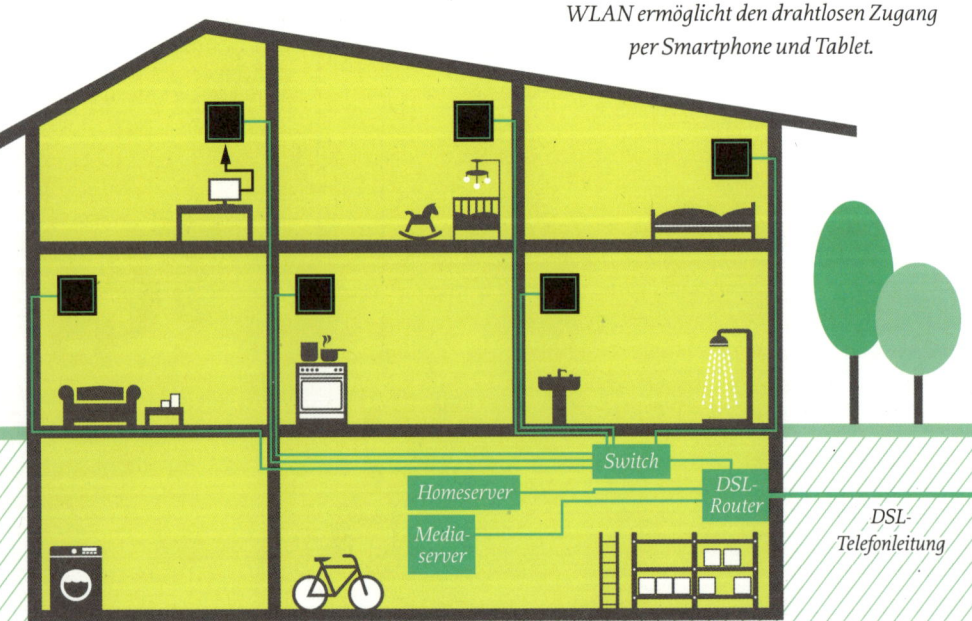

Switch

Homeserver

Media-server

DSL-Router

DSL-Telefonleitung

 Netzwerkanschluss

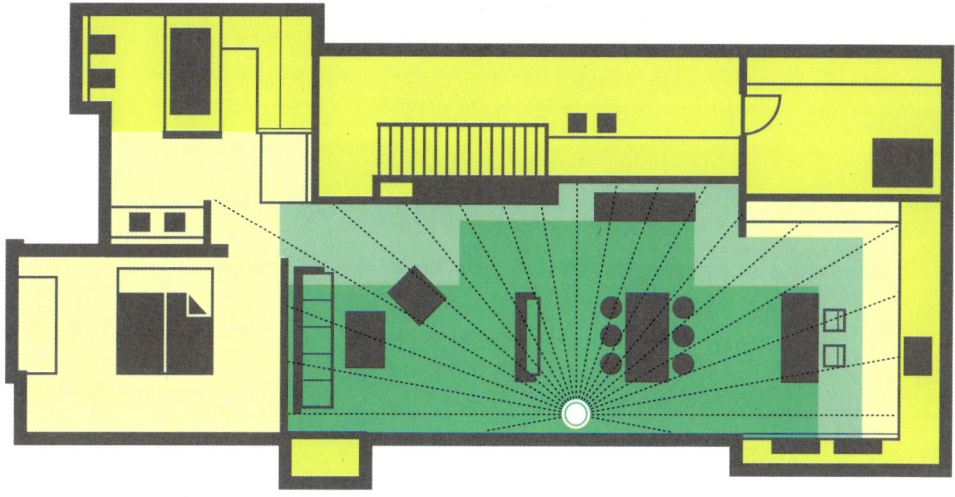

sich die Reichweite komfortabel um bis zu 100 Meter oder mehr verbessern lässt. Über den integrierten Audioausgang und einen UKW-Minisender kann der WLAN-Repeater sogar Musik bequem an die Stereoanlage übertragen oder macht Ihr Küchenradio zum Empfänger für Internetradio.

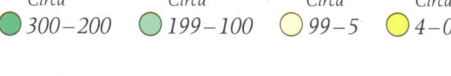

Circa 300–200   Circa 199–100   Circa 99–5   Circa 4–0

Die Übertragungsgeschwindigkeit des drahtlosen Netzwerks (WLAN) hängt stark von Wänden und Hindernissen im Gebäude ab. (Angabe der Bandbreite in MBit/s)

UNTERBRECHUNGSFREIE STROMVERSORGUNG (USV)

Im Smart Home sind Sie – mit allen wunderbar komfortablen Funktionalitäten – stärker denn je auf eine dauerhafte und funktionierende Stromzufuhr angewiesen. Sonst bleibt bei einem Stromausfall eventuell die Haustür einfach geschlossen. Größere Stromausfälle kommen in Westeuropa zum Glück selten vor. Eher rufen Kurzschlüsse Spannungsschwankungen hervor. Spannungsanhebungen treten zum Beispiel durch das Abschalten großer Lasten oder entfernte Blitzeinschläge auf. Empfindliche Geräte, wie sie im Bereich der Unterhaltungselektronik benutzt werden, können davon eventuell beeinträchtigt oder beschädigt werden. Zwar regeln die Energieversorger die Netzspannung an den Einspeisepunkten im Stromnetz ständig nach, gleichen so aber nur die Summe aller Störungen ▶

1.000 WLAN
5–600 LAN

Die WLAN-Geschwindigkeit hängt vom verwendeten Protokoll ab. Der derzeit am weitesten verbreitete Standard 802.11n bringt es auf 240–600 Mbit/s. Der neueste Standard (802.11ac) kommt auf bis zu 1,3 Gbit/s Bruttodatenrate.

Quelle: Elektronik-Kompendium.de

STROMVERSORGUNG BEI STROMAUSFALL

Bei einem Smart Home müssen vor allem auch die KNX-Komponenten und der Homeserver
gegen Stromausfall gesichert sein. Eine USV versorgt bei Problemen auch bis zu 64 Busteilnehmer
mit der nötigen Spannung von 30 Volt.

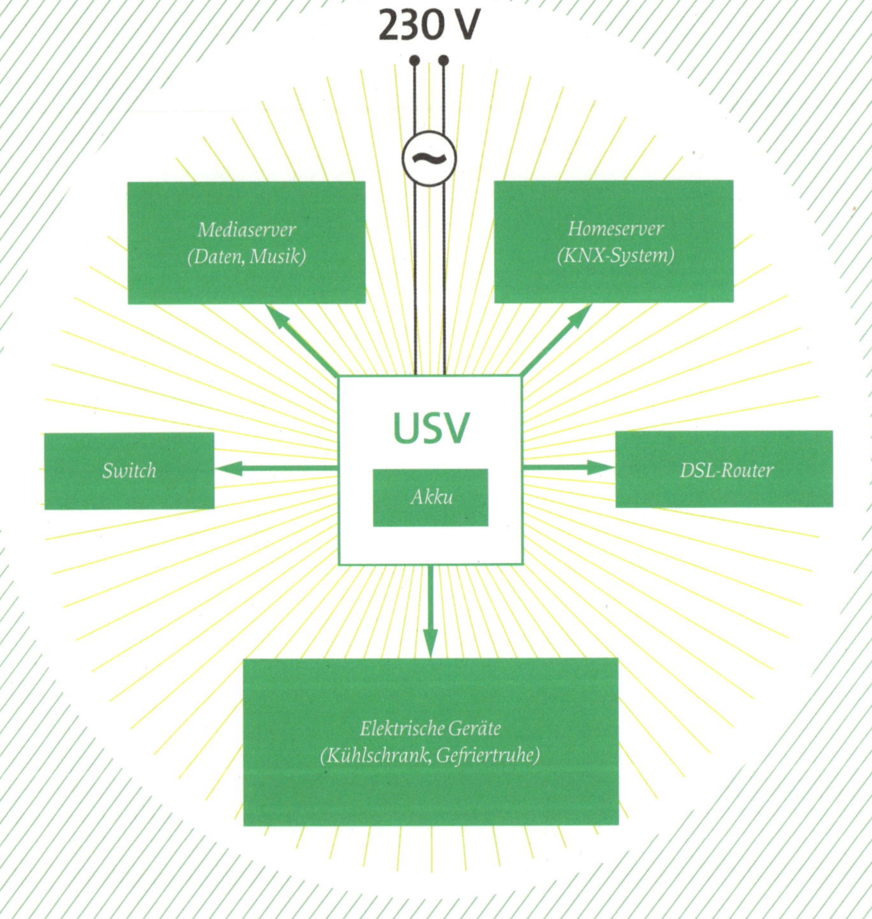

230 V

Mediaserver
(Daten, Musik)

Homeserver
(KNX-System)

USV

Switch

Akku

DSL-Router

Elektrische Geräte
(Kühlschrank, Gefriertruhe)

USV

Eine unterbrechungsfreie Stromversorgung (USV) wird eingesetzt, um bei Störungen
im Stromnetz die Versorgung wichtiger elektrischer Verbraucher sicherzustellen. Ursprünglich
in Krankenhäusern oder Leitstellen eingesetzt, haben sie nun auch den Weg in
Einfamilienhäuser mit gehobener Ausstattung gefunden.

aus. Eine unterbrechungsfreie Stromversorgung (USV) gleicht dagegen auch lokale Schwankungen und Ausfälle aus, indem sie angeschlossene Geräte mit elektrischer Energie aus Akkumulatoren speist, welche sich später wieder aus dem Stromnetz oder über die angeschlossene Photovoltaikanlage nachladen. Eine eigene USV-Anlage gewährleistet Ihnen also für einen gewissen Zeitraum die sichere Versorgung wichtiger Anlagen, Anlagenteile oder EDV-Einrichtungen, falls der Strom doch einmal ausfällt.

Stromversorgungs-Backup von APC by Schneider Electric

Solche USV-Geräte werden in drei Klassen eingeteilt: Die einfachen Offline-USVs bis zu einer Leistung von 1.000 VA (Voltampere) schützen nur bei Netzausfällen und kurzzeitigen Spannungsschwankungen. Bei Unter- und Überspannungen, die sie nicht ausgleichen können, schalten sie automatisch auf Batteriebetrieb um.

Netzinteraktive USVs mit einer Leistung von bis zu 5.000 VA funktionieren ähnlich: Sie schützen vor Netzausfall und kurzzeitigen Spannungsspitzen und können Schwankungen durch Filter ständig regeln. Gravierender Nachteil bei beiden Varianten: Die Last wird erst bei Netzausfall aus der Batterie gespeist. Die Umschaltzeit kann hochsensiblen Systemen aber bereits Probleme bereiten.

Online-USVs mit Leistungen bis 500 VA gelten als echte Stromgeneratoren, die ständig eigene Netzspannung erzeugen. Damit werden angeschlossene Verbraucher dauerhaft ohne Einschränkungen mit Netzspannung versorgt. Zeitgleich wird die Batterie permanent geladen. USVs mit diesem Funk-

tionsprinzip sind teuer in der Anschaffung und im Unterhalt, sichern jedoch die Funktion Ihrer hochsensiblen Geräte im Smart Home in Gegenden mit häufigen täglichen Stromschwankungen.

In den Bereichen Sicherheit, Komfort und Multimediaunterhaltung ist Ihr Smart Home jetzt schon perfekt ausgestattet. Auch bei der Energieeffizienz wurde in Bezug auf Heiz- und Klimatechnik schon viel erreicht. Durch die hauseigene Erzeugung und Einbindung erneuerbarer Energien für die Strom- und Wärmeversorgung lässt sich das vernetzte Haus noch optimieren. Damit beschäftigen wir uns im nächsten Kapitel. ■

USV-ANLAGEN IM VERGLEICH

Für ein Smart Home reicht eine einfache Offline-USV mit maximal 500 VA vollkommen aus.

Quelle: Elektronik-Kompendium.de

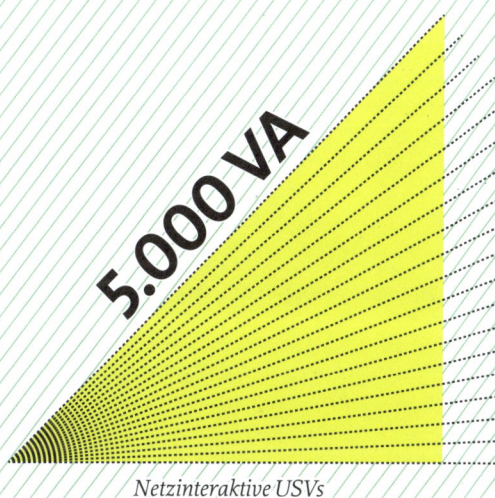

500 VA   1.000 VA   5.000 VA

Online-USVs   *Offline-USVs*   *Netzinteraktive USVs*

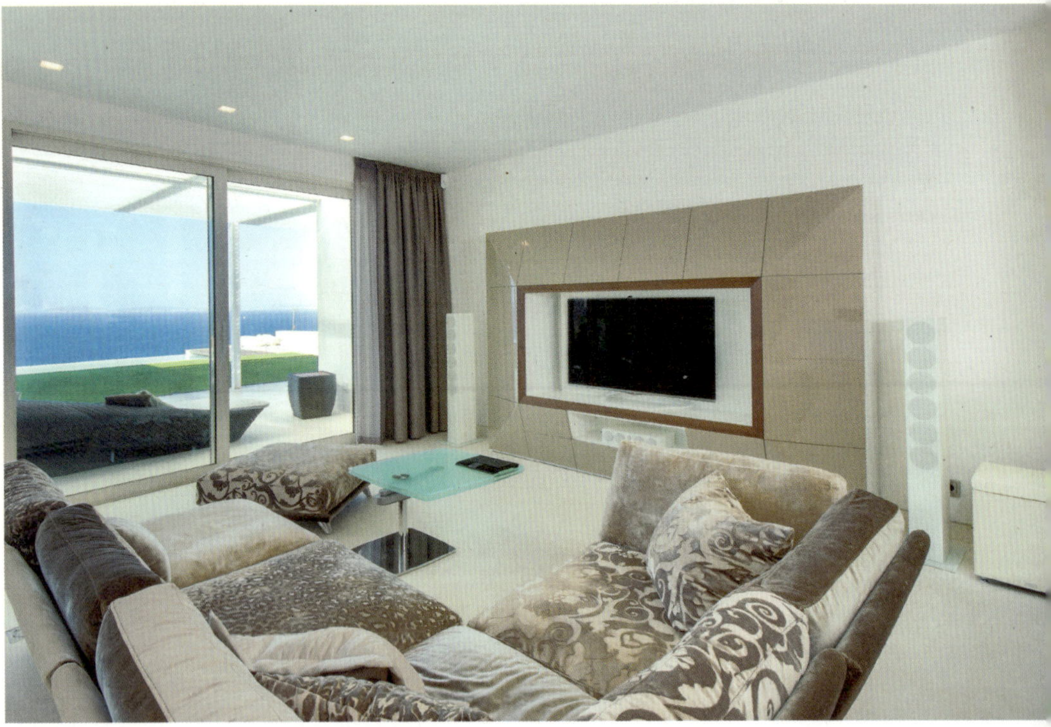

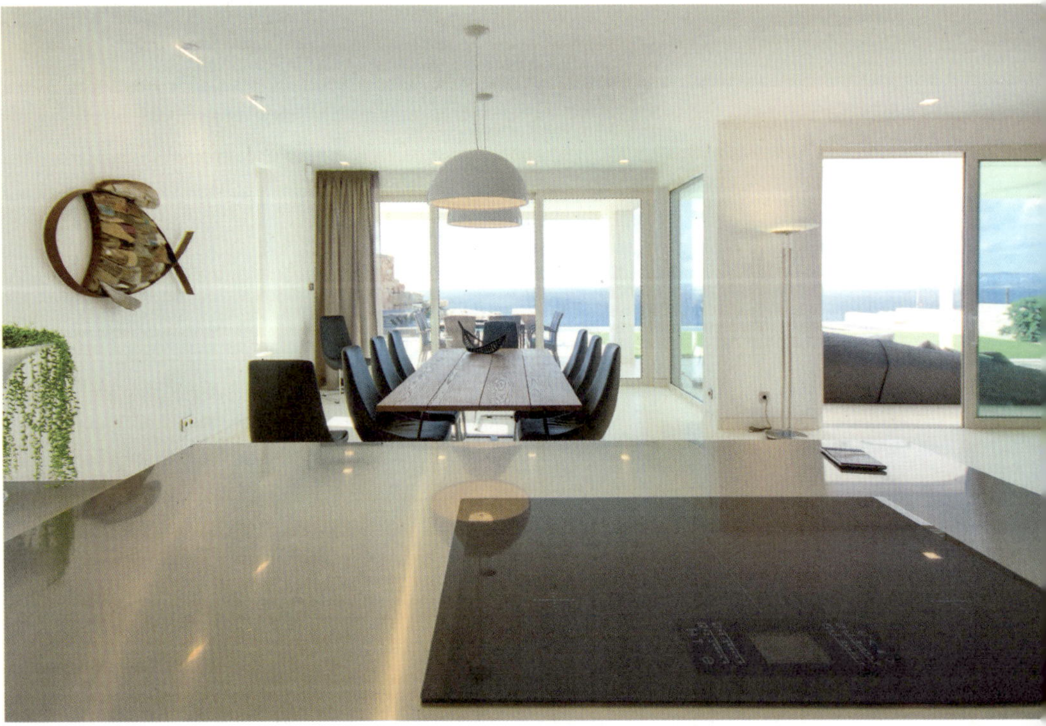

Das Multiroom-System kann sowohl mit freistehenden als auch mit eingebauten Lautsprechern betrieben werden.

VERNETZTER WOHLKLANG

Ein intelligentes Multiroom-Komplett-system, das Musik oder andere Audioinhalte aus der digitalen Sammlung, von herkömmlichen Datenträgern oder direkt aus dem Internet in bester Qualität wiedergibt, ist „Voxnet" von Revox. Das System wird von einem eigenen Server, der auch als Medienspeicher fungiert, auf Ethernet-Basis gesteuert. Diese Serversteuerung macht auch eine smarte Bedienung über Wandbedieneinheiten, Tablets oder Smartphones möglich, ohne dass eine KNX-Installation nötig wäre. Voxnet kann aber auch Befehle anderer Steuerungsprotokolle, zum Beispiel eines Gira Homeservers, ausführen oder in gewissem Umfang Steuerbefehle an andere angeschlossene Komponenten versenden. Anders als ältere Systeme ist Voxnet bereits ganz auf die sich wandelnde Mediennutzung eingestellt, in der physische Ton- und Bildträger kaum noch eine Rolle spielen und Musik- sowie Filmdateien auch nicht mehr auf heimischen Festplatten oder Mobilgeräten gespeichert, sondern nur noch per Online-Streaming genutzt werden. Streaming-Dienste können einfach vom Smartphone oder Tablet an das Voxnetsystem übertragen werden, und das sogar mit der gewohnten nativen Benutzeroberfläche.

Voxnet verspricht eine Musikwiedergabe in bester CD-Qualität, also nicht nur in komprimierten Formaten wie MP3 oder ähnlichem, und zwar absolut zeitsynchron in allen Räumen. Auch Fernsehton kann über mehrere Räume mitlaufen. Eine wahrhaft smarte Lösung für alle Fußballfans: Nie mehr ein Tor verpassen, während man gerade den Getränkenachschub aus der Küche holt. ▪

Foto: Revox Voxnet / Spotify

Smartphone oder Tablet als zeitgemäßer Bedienungsstandard. Mit dem Start der App eines Streaming-Anbieters erklingt die Musik über Voxnet sofort über Lautsprecher.

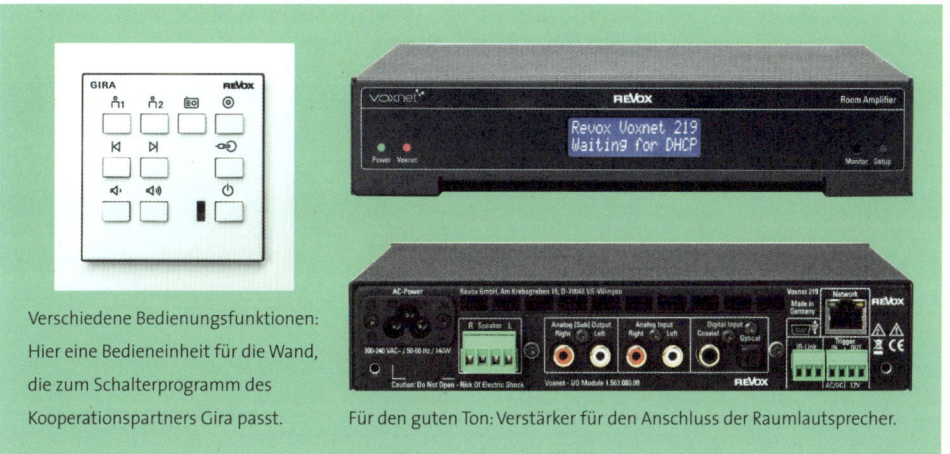

Fotos: Revox Voxnet

Verschiedene Bedienungsfunktionen: Hier eine Bedieneinheit für die Wand, die zum Schalterprogramm des Kooperationspartners Gira passt.

Für den guten Ton: Verstärker für den Anschluss der Raumlautsprecher.

⑧ ENERGIEERZEUGUNG

Sonne un als Ener quellen

Machen Sie sich unabhängiger vom Energiemarkt. Nutzen Sie mit eigenen Erzeugungsanlagen die Kraft regenerativer Energiequellen. Damit schaffen Sie sich ein behagliches Zuhause und sparen Geld.

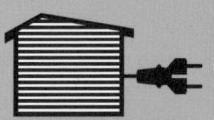

d Wind
gie-
nutzen

KLIMA SCHONEN, GELD SPAREN: IHR HAUS ALS ENERGIEPRODUZENT

Mit der Kraft von Sonne oder Wind produzieren Sie Strom und Wärme selbst.

Gas

Wind

Sonne

Monitoring über Computer

Eigenverbrauch und Speicherung im Elektroauto

Speicherung im Akku

Eigenbedarf im Haushalt

Verkauf an das öffentliche Stromnetz

Im Kapitel 2 dieses Buchs haben wir uns schon einmal recht ausführlich mit der Energieversorgung des Smart Home beschäftigt. Dabei ging es in erster Linie um Energie für Heizung und Warmwasser, wie man für deren Bereitstellung natürliche Wärmequellen der Umwelt nutzen und das Heizsystem dank intelligenter Technik optimieren kann. Während es dabei vor allem um Energieeffizienz, die sparsame Nutzung von Energie, ging, gehen wir in diesem Kapitel einen Schritt weiter und zeigen, wie Ihr Haus sich vom Energieverbraucher zum Energieerzeuger entwickeln kann.

In erster Linie geht es dabei um Erzeugung von elektrischer Energie, ohne die in unserem Alltag gar nichts läuft. Trotz Energiesparmaß-

nahmen bleibt unser Stromverbrauch hoch, denn wir nutzen auch immer mehr Geräte, sei es im Haushalt, zur Unterhaltung oder zur Kommunikation. Um Umwelt und Klima vor Schadstoffen zu schützen, sollen in Zukunft auch immer mehr Autos mit Elektroantrieb statt Benzin- oder Dieselmotor fahren. In dieser Situation sind zwei Dinge wichtig: Erstens, dass der Strom seinerseits aus „sauberen", also weder umweltbelastenden noch gefährlichen Quellen stammt. Zweitens, dass dieser Strom für Sie als Hausbesitzer in Zukunft bezahlbar bleibt. Über steigende Stromrechnungen haben auch Sie vermutlich schon einmal gestöhnt.

UNABHÄNIG VOM STROMLIEFERANTEN WERDEN

Die beiden eben genannten Ziele zu erreichen ist möglich, indem Sie Dach, Fassade oder Außengelände Ihres Hauses mit Solar- oder Windanlagen zur eigenen Stromerzeugung nutzen. Im Keller Ihres Hauses können Sie unter Umständen ein Mini-Blockheizkraftwerk aufstellen, das neben Strom auch noch jede Menge Wärme erzeugt. Es ist jetzt schon möglich, dass Häuser ihren gesamten Energieverbrauch oder sogar mehr selber aus Sonne, Wind oder Kraft-Wärme-Kopplung erzeugen. Rechnerisch sind Sie ▶

IN DIESEM KAPITEL ERFAHREN SIE,

▶ *wie Sie erneuerbare Energien zur Stromerzeugung oder zum Heizen nutzen können*

▶ *unter welchen Voraussetzungen sich Solaranlagen, Windräder oder Mini-Kraftwerke für Ihr Haus lohnen*

▶ *wann Sie den selbst erzeugten Strom selber verbrauchen und wann Sie ihn ins Netz einspeisen sollten*

▶ *wie Sie Überschüsse aus der eigenen Stromproduktion zwischenspeichern können*

▶ *wie Sie mithilfe smarter Steuertechnik Ihre hauseigene Energieproduktion optimieren*

▶ *wie Sie Ihre Energieverbrauchswerte kontinuierlich überwachen und analysieren, um Ihr Nutzungsverhalten anzupassen*

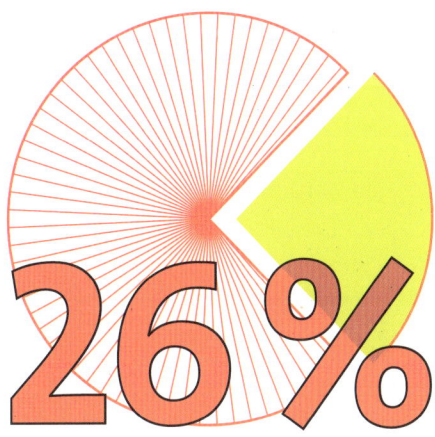

des gesamten Stroms werden mittlerweile durch erneuerbare Energiequellen in Deutschland erzeugt. Quelle: BDEW Stand 12/2014

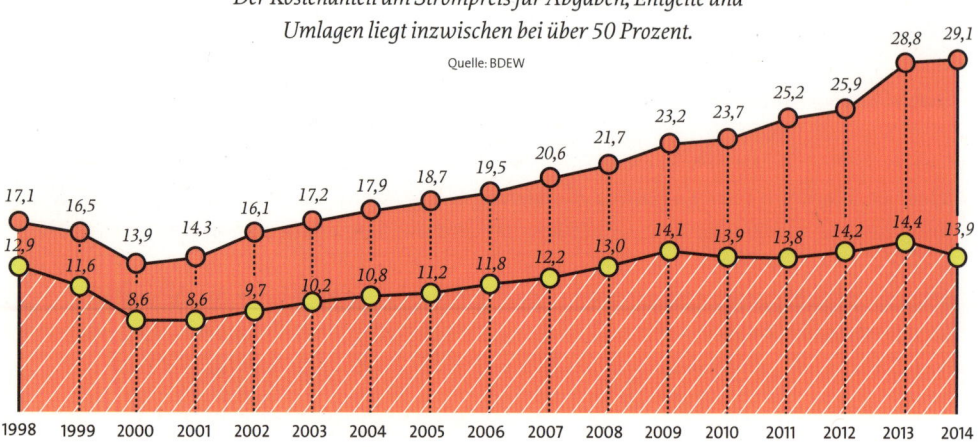

STROMPREISENTWICKLUNG FÜR HAUSHALTE
IN DEN VERGANGENEN 17 JAHREN

Der Kostenanteil am Strompreis für Abgaben, Entgelte und
Umlagen liegt inzwischen bei über 50 Prozent.

Quelle: BDEW

Strompreis brutto
Erzeugung, Vertrieb

damit vom Energieerzeuger unabhängig. In der Praxis hapert es noch daran, Stromproduktion und -verbrauch zeitlich so aufeinander abzustimmen, dass ein Haus tatsächlich vollkommen unabhängig von öffentlichen Versorgungsnetzen wird. Speicher für überschüssig erzeugten Strom, der nicht gleich, aber später verbraucht werden kann, sind eine Lösungsmöglichkeit. Im Verbund damit wird die intelligente Haustechnik immer wichtiger für das Energiemanagement auch im Privathaus: Sie ermöglicht es, alle

STROMERZEUGUNG
ÜBER PHOTOVOLTAIK

Wird ein Solarpanel mit Sonnenlicht bestrahlt,
entsteht durch den photoelektrischen Effekt
eine Gleichspannung. Ein Wechselrichter
wandelt diese in 230-V-Wechselstrom um.

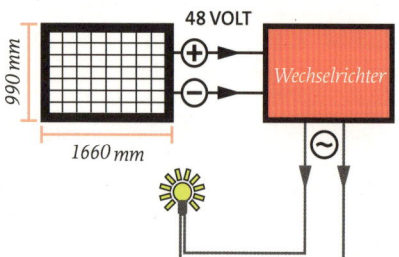

Funktionen im Haushalt so vorausschauend zu planen, dass Sie den Verbrauch von Wärme, Strom und Warmwasser bestmöglich regulieren und effizient und ökonomisch nutzen können. Einige Lösungen wurden bereits in den vorhergehenden Kapiteln vorgestellt. Mittels Smart Metering, von dem schon gelegentlich die Rede war, haben Sie künftig alle Verbrauchsdaten und Verbraucher im Blick, um jederzeit entsprechend nachsteuern zu können.

PHOTOVOLTAIK NUTZT
DIE SONNE ALS ENERGIEQUELLE

Das bekannteste Prinzip, aus regenerativen Quellen Energie zu erzeugen, ist sicher die Photovoltaik (PV). Dabei wird Sonnenlicht von Solarzellen in elektrische Energie umgewandelt. Viele Hausdächer, vor allem in unseren sonnenreicheren Regionen, wurden in den vergangenen Jahren, auch dank breiter Förderung, mit Solarpanelen ausgerüstet. Auch im Freiland, wie zum Beispiel auf ehemaligen Ackerflächen,

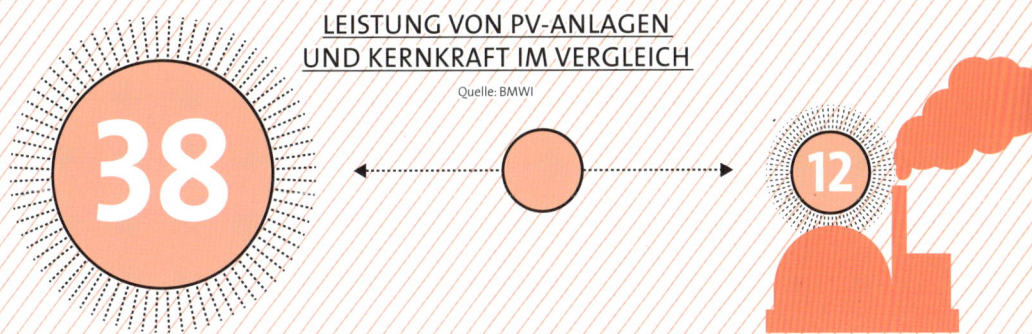

LEISTUNG VON PV-ANLAGEN
UND KERNKRAFT IM VERGLEICH
Quelle: BMWI

*Sämtliche in Deutschland installierten
Photovoltaikanlagen bringen
38 Gigawatt an Leistung.*

*Alle Kernkraftwerke in
Deutschland leisten zusammen
12 Gigawatt.*

werden in großem Stil Solarstromanlagen aufgestellt, die Energie für die Industrie erzeugen. Zwar ist der Zubau von Solaranlagen in Deutschland aufgrund der heruntergefahrenen Förderung deutlich eingebrochen, doch die Zukunft der Energieversorgung mitsamt Energiewende und Verzicht auf Atomstrom ist ohne die Nutzung der Solarkraft nicht denkbar.

Für Photovoltaikanlagen werden Solarzellen, vorwiegend aus dem Material Silizium, einem Halbleiter, eingesetzt. Es handelt sich um winzige Scheiben von wenigen Zehntel oder Hundertstel Millimeter Dicke. Werden sie mit Sonnenlicht bestrahlt, entsteht eine elektrische Gleichspannung zwischen Vorder- und Rückseite, die wie bei einer Batterie genutzt werden kann.

Mehrere Solarzellen werden zu Modulen verdrahtet, die zum Schutz vor Witterung und mechanischer Beanspruchung meist mit einer Glasabdeckung und einer Rückwand gekapselt werden. Die Module wiederum werden zu einem Solargenerator verschaltet, der auf dem Dach oder an der Fassade eines Hauses angebracht wird. Zur Anlage gehört außerdem ein Wechselrichter: Er wandelt die Gleichspannung des Solargenerators in die für die Nutzung erforderliche 230-Volt-Wechselspannung um.

IST IHR HAUS SOLARFÄHIG?

Eine Solarstromanlage auf dem Dach – oder auch der Fassade – macht natürlich nur Sinn, wenn das Haus und sein Standort bestimmte Voraussetzungen erfüllen. Letzterer muss keineswegs in den sonnenverwöhnten Gegenden Süddeutschlands liegen, auch in anderen Regionen sind gute Solarerträge möglich – vorausgesetzt, das Haus ist entsprechend ausgerichtet und nicht allseits verschattet. Wer ein bestehendes Haus nachrüsten will, findet für viele Städte und Gemeinden sogenannte Solarkataster im Internet. Diese interaktiven Karten geben Auskunft darüber, ob und an welchen Gebäudeteilen sich Photovoltaik- und auch Solarwärmeanlagen lohnen würden.

Wenn Sie Ihr Smart Home neu bauen, können Sie es von vornherein auf die Solarnutzung vorbereiten. Wenn Sie die Wahl haben, dann ist die südliche Dachhälfte bei einem in Ost-West-Richtung verlaufenden Giebel optimal geeignet. Es sollten möglichst keine Antennen, Aufbauten oder Lüftungsrohre hinausragen. Genaueres erfahren Sie in einer Solarberatung, die sehr zu empfehlen ist. Es gibt fast immer mehr als eine Möglichkeit, Solarmodule am Haus zu installieren.

Photovoltaikanlage

Wechselrichter

DAS PRINZIP VON PHOTOVOLTAIKANLAGEN

▲

Eine Insel-Anlage empfiehlt sich nur,
wenn der Anschluss des Objekts an ein Stromnetz
nicht möglich oder zu aufwendig wäre.

Im Normalfall sind PV-Anlagen auch ans öffentliche
Stromnetz angeschlossen. So kann überschüssiger
Strom eingespeist und in sonnenarmen Zeiten
Netzstrom bezogen werden.

▼

FAST IMMER MIT NETZANBINDUNG

Für die Nutzung von Solarkraft zur Stromerzeugung werden grundsätzlich zwei Anlagenmodelle unterschieden: Eine Insel-Anlage dient der autarken Versorgung eines Hausnetzes mit Strom, ohne Anschluss ans öffentliche Stromnetz. Das ist aber höchstens für kleinere Objekte, bei denen ein Anschluss ans Netz nicht möglich oder schlicht zu aufwendig wäre, interessant, etwa für Gartenlauben, Wochenendhäuser, Jagdhütten oder Wohnmobile.

Ansonsten wird fast immer auch ein Netzanschluss vorhanden sein. Zum einen, weil es selbst bei rechnerischer Selbstversorgung immer noch Zeiten geben kann, zu denen die eigene Anlage vorübergehend wetterbedingt zu wenig Strom produziert, um den akuten Bedarf zu decken. Das kann trotz aller cleveren Technik auch im Smart Home der Fall sein. Umgekehrt besteht natürlich die Möglichkeit, den Überschuss an

Photovoltaikanlage

Wechselrichter

WECHSELRICHTER

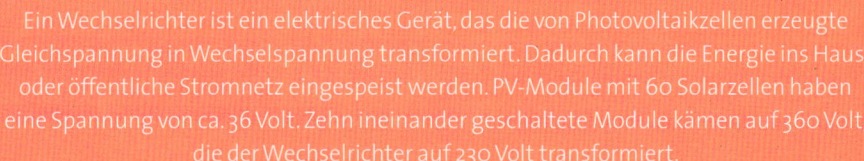

Ein Wechselrichter ist ein elektrisches Gerät, das die von Photovoltaikzellen erzeugte Gleichspannung in Wechselspannung transformiert. Dadurch kann die Energie ins Haus- oder öffentliche Stromnetz eingespeist werden. PV-Module mit 60 Solarzellen haben eine Spannung von ca. 36 Volt. Zehn ineinander geschaltete Module kämen auf 360 Volt, die der Wechselrichter auf 230 Volt transformiert.

Strom, den man nicht selbst verbraucht, in das Netz des öffentlichen Energieerzeugers einzuspeisen. Für jede eingespeiste Kilowattstunde zahlt der Staat über 20 Jahre lang einen feststehenden Vergütungssatz.

EINSPEISE-VERGÜTUNG

JAHR	ct./kWh
2001	50,62 ct.
2002	48,10 ct.
2003	45,70 ct.
2004	57,40 ct.
2005	54,58 ct.
2006	51,80 ct.
2007	49,20 ct.
2008	46,75 ct.
2009	43,01 ct.
2010	39,14 ct.
2011	28,74 ct.
2012	24,43 ct.
2013	17,02 ct.
2014	12,88 ct.

EIGENVERBRAUCHS-VERGÜTUNG

JAHR	ct./kWh
2009	43,01 ct.
2010	39,14 ct.
2011	28,74 ct.
2012	24,43 ct.
2013	12,43 ct.
2014	15,00 ct.

Seit der EEG-Novelle 2012 ist die zukünftige Entwicklung der Einspeisevergütung nicht mehr ohne Weiteres vorhersagbar.
Quelle: BMWi

LOHNT SICH DAS INVESTMENT NOCH?

Allerdings wird diese Einspeisevergütung für Neuanlagen von Monat zu Monat geringer. Im Mai 2015 liegt sie für kleine bis mittlere PV-Anlagen nur noch bei etwas mehr als 12 Cent pro Kilowattstunde – kein Vergleich mehr zu den Beträgen von 30 Cent und mehr, die vor wenigen Jahren noch für Schlagzeilen wie „Rendite mit der Sonne!" sorgten. Vor dem Hintergrund des unerwarteten Booms beim Anlagenbau wurde die Förderung 2012 mit einer Novelle des „Erneuerbare-Energien-Gesetzes" (EEG) stark zurückgefahren.

Das heißt jedoch nicht, dass sich die Investition in den Sonnenstrom nicht mehr lohnen würde. Nur wird es statt einer Einspeisung ins Netz immer interessanter, den Strom selber zu verbrauchen. Das liegt vor allem daran, dass Photovoltaikanlagen im Laufe der Jahre immer günstiger geworden sind. Anschaffungs- und Installationskosten liegen mittlerweile auf die Kilowattstunde erzeugten Strom umgerechnet nur noch zwischen 10 und 13 Cent. Der Preis für eine Kilowattstunde, die Sie beim Stromanbieter kaufen, liegt dagegen 2015 bei rund 30 Cent. Der Eigenverbrauch bringt Ihnen also eine satte Ersparnis. Zudem gibt es auch noch Fördermöglichkeiten in Form günstiger Kredite oder Zuschüsse für die Anlage.

EINSPEISUNG INS STROMNETZ UND EIGENVERBRAUCH

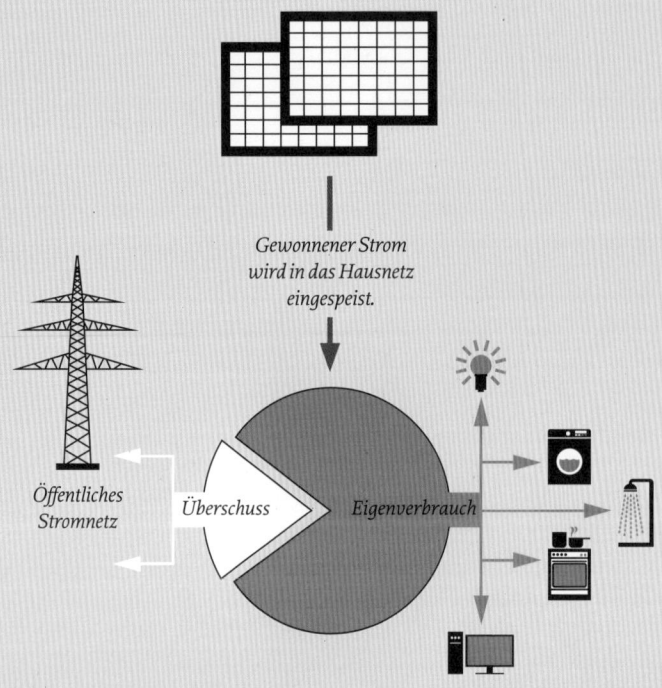

Gewonnener Strom
wird in das Hausnetz
eingespeist.

Öffentliches
Stromnetz

Überschuss

Eigenverbrauch

EIGENVERBRAUCH UND ZUSCHUSS AUS DEM STROMNETZ

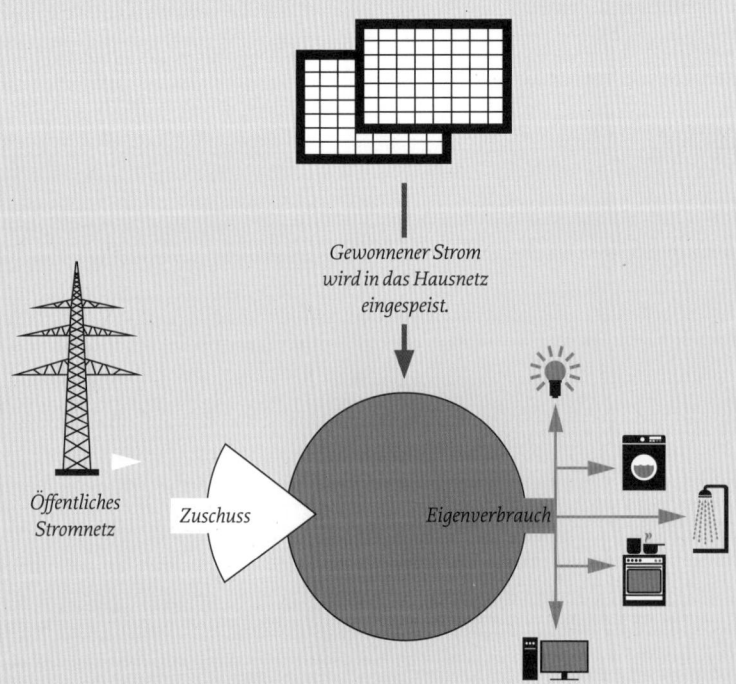

Gewonnener Strom
wird in das Hausnetz
eingespeist.

Öffentliches
Stromnetz

Zuschuss

Eigenverbrauch

EIGENVERBRAUCH VOR EINSPEISUNG

Um eine Photovoltaikanlage wirtschaftlich zu betreiben, ist das Ziel derzeit also nicht mehr, Überschuss um jeden Preis zu produzieren, sondern vor allem, den Anteil des Eigenverbrauchs zu steigern. Erst ins Hausnetz, dann ins öffentliche Stromnetz – so lautet die Devise. Oder, andersherum betrachtet: So viel Strom wie möglich vom eigenen Hausdach verwenden, so wenig wie nötig aus dem Netz zukaufen.

Um dieses Ziel der Selbstversorgung zu erreichen, fehlt es lange Zeit noch an geeigneten und bezahlbaren Speichermöglichkeiten für Strom in privaten Häusern. Da inzwischen auch die Solar-Akku-Speicher immer günstiger werden, stehen die Chancen für die autarke Stromversorgung in Zukunft gut – ganz besonders im Smart Home.

GEBÄUDEINTEGRIERTE PHOTOVOLTAIKANLAGEN

Am Anfang steht natürlich eine clevere Anlagenplanung. Je besser Sie die an Ihrem Standort verfügbare Sonneneinstrahlung ausnutzen, desto lohnender ist die Investition. Bei der Planung eines Neubaus sollten Sie als optimale Lösung auch eine „gebäudeintegrierte" Photovoltaikanlage mit in Betracht ziehen. Das Dach besteht dann praktisch komplett aus dunklen Solarmodulen, die um Dachfenster, Solarkollektoren für die Wärmegewinnung und Blindplatten für sonstige Einbauten ergänzt werden können. Diese Konzeption verleiht dem Smart Home gleichzeitig auch ein ästhetisch hochwertiges Erscheinungsbild. Da das Dach vollständig mit den Solarpanelen eingedeckt wird, sparen Sie die übliche Ziegel-, Dachstein- oder Metalleindeckung. Es muss aber auf eine gute Belüftung des Unterdachs geachtet werden, denn die integrierten Dachmodule können sich relativ stark aufheizen. Indach-Lösungen sind in der Regel etwas teurer als aufgeständerte Varianten, wie sie zum Beispiel für Flachdächer in Frage kommen. Ähnlich wie auf dem Dach können Solarmodule auch in ▶

MONTAGE VON PV-ANLAGEN

Quelle: SolarTeam 3-Ländereck

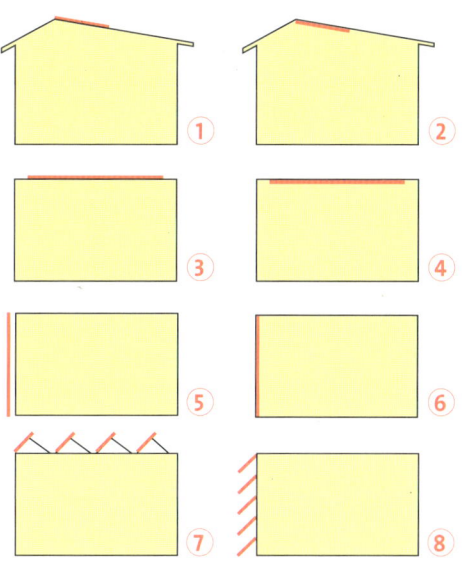

1 Photovoltaikanlage auf dem Dach
2 Im Dach integrierte Photovoltaikanlage
3 Photovoltaikanlage auf dem Flachdach
4 Im Flachdach integrierte Photovoltaikanlage
5 Photovoltaikzellen an der Fassade
6 Fassadenintegration von Photovoltaikzellen
7 Schräge Dachmontage der Photovoltaikzellen
8 Schräge PV-Montage im Eingangsbereich

Foto: Dach.de

Ins Dach integriert erzeugen Solarmodule nicht nur Strom, sondern lassen das Haus auch gut aussehen.

die Fassadenverkleidung integriert werden. Je nach Ausrichtung ist eine Hauswand manchmal durchaus der ertragreichere Standort.

Interessant ist unter Umständen auch die Verwendung von sogenannten Dünnschichtmodulen, deren Zellen auf einer etwas anderen Technologie basieren als die herkömmlichen Siliziumzellen. Die extrem geringe Stärke macht sie besonders geeignet für Einbaulösungen. Zudem produzieren sie nicht nur bei voller Sonneneinstrahlung, sondern auch bei diffusem Licht. So liefern sie auch an trüben Tagen oder an Standorten, die beispielsweise eher morgens oder abends beschienen werden, ansehnliche Erträge.

SOLARTHERMIE ALS ENERGIEPLUS

Wie schon im Zusammenhang mit Heizungssystemen besprochen, lässt sich die Sonneneinstrahlung auch direkt als Wärmequelle für Ihr Haus nutzen, beispielsweise zur Warmwasserbereitung. Deshalb lohnt es sich, zusätzlich zur Photovoltaik auch noch eine Solarthermieanlage auf dem Dach zu installieren. Es gibt mittlerweile auch Hybridsysteme, das heißt, Anlagen, die sowohl Solarzellen für die Photovoltaik wie Solarkollektoren für die Wärmegewinnung beinhalten.

Ihre Solarthermieanlage wiederum können Sie optimal mit einem Heizsystem auf Basis einer Wärmepumpe oder eines Pelletkessels kombinieren. Die Sonnenstrahlen erwärmen in den

Foto: Onyx Solar Energy S.L.

Gebäude mit integrierten Photovoltaikzellen in der Fassade sind die Zukunft. Für den flächendeckenden Einsatz im privaten Smart Home sind sie derzeit noch recht teuer.

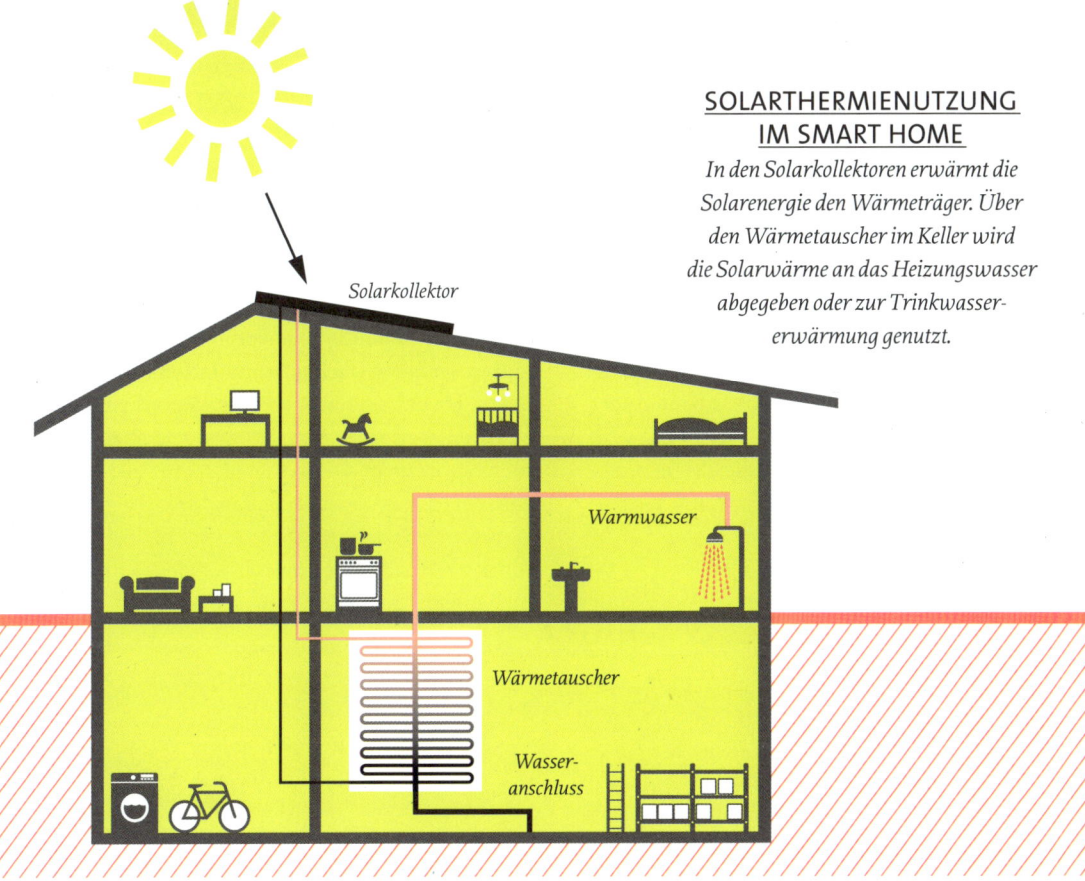

SOLARTHERMIENUTZUNG
IM SMART HOME

*In den Solarkollektoren erwärmt die
Solarenergie den Wärmeträger. Über
den Wärmetauscher im Keller wird
die Solarwärme an das Heizungswasser
abgegeben oder zur Trinkwasser-
erwärmung genutzt.*

Solarkollektor

Warmwasser

Wärmetauscher

Wasser-
anschluss

Kollektoren einen Wärmeträger, meist aus Sole, Luft oder Wasser. Über den Wärmetauscher im Hausspeicher wird die Solarwärme an das Heizungswasser abgegeben oder zur Erwärmung von Gebrauchswasser genutzt. Es gibt Solarkollektoren ausschließlich für die Warmwasserbereitung und Anlagen für Warmwasserbereitung und Heizungsunterstützung. Kleinere Komplettanlagen zur Warmwasserbereitung sind bereits für wenige Tausend Euro zu haben. Teurer wird es, wenn die Solarthermieanlage auch die Heizung unterstützen soll.

DER WIND ALS ALTERNATIVE ENERGIEQUELLE

Die Stromerzeugung durch Windkraft spielt im Vergleich zur Solarenergienutzung im privaten Bereich eine eher untergeordnete Rolle – im Gegensatz zu ihrer Bedeutung für die allgemeine Stromversorgung, die ja auch ein gesellschaft-

lich umstrittenes Thema ist. Bei Masthöhen zwischen zehn und 25 Metern bei privaten Windrädern dürfte hier die Diskussion um die Beeinträchtigung des Landschaftsbilds allerdings gar nicht erst entstehen.

Strom durch Windkraft wird erzeugt, indem die Bewegungsenergie des Winds von den Rotorblättern eines Windrads in eine Drehbewegung übersetzt wird, die wiederum einen Generator im Inneren der Windrad-Gondel zur Stromerzeugung antreibt. Die im Gegensatz zu den großen Windparks relativ unbekannten kleinen Windkraftanlagen für das Hausdach oder den Garten erreichen eine Leistung von fünf bis sechs Kilowatt und sind für die Eigenversorgung geeignet. Meist sind sie eher in ländlichen und wenig bewohnten Gebieten anzutreffen.

Wenn Sie sich für eine Windkraftanlage interessieren, dann sollten Sie vor einer Installation jedoch zuerst die aktuellen rechtlichen ▶

▶ Voraussetzungen bezüglich Bauordnung und Genehmigungspflicht klären. Die Regelungen können von Bundesland zu Bundesland unterschiedlich sein. Gegebenenfalls müssen Sie, abhängig von der Größe der Anlage, einen Bauantrag stellen. Außerdem sollten Sie ungefähr über die durchschnittliche Windgeschwindigkeit in Ihrer Region Bescheid wissen. Denn wenn in unmittelbarer Nähe Ihres Hauses viele hohe Bäume oder Gebäude stehen, wird ein Windradkraftwerk nicht so sinnvoll sein. Der stark standortabhängige Ertrag ist allerdings relativ schwierig zu kalkulieren.

VARIANTEN MIT HORIZONTAL- ODER VERTIKAL-WINDRAD

Grundsätzlich gibt es zwei Bauformen, die sich in der Rotorposition zum Mast unterscheiden. Bei Vertikal-Windrädern stehen die Blätter senkrecht zur Achse. Sie funktionieren auch bei wechselnden Windrichtungen oder in Ballungsräumen problemlos und können auf dem Dach oder im Garten Ihres Smart Home installiert werden. Sie sehen zum Teil auch recht attraktiv aus, sind aber nicht so effizient wie Windräder mit horizontaler Achse. Letztere laufen bereits bei geringen Windgeschwindigkeiten an, bei mittleren Windstärken müssen Sie vielleicht mit lauteren Laufgeräuschen rechnen.

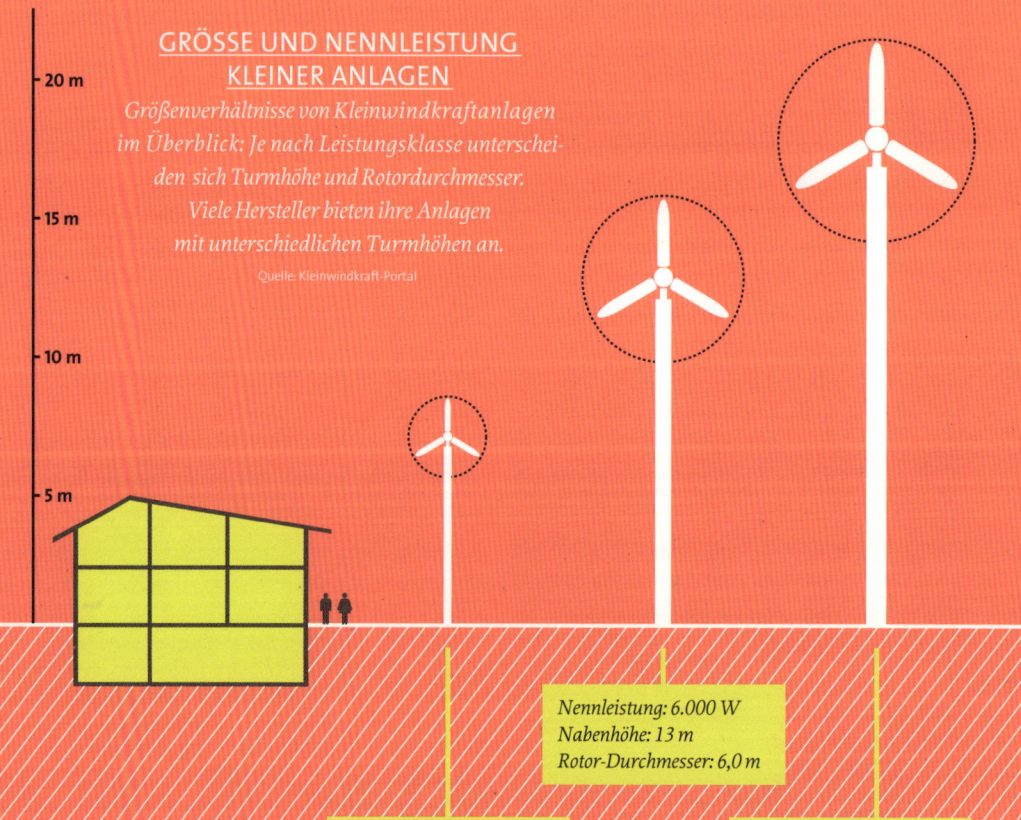

GRÖSSE UND NENNLEISTUNG KLEINER ANLAGEN

Größenverhältnisse von Kleinwindkraftanlagen im Überblick: Je nach Leistungsklasse unterscheiden sich Turmhöhe und Rotordurchmesser. Viele Hersteller bieten ihre Anlagen mit unterschiedlichen Turmhöhen an.

Quelle: Kleinwindkraft-Portal

20 m
15 m
10 m
5 m

Nennleistung: 6.000 W
Nabenhöhe: 13 m
Rotor-Durchmesser: 6,0 m

Nennleistung: 1.500 W
Nabenhöhe: 7 m
Rotor-Durchmesser: 2,86 m

Nennleistung: 9.800 W
Nabenhöhe: 18 m
Rotor-Durchmesser: 7,13 m

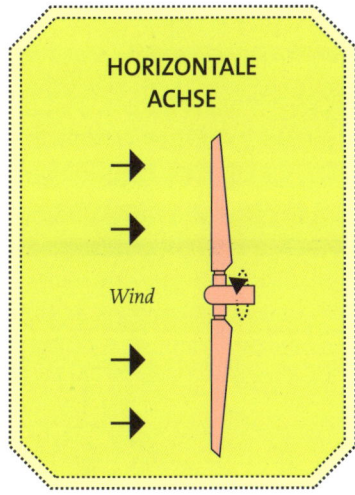

HORIZONTALE ACHSE

Wind

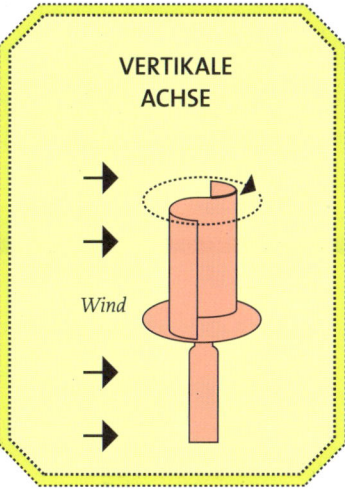

VERTIKALE ACHSE

Wind

Erneuerbare Energie aus der Kraft des Windes: Mit kleinen Windrädern ist das Prinzip auch im Smart Home nutzbar.

WIRTSCHAFTLICHKEIT DER WINDKRAFTANLAGEN

Kleine Windkraftanlagen werden oft eher aus ökologischen als wirtschaftlichen Beweggründen betrieben. An windstarken Standorten können sie sich durchaus lohnen, allerdings nur, wenn ein großer Teil des Stroms selber verbraucht wird und so die Kosten für den Stromeinkauf gespart werden können. Zwar gibt es auch für Strom aus Windkraft eine Einspeisevergütung, die mit derzeit weniger als 9 Cent deutlich niedriger ausfällt als die Ersparnis durch Eigenverbrauch. Sinnvollerweise speisen Sie also nur einen eventuellen Überschuss aus der Eigenproduktion ins Netz ein.

Interessant könnte auch eine Hybridlösung aus Photovoltaik und Windkraft sein: In sonnenreichen Monaten kann die Photovoltaikanlage mehr Strom produzieren, in windstarken Herbst- und Wintermonaten die Windkraftanlage.

Foto: Solar-Wind-Team

Das kleine Windrad hat eine Nennleistung von 350 Watt.

BLOCKHEIZKRAFTWERK (BHKW)

Blockheizkraftwerke arbeiten nach dem Prinzip der Kraft-Wärme-Kopplung (KWK): Ein Verbrennungsmotor treibt einen Stromgenerator an, die Abwärme der Stromerzeugung wird als Heizwärme für Wohngebiete oder Häuser genutzt. Unterhalb einer Leistung von 50 kW spricht man von Mini-, Micro- oder Nano-BKHW.

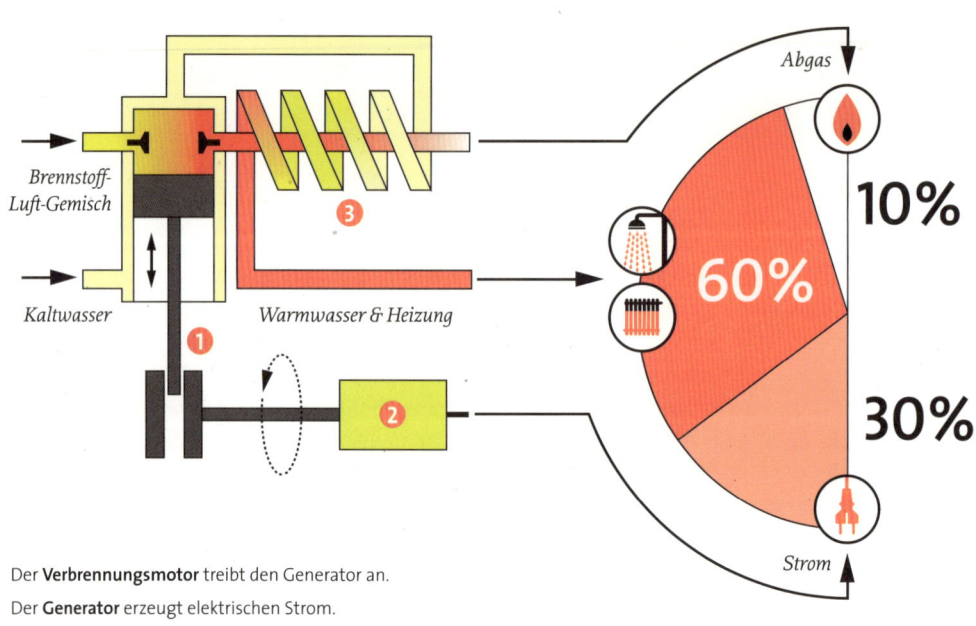

1 Der **Verbrennungsmotor** treibt den Generator an.
2 Der **Generator** erzeugt elektrischen Strom.
3 Der **Abgaswärmetauscher** erzeugt Wärme.

Quellen: Peter Lehmacher / Wikipedia, Heizungsfinder

EIN KLEINES HEIZKRAFTWERK IM KELLER

Eine weitere Möglichkeit, im eigenen Haus Energie zu erzeugen, ist ein kleines Blockheizkraftwerk (BHKW) im Keller. Diese kompakten Anlagen sind quasi Miniaturausgaben großer Heizkraftwerke und arbeiten nach dem gleichen Prinzip der Kraft-Wärme-Kopplung (KWK): Ein von einem Verbrennungsmotor angetriebener Generator erzeugt Strom. Dabei entsteht gleichzeitig Wärme, die zum Heizen genutzt werden kann. Bei einem großen Kraftwerk geht sie ins Nah- oder Fernwärmenetz, beim Kleinstkraftwerk wird das einzelne Haus damit beheizt.

In den letzten Jahren wurden immer kleinere BHKWs entwickelt, vom Mini- über das Mikro- bis zum Nano-BHKW, das sich auch fürs Einfamilienhaus eignet. Zwar wird der Motor auch bei den kleinen BHKWs überwiegend noch mit fossilen Energieträgern wie Gas oder Öl befeuert. Doch weil die eingesetzte Energie sehr effizient in Strom und Wärme umgewandelt wird, liegt die KWK als alternative Energieerzeugung sehr im Trend und wird auch vom Staat gefördert. Anlagen, die mit regenerativen Energieträgern wie Biogas, Biodiesel, Rapsöl oder Holzpellets betrieben werden können, sind derzeit bis auf wenige Ausnahmen noch in der Testphase.

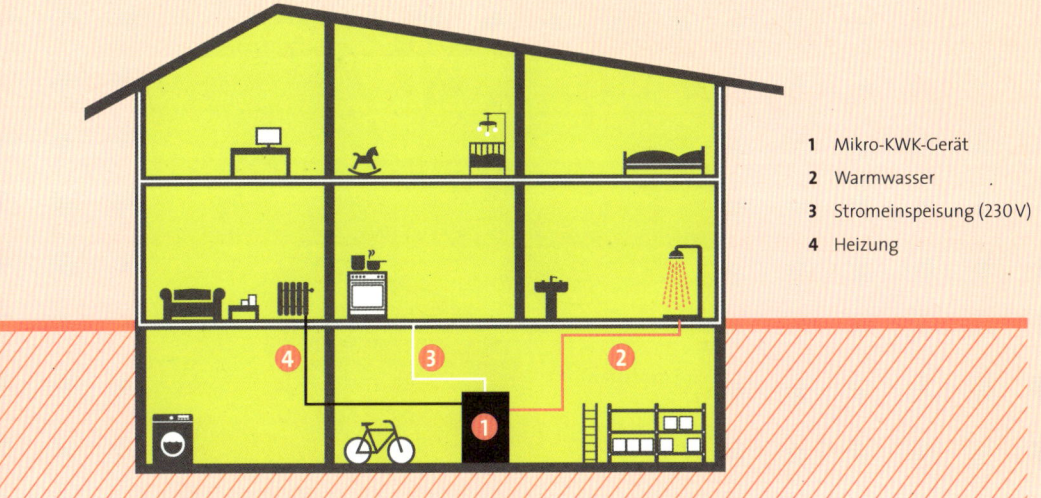

1 Mikro-KWK-Gerät
2 Warmwasser
3 Stromeinspeisung (230 V)
4 Heizung

STROM UND WÄRME FÜR DAS EINFAMILIENHAUS

*In einem Mikro-KWK treibt ein Verbrennungsmotor den Stromgenerator an.
So wird Wärme für Heizung und Warmwasserbereitung erzeugt und gleichzeitig
Strom für den gesamten Haushalt geliefert.*

Foto: Viessmann

Im Wirschaftsraum Ihres Smart Home könnte ein kompaktes Mikro-KWK-Gerät seinen Platz finden.

DAS RICHTIGE VERHÄLTNIS VON STROM UND WÄRME

Es ist natürlich eine feine Sache, den Haushalt aus einer einzigen Anlage – oft nicht größer als eine Waschmaschine – mit Strom und Heizwärme zu versorgen. Allerdings produzieren die kleinen Kraftwerke nur bei langen Laufzeiten genügend Strom und liefern somit mehr Wärme, als ein Haushalt benötigt. Immerhin sind bereits Mikro-KWK-Geräte auf dem Markt, die schon bei relativ geringer Wärmeabgabe ihre volle elektrische Leistung erreichen, mit einer Leistung von 1 kW Strom auf 2,5 kW Wärme (Quelle: Öko-Test). Diese Kleinstgeräte werden auch als Nano-BHKWs bezeichnet. Eine vierköpfige Familie, die ihren Strombedarf von 5.000 kWh decken will, erhält damit gleichzeitig 12.500 kWh Wärme. Bei einem älteren Haus mit ca. 140 m² Wohnfläche mag diese Wärmemenge dem Verbrauch entsprechen. Handelt es sich aber um einen nach aktuellem Standard gedämmten

60%

80%

STROM-WÄRME-
VERHÄLTNIS
*bei Blockheizkraftwerken (links)
und bei Mikro-BKHWs (unten).
Legende:
Wärme (rot) und Strom (gelb)*

▶ Neubau, dann erinnert das doch eher an die Fahrt mit einem Porsche zum Briefkasten.

Es sei denn, Sie brauchen aus anderen Gründen sehr viel Wärme. Sie möchten sich in Ihrem Smart Home den Luxus eines beheizten Swimmingpools leisten? Oder Sie wollen ein Zweifamilien- oder Mehrgenerationenhaus bauen? Dann wäre die „stromerzeugende Heizung", wie die Anlagen auch genannt werden, ebenso eine gute Option wie im historischen Gebäude, das aus Denkmalschutzgründen nicht gedämmt werden darf.

AUCH HIER GILT: EIGENNUTZUNG VOR EINSPEISUNG

Sie können ein kleines BHKW auch gut mit einer Photovoltaikanlage kombinieren. Die übernimmt dann im Sommer tagsüber die Stromerzeugung, das BHKW läuft nur in den frühen Morgenstunden oder am späten Abend, wenn die Sonne nicht scheint. Mit einem Pufferspeicher reichen diese Laufzeiten aus, um den Warmwasserbedarf zu decken.

Da Mikro- und Nano-BHKW im Anschaffungspreis deutlich über anderen Heizungsanlagen liegen, sollte man sich bezüglich der Rentabilität vorher ausführlich beraten lassen. Es gibt auch staatliche Fördergelder für die Anschaffung. Die Betriebskosten dagegen sind gering. Wie bei der Photovoltaik gilt auch hier: So viel Strom wie möglich selber verbrauchen. Auch hier liegt der „Gewinn" in der Ersparnis des Stromkaufs und nicht in der geringen Vergütung, die Sie pro Kilowattstunde bei Einspeisung von BHKW-Strom ins Netz erhalten.

ANGEBOT UND NACHFRAGE

Ein Problem mit den erneuerbaren Energieressourcen ist leider die Abhängigkeit ihres Ertrags von Tageszeit, Jahreszeit und Witterung. Der Wind weht nicht unbedingt dann, wenn wir die Waschmaschine laufen lassen wollen, am meisten Sonnenstrom gibt's am Mittag, aber dann ist vielleicht niemand zuhause. Mal ist zu viel, mal zu wenig Energie da. Wer unter diesen Umständen den Eigenverbrauch steigern und nicht ständig Strom einspeisen oder zukaufen will, muss sich eine clevere Lösung einfallen lassen. Eine davon ist, mit überschüssigem Sonnenstrom eine Wärmepumpe zu betreiben. Sie kann tagsüber das Wasser im Pufferspeicher erwärmen, das dann abends gebraucht wird. Man kann sogar direkt mit Photovoltaikstrom heizen, ohne Einsatz einer Wärmepumpe. Das ist jedoch eine umstrittene Lösung, denn Wärme aus Strom zu erzeugen ist keine besonders effiziente Form von Energienutzung.

FLEXIBLE STROMNUTZUNG MIT AKKU

Die bessere Lösung ist natürlich – wir haben es schon mehrfach angedeutet – ein Energiespeicher, in den tagsüber produzierter Strom einfließt, der abends verbraucht werden kann. Damit machen Sie sich ein ganzes Stück unabhängiger von den Stromversorgern.

Stromspeicher in geeigneten Dimensionen für den Privathaushalt sind erst seit ein paar Jahren auf dem Markt und sie sind immer noch recht teuer. Zwar sinken die Preise bereits, aber unter rein wirtschaftlichen Gesichtspunkten lohnt sich die Anschaffung in vielen Fällen nicht. Als Anreiz gibt es aber seit 2013 über die staatliche KfW Bankengruppe günstige Kredite und Zuschüsse für Photovoltaikbetreiber, die einen Batteriespeicher an ihr System anschließen.

Die Speicherakkus können elektrisch entweder „vor" oder „nach" dem Wechselrichter angeschlossen werden. Wenn Speicher nachgerüstet werden, bietet sich Letzteres ▸

SOLARSTROMSPEICHER

Mit diesen Anlagen kann der Bedarf an Strom (hier am Beispiel des Jahresverbrauchs eines Vierpersonenhaushalts: 4.500 kWh/a, PV-Anlage 5 kWp, nutzbare Speicherkapazität 4 kWh) stark reduziert werden. Quelle: Fraunhofer ISE, Quaschning HTW Berlin, BSW-Solar

SOLARSTROM- ANLAGE & SPEICHERSYSTEM

60%

Ersparnis

OHNE SOLARSTROM- ANLAGE

MIT SOLARSTROM- ANLAGE

30%

Ersparnis

Solarspeicher

GLEICHSTROM

Als Gleichstrom wird elektrischer Strom bezeichnet, der seine Stärke und Richtung nicht ändert.

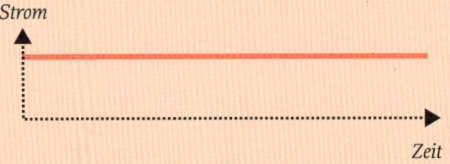

WECHSELSTROM

Im Gegensatz zum Gleichstrom ändert Wechselstrom ständig seine Stärke und Richtung.

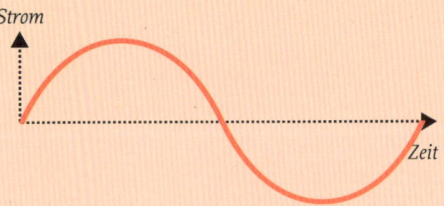

STROMERZEUGUNG ÜBER PHOTOVOLTAIK UND SPEICHERUNG IM AKKU

Übersicht über Stromerzeugung, Umwandlung im Wechselrichter und Akkuspeicherung. Bei Bedarf wird der Strom gleich im Haushalt verwendet, sonst im Akku gespeichert. Weiterer Überschuss kann ins Netz eingespeist werden.

an, weil dann kein neuer Wechselrichter nötig ist. Da die Akkus aber grundsätzlich Gleichstrom laden, benötigen sie in diesem Fall einen Konverter, um den Wechselstrom wieder in Gleichstrom zu wandeln. Beim Entladen der Batterie wird dann wieder in Wechselstrom gewandelt. Der Wirkungsgrad ist ein wenig geringer als bei der Installation des Speichers im Gleichstromkreis.

LITHIUM-IONEN- ODER BLEI-SÄURE-SPEICHER

Akkusysteme unterscheiden sich nicht nur hinsichtlich des Installationsstandorts, sondern auch, was den jeweiligen Batterietyp anbelangt.

Relativ neu sind Lithium-Ionen-Akkus, wie sie auch in Handys und Smartphones verwendet werden. Sie lösen die etablierten Blei-Säure-Speicher immer mehr ab. Die Lithium-Ionen-Speicher sind langlebiger, im Moment aber noch deutlich teurer als die Blei-Säure-Speicher. Wegen des günstigeren Preises sind Blei-Säure-Akkus trotz der Nachteile wie begrenzte Kapazitätsnutzung, Lebensdauer oder hohes Gewicht momentan

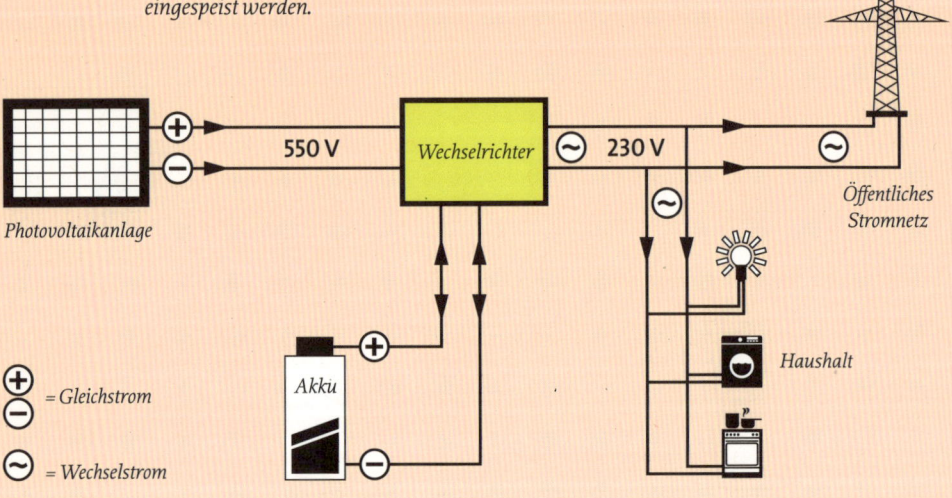

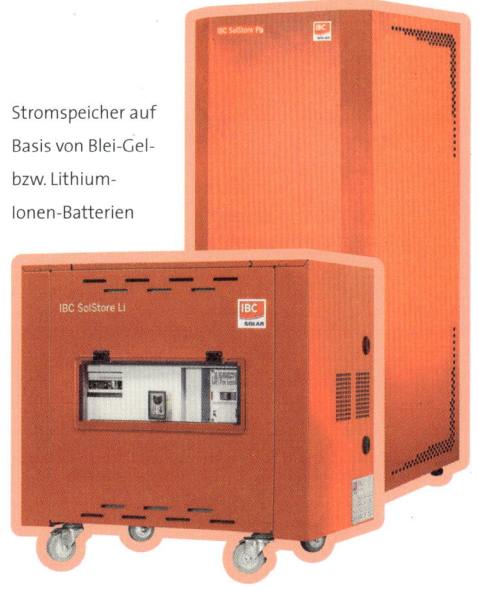

Stromspeicher auf Basis von Blei-Gel- bzw. Lithium-Ionen-Batterien

Fotos: IBC Solar

ELEKTROFAHRZEUGE IN DEN STROMKREISLAUF INTEGRIEREN

Neben den Akkus im Keller gibt es eine weitere, sehr interessante Möglichkeit, Energie zu speichern: Ein Elektroauto als die ideale Ergänzung zum Smart Home! Sie können es einfach als Akku benutzen, um Stromüberschüsse zwischenzuspeichern und auch noch Auto fahren, ohne die Umwelt zu verschmutzen und das Klima zu belasten.

Der Akku eines Elektroautos kann jedoch nicht nur Strom zum Eigenverbrauch speichern. Mit der Vehicle-to-Grid-Technik ist zudem die Einbindung solcher Fahrzeuge ins öffentliche Stromnetz möglich. Stromaufnahme und -abgabe können deutlich flexibler und effizienter gehandhabt werden. Nachts laden Elektroautos günstigen Strom und speisen ihn tagsüber zur Entlastung von Verbrauchsspitzen ins Stromnetz ein. Ihre Besitzer können über Preisdifferenzen im An- und Verkauf am Strommarkt Geld verdienen – ein weiterer Vorteil künftiger Elektromobilität.

noch wirtschaftlicher. Für den Verbrauch einer vierköpfigen Familie sollte der Akku etwa eine Speicherkapazität von 8 kWh haben.

INTEGRATION EINES ELEKTROAUTOS

Das elektrisch betriebene Auto ist perfekt zur Einbindung in das Smart Home geeignet. Der Akku kann direkt mit Strom aus der Photovoltaikanlage vom Dach geladen werden.

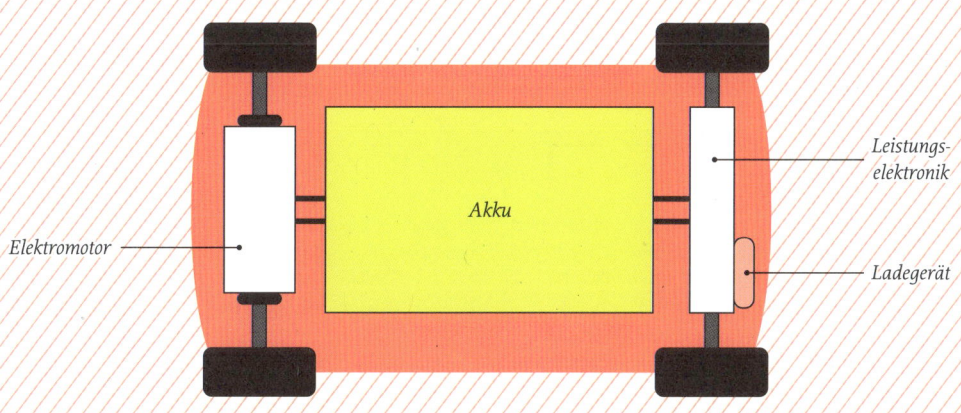

Elektromotor

Akku

Leistungselektronik

Ladegerät

SPEICHER UND VERBRAUCHER IN EINEM: MIT EINEM ELEKTROAUTO PROFITIEREN SMART-HOME-BESITZER DOPPELT

Immer mehr Elektrofahrzeuge erobern den Automobilmarkt.
Für Ihr Smart Home hält der Erwerb eines Elektroautos
einen Nebeneffekt bereit: Sie können es bei Sonnenschein direkt
und verlustfrei „betanken" und in Zukunft als Energiespeicher nutzen.

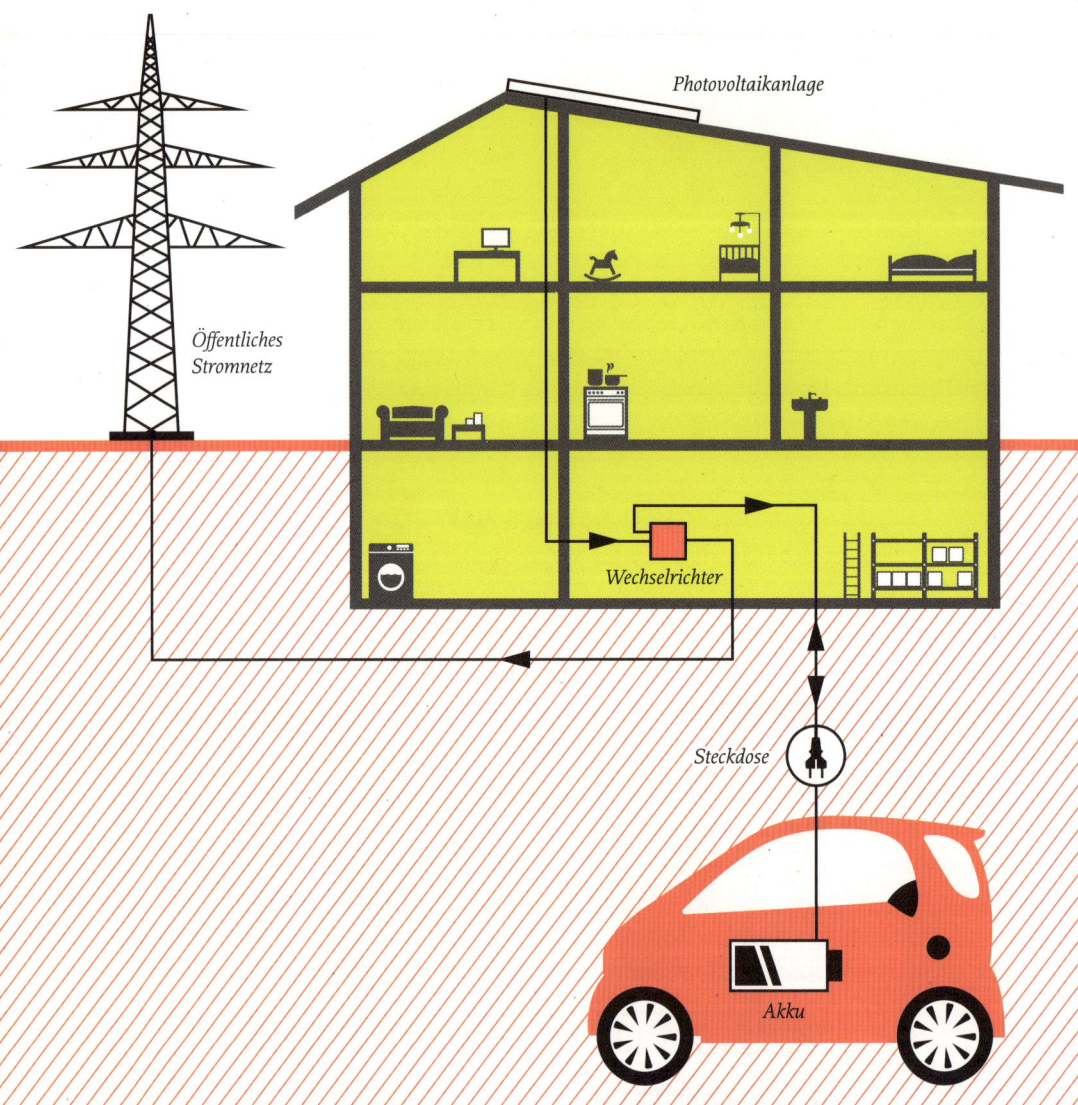

Photovoltaikanlage

Öffentliches
Stromnetz

Wechselrichter

Steckdose

Akku

LADESTATION ALS BIDIREKTIONALE SCHNITTSTELLE

Um Autobatterien als Strompuffer zu nutzen, bedarf es einer „bidirektionalen Schnittstelle" für das Laden und Entladen in beide Richtungen. Damit kann sich die Ladestation in der Smart-Home-Garage zum Scharnier zwischen Elektroauto, Photovoltaikanlage und dem Stromnetz entwickeln. Damit sich die Technologie weiter verbreiten kann, müssen jedoch noch einige Hausaufgaben gemacht werden, wie etwa die Standardisierung von Ladesäulen und Steckern. Hier dürfte sich aber in der näheren Zukunft einiges tun, denn die Kombination von smarter Stromspeicherung und umweltfreundlicher Mobilität ist mit Sicherheit eine zukunftsfähige Option.

SMART METERING: VERBRAUCHS-DATEN IMMER IM BLICK

Wir haben nun eine Reihe von Geräten und Technologien kennengelernt, die im Smart Home auf nachhaltige Weise Energie erzeugen, sie verteilen oder speichern können. Wichtig ist aber, dass das Zusammenspiel dieser Solokünstler als Ensemble funktioniert. Das können Sie mithilfe intelligenter Messsysteme und der Visualisierung der Ergebnisse kontrollieren und gegebenenfalls „umdirigieren".

Überschuss oder Unterversorgung, effizient oder nicht? „Smart Metering" nennt sich das digitale Messen und Darstellen des Verbrauchs. Die Zähler erfassen sämtliche Verbrauchsdaten von Strom, Gas, Wasser und Wärme tagesaktuell und über längere Zeiträume. Diese Daten können für die Abrechnung oder für ein wirtschaftliches Energiemanagement auf PCs, Notebooks, Tablets oder Energiedisplays angezeigt werden. Damit ist es sehr viel einfacher, Kostenverursacher schnell zu identifizieren und sofort steuernd einzugreifen.

Die seit 2010 in Neubauten und bei Grundsanierungen verpflichtend zu installierenden Smart-Meter-Modelle erfüllen diese Bedingungen allerdings nicht. Sie können noch nicht viel mehr leisten als die alten Ferraris-Zähler im schwarzen Gehäuse. Um wirklich „intelligent" zu messen, fehlt ihnen die notwendige Elektronik.

ALLE VERBRAUCHSWERTE IMMER IM BLICK

Ob Strom, Gas, Wasser oder Fernwärme – dank Smart Metering sind alle Verbrauchswerte abrufbar.

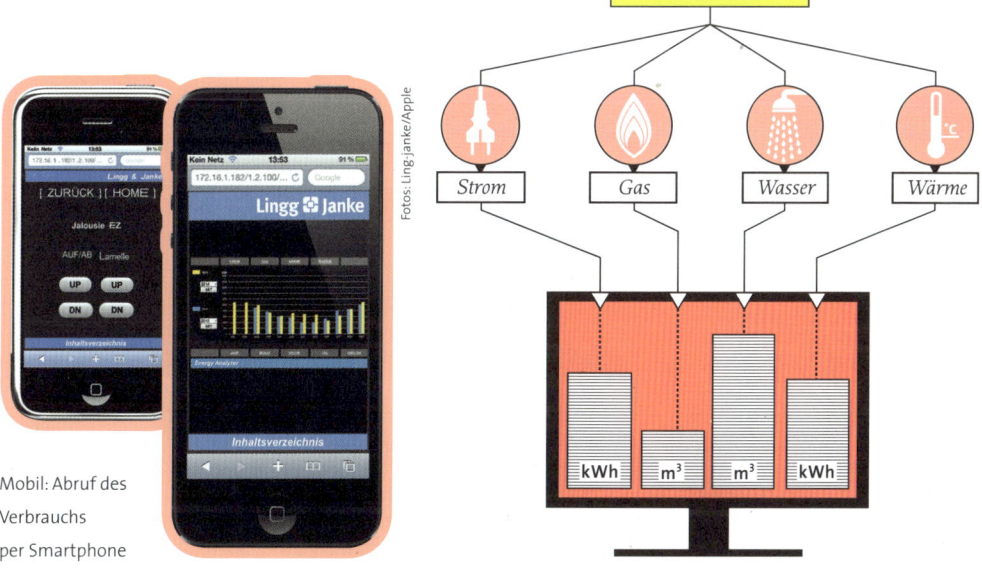

Fotos: Lingg-Janke/Apple

Mobil: Abruf des Verbrauchs per Smartphone

SMART METERING

Ein „intelligenter" Zähler für Strom oder Gas wird auch Smart Meter genannt.
Solch ein Zähler zeigt dem Anschlussnutzer den tatsächlichen Energieverbrauch und
die tatsächliche Nutzungszeit an.

SMART METERING MIT KNX

Im Smart Home auf KNX-Basis dagegen verfügen Sie bereits über intelligente Komponenten und über die erforderliche Software für ein echtes Smart Metering.

Vereinfacht gesagt, sieht das Prinzip so aus: Alle Smart-Metering-Zähler für Strom, Gas oder andere Wärmelieferanten sowie Wasser sind an den KNX-Bus angeschlossen. Über eine Schnittstelle zum IP-Netz können die Daten an Computer, Wandpanels oder mobile Endgeräte weitergeleitet und dort mithilfe entsprechender Visualisierungssoftware anschaulich dargestellt werden. Für die Darstellung gibt es verschiedene Optionen von Diagrammen oder Tabellen, zum Beispiel auch „Momentanleistungsanzeigen", die in Form eines Tachometers über den aktuellen Verbrauch informieren und Warnmeldungen abgeben, wenn bestimmte Höchstwerte überschritten werden.

Natürlich sinkt der Energieverbrauch nicht allein davon, dass man ihn beobachtet, sondern es muss gehandelt werden, etwa, indem man Geräte ausschaltet, die Heizung anders einstellt oder langfristig sein Verhalten ändert. KNX-Panels zur Energiekontrolle bieten die Möglichkeit, als Sofortmaßnahme gleich per Fingerdruck einzelne oder mehrere Verbraucher auszuschalten. Das ist auch eine Komfortfunktion, wenn Sie beispielsweise das Haus verlassen.

Falls Sie Strom zu unterschiedlichen Tarifen beziehen, etwa zu Haupt- oder Nebenzeit, können Ihnen diese in manchen Visua-

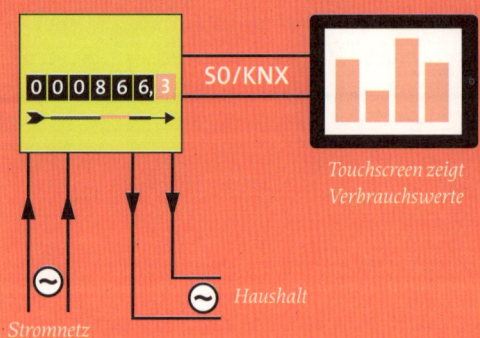

Touchscreen zeigt Verbrauchswerte

Haushalt

Stromnetz

PERMANENTE ANZEIGE DER ENERGIEBILANZ IM GANZEN HAUS

Die Impulse des Stromzählers werden per So-Schnittstelle (Hardware-Schnittstelle zum Erfassen von Zählerdaten) abgetastet und ins KNX-System eingespeist. Eine grafische Darstellung zeigt alle Verbrauchswerte übers ganze Jahr.

Grafische Darstellung von Energieverbrauchsdaten

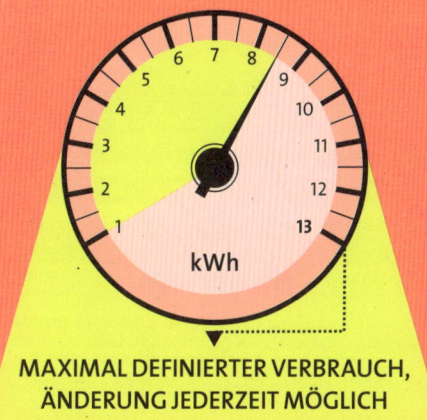

MAXIMAL DEFINIERTER VERBRAUCH, ÄNDERUNG JEDERZEIT MÖGLICH

lisierungsprogrammen in rot (teuer) oder grün (günstig) dargestellt werden, sodass Sie Ihren Verbrauch entsprechend steuern können.

SMART METERING AUCH AN DER PHOTOVOLTAIKANLAGE

Auch der Stromgewinn bei Photovoltaikanlagen kann gemessen, ausgelesen und beeinflusst werden. Ein sogenannter MPP-Tracker (Maximum Power Point Tracker) im Wechselrichter sorgt dafür, dass bei allen Witterungsbedingungen optimaler Ertrag aus der Anlage „eingefahren" werden kann. Verschattet eine Wolke die Anlage oder werden die Module an einem Tag im Hochsommer sehr heiß, fährt der MPP-Regler die Anlage auf den maximal möglichen Arbeitspunkt

und ermöglicht dadurch eine optimale Leistungsabgabe.

Immer häufiger kommen Kommunikationslösungen zum Einsatz, mit deren Hilfe der Wechselrichter auch intelligente Kontroll- und Analysemöglichkeiten übernehmen kann. Dafür sollten Sie ein Modell mit einer integrierten Ethernet-Schnittstelle auswählen. Sie ermöglicht die schnelle und kostengünstige Abfrage über Mobilgeräte und Webbrowser, womit Sie die Anlage auch mobil kontrollieren können. Wie bei anderen Smart-Metering-Systemen ist oft auch eine Abfrage mit einem grafischen Auswertungsprogramm möglich.

AUSBLICK: DATENAUSTAUSCH MIT DEM ENERGIEVERSORGER

Die technische Entwicklung im Smart Home steht nicht still: Eine noch wirksamere Vernetzung intelligenter Energiemanagement-Systeme wird sicher bald mit Smart-Grid-Konzepten wie dem „EEBus" möglich. Smart Grids werden in der Gebäudeautomation künftig standardmäßig eine hersteller- und systemunabhängige Vernetzung ermöglichen. Neu beim EEBus-Standard ist, dass damit auch die Energiewirtschaft in die Hausnetz-Kommunikation der Erzeuger- und Verbrauchergeräte eingebunden werden kann. Smart-Home-Besitzer werden damit beispielsweise einfacher entscheiden können, ob und wann sie eher Energie speichern,

▶

**EEBUS**

Der EEBus bildet die Schnittstelle zwischen hausinterner Kommunikation (KNX und IP) eines Smart Home und dem Energieversorger. Das Ziel ist es, die Energieeffizienz auf beiden Seiten zu optimieren. Es werden Daten zu Tarifen, Messwerten und Energiemanagement ausgetauscht, da im Haus gleichzeitig Strom verbraucht und gewonnen wird. Elektroautos sind mit vernetzt. Der EEBus-Initiative haben sich Energieversorger und Hersteller von KNX- und anderen Smart-Home-Produkten angeschlossen.

dazu- oder verkaufen möchten. In dem Verein EEBus Initiative e.V. haben sich Vertreter der Energiewirtschaft und Smart-Home-Hersteller, darunter KNX-Anbieter wie Busch-Jaeger, Gira und Jung, zusammengeschlossen, um die smarte Vernetzung im Energiebereich weiterzuentwickeln und zu fördern.

Nachdem Sie auch die Möglichkeiten der eigenen Energieerzeugung kennengelernt haben, sind Sie nunmehr in der Lage, sich aus den einzelnen Bausteinen Ihr eigenes Smart Home nach Ihren Wünschen zusammenzustellen. Dabei müssen Sie nicht alle Optionen auf einmal nutzen. Sie können auch später noch einmal in

den Baukasten greifen und das eine oder andere Modul ergänzen.

Auch wenn schon an einigen Stellen die Möglichkeit einer Nachrüstung angesprochen wurde, sind wir bisher überwiegend von einem Smart Home als Neubau ausgegangen. Doch sehr viele Interessenten der vernetzten Haustechnik wollen gar nicht neu bauen, sondern ihr bestehendes Eigenheim moderner, energiesparender und komfortabler ausrüsten. Das gilt auch für Käufer von Altbauten. Wenn Sie also zu den letzteren Zielgruppen zählen, dann lesen Sie weiter und erfahren in Kapitel 9 mehr über Modernisierung mit Smart-Home-Komponenten. ■

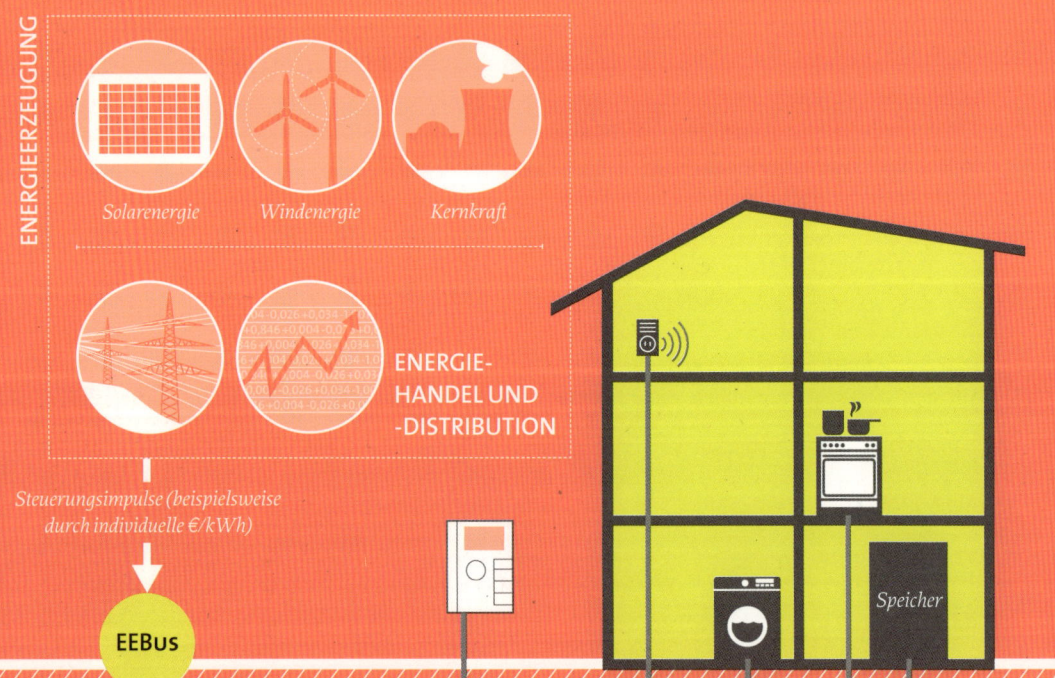

MEHR ENERGIEEFFIZIENZ MIT EEBUS

Über den EEBus können Energieerzeuger, -handel und -verbraucher Daten austauschen, um den Umgang mit Energie zu optimieren. Quelle: EEBus Initiative e.V.

ENERGIEERZEUGUNG

Solarenergie   Windenergie   Kernkraft

ENERGIE-HANDEL UND -DISTRIBUTION

Steuerungsimpulse (beispielsweise durch individuelle €/kWh)

EEBus

Speicher

AKTIVHAUS B10: DIE ZUKUNFT DES INTELLIGENTEN BAUENS

So smart heute schon Häuser ihren Energieverbrauch steuern und selber Energie erzeugen können – es geht immer noch smarter. Wie genau, das ist die Frage, die eine Reihe von Forschungseinrichtungen und Unternehmen, darunter die Universität Stuttgart und die Daimler AG mit dem Forschungsprojekt „Aktivhaus B10", untersuchen wollen.

Schon in der Konstruktion des vom Architekten Werner Sobek, einem Vorreiter des experimentellen Bauens entworfenen Flachbaus, wurden innovative Materialien und Technologien verwendet, die Energieeffizienz und Nachhaltigkeit gewährleisten sollen. Dazu gehören unter anderem eine Holz-Textil-Wandkonstruktion, die vollständig recycelbar ist und eine raumhohe Vakuumverglasung, die nur wenige Millimeter stark ist und trotzdem sehr hohe Wärmeschutzwerte aufweist.

Das vorgefertigte Gebäude wurde in der Stuttgarter Weißenhofsiedlung errichtet, die Ende der 1920er-Jahre unter der Leitung von ▶

Foto: Werner Sobek, Stuttgart

In wenigen Monaten geplant, in nur einem Tag aufgebaut. Das Haus besteht aus fast vollständig recyclebaren Materialien.

Bauhaus-Ikone Mies van der Rohe als Mustersiedlung des „Neuen Bauens" begründet wurde. Diese experimentelle Tradition wird nun mit dem Aktivhaus B10 fortgesetzt, indem sich das Projekt mit entscheidenden Fragen des heutigen und zukünftigen Bauens beschäftigt, vor allem in Hinblick auf den Umgang mit Energie.

Gemäß dem Forschungsansatz ist das Haus mit den fortschrittlichsten Heiz-, Klima- und Energietechnologien ausgestattet. Dazu gehören unter anderem eine Wasser-Wasser-Wärmepumpe mit innovativer Eisspeichertechnik, automatische Lüftung und auf dem Dach eine Solaranlage mit PVT-Modulen, die sowohl Wärme wie Strom erzeugen. Die Anlage produziert zweimal so viel Strom wie das Haus selber benötigt und versorgt auch noch zwei Elektroautos und das in der Nachbarschaft liegende Weißenhof-Museum mit Energie. So ist es in ein Smart Grid – ein intelligentes Netz – eingebunden. Die Gebäudetechnik wurde von der Firma alpha-EOS entwickelt. Sie besteht aus einer zentralen Steuereinheit sowie Sensoren und Aktoren, die über das Funksystem EnOcean miteinander kommunizieren. Die Bedienung von Heizung, Jalousien, Licht und Fassadenklappen erfolgt über Smartphone und Tablets mit der eigens hierfür entwickelten alphaEOS-App. Eine große Rolle spielen Selbstlernfunktionen, mit denen das System nicht nur „mitdenken", sondern auch „vorausdenken" kann. Zum Beispiel bei der Steuerung der Ladevorgänge der Elektroautos: Wenn ein Bewohner einen bestimmten Termin in die Kalenderübersicht der App einträgt, steht das Fahrzeug ohne weiteres Zutun pünktlich mit Solarstrom geladen zur Abfahrt bereit.

Wie sich die Technik im Alltag bewährt, wie sich der Energieverbrauch in der Praxis entwickelt und andere Fragen sollen in zwei verschiedenen Nutzungsszenarien des B10, zunächst als Bürogebäude, später als Wohnhaus beobachtet werden. ◼

Foto: Werner Sobek, Stuttgart

Im Stil reduziert mit viel Glas präsentiert sich das Aktivhaus B10. Es gibt keine extra Garage, das abgasfreie Elektromobil parkt im Haus, die E-Bikes sogar im Wohnzimmer.

Foto: Werner Sobek, Stuttgart

Ein Auto, das den Terminkalender seiner Fahrer kennt: Ist eine abendliche Ausfahrt geplant, dann hat sich das E-Mobil rechtzeitig mit hauseigenem Solarstrom „betankt".

Foto: Zooey Braun, Stuttgart

Zur umfassenden Gebäudesteuerung gehören eine Zentrale, über Funk kommunizierende Sensoren und Aktoren sowie die mobilen Endgeräte zur Bedienung.

Neue T auch fü Häuser

Sie müssen nicht neu bauen, um in einem Smart Home zu leben.
Auch ein Haus im Bestand lässt sich mit intelligenter Technik nachrüsten.

echnik

r ältere

EINEN ALTBAU ZUM SMART HOME AUFRÜSTEN

Für eine moderne Haustechnik ist es nie zu spät. Gerade ältere Häuser können durch eine intelligente Vernetzung viel Energieeffizienz und Wohnkomfort hinzugewinnen.

IN DIESEM KAPITEL ERFAHREN SIE,

▶ *warum eine intelligente Gebäudetechnik gerade für ältere Häuser viele Vorteile hat*

▶ *wann ein geeigneter Zeitpunkt ist, Ihr Haus umzurüsten und welche Anlässe Sie dafür nutzen können*

▶ *wonach Sie entscheiden, ob für Ihre Modernisierung eine KNX-Installation, ein Funk-Bus oder ein anderes System das Geeignetste wäre*

▶ *wie eine zentrale Steuerung von Heizungs- und Lüftungstechnik nach der energetischen Sanierung für gutes Raumklima sorgt*

▶ *welche erneuerbaren Energien sich für die Wärme- und Stromversorgung im Altbau besonders eignen*

▶ *wie Sie Ihr Haus dank vernetzter Technik für alle Lebensphasen sicher und komfortabel gestalten*

Beim Wort Smart Home denken viele Menschen sicher zunächst an einen Neubau mit moderner, ja vielleicht sogar futuristischer Architektur. Schließlich geht es hier um Systeme auf dem neuesten Stand der Technik, die man so gar nicht mit dem Bild alter Villen oder Fachwerkhäuser in Verbindung bringen kann. Viele Besitzer von Altbauten kommen gar nicht auf die Idee, sich ihr Haus beispielsweise mit einer modernen Bustechnik vorzustellen, weil sie glauben, dass eine solche Installation gar nicht möglich oder viel zu aufwendig sei. Das ist nicht der Fall: Praktisch alle Funktionen der intelligenten Haustechnik, die Sie in den vorangegangenen Kapiteln kennengelernt haben, können auch in Bestandsgebäuden umgesetzt werden. Manchmal auf andere Weise, als man es im Neubau tun würde, zum Beispiel aus Kostengründen, aber es finden sich immer auch Lösungen mit vertretbarem Aufwand.

KEIN HAUS IST ZU ALT FÜR INTELLIGENTE HAUSTECHNIK

Gerade ältere Häuser können von einer modernen Gebäudetechnik und ihren vielen smarten Lösungen sehr profitieren – das schlichte Siedlungshaus aus der Nachkriegszeit ebenso wie ein historisches Gebäude unter Denkmalschutz. Besonders komfortabel sind zum Beispiel die vielen Möglichkeiten der zentralen Bedienung von Licht, Fenstern, Jalousien. Was für eine Erleichterung ist es beispielsweise, in der weitläu-

Der Charme alter Häuser und der Komfort moderner Gebäudetechnik passen ausgesprochen gut zusammen.

figen Jugendstilvilla nicht mehr jedes Mal bis ins oberste Stockwerk steigen zu müssen, um nachzuschauen, ob das Fenster im Turmzimmer geschlossen ist! Das wird im Smart Home per Knopfdruck erledigt. Umgekehrt ist es mit einer Türkommunikationsanlage auch nicht mehr nötig, immer die knarzige Wendeltreppe hinunterzusteigen, wenn es am Eingang klingelt. Übers Display auf jeder Etage hat man die Besucher im Blick.

GUTES KLIMA IM ALTBAU

Ein anderes Beispiel: Nach einer Wärmedämmung verändert sich das Raumklima in einem Bestandsgebäude. Auf einmal sind alle Ritzen und Fugen geschlossen, durch die vorher die Wärme nach außen zog, die aber

auch für einen ständigen Luftaustausch sorgten. Im gedämmten Haus muss deshalb besonders aufs Lüften geachtet werden. Nicht immer ist der Einbau einer Lüftungsanlage möglich oder erwünscht. Doch das regelmäßige Öffnen der Fenster wird oft vergessen. Die Folge: Erhöhte Feuchtigkeit in den Räumen, die leicht zum Schimmelpilzbefall führen kann, der wiederum die Gesundheit der Bewohner gefährdet. Mit einer sensorgesteuerten Raumklimaüberwachung wird dieses Problem nach energetischer Sanierung vermieden: Die Kontrolltechnik schlägt Alarm, wenn die Luftfeuchte die kritische Grenze überschreitet, oder veranlasst über entsprechende Aktoren die automatische Öffnung der Fenster.

SICHERHEIT GROSS GESCHRIEBEN

In einem repräsentativen alten Haus wittern potenzielle Einbrecher oft wertvolle Beute wie Schmuck oder Kunstgegenstände und machen es zum Ziel ihrer kriminellen Pläne. Ist dieses Haus von einem Garten mit großen alten Bäumen und vielen Büschen umgeben, könnte sich leicht jemand des Nachts unbemerkt heranschleichen. Eine intelligent geschaltete Außenbeleuchtung, die den Eindringling völlig unerwartet in gleißendes Licht taucht, ist gerade hier eine gute Abschreckungsmaßnahme. Eine Alarmanlage, die im Ernstfall eine Nachricht aufs Handy schickt oder gleich den Sicherheitsdienst anruft, tut ihr Übriges.

Einbruch ist jedoch nicht das einzige Sicherheitsrisiko. Insbesondere Fachwerk- oder Reetdachhäuser, aber auch viele andere Altbauten sind aufgrund ihrer Bauweise und Materialien besonders feuergefährdet. Ein vernetzter Rauchmelder, der sofort alle notwendigen Maßnahmen in Gang setzt, kann den Bewohnern das Leben retten und den Verlust eines Zuhauses mit möglicherweise langer Geschichte verhindern.

DAS HAUS IN SZENE SETZEN

Aber nicht nur die Risiken, Gefahren und möglichen Schwächen eines alten Hauses sprechen für den Einsatz smarter Gebäudetechnik. Sie bietet auch die Möglichkeit, die

MILLIONEN HÄUSER WARTEN AUF MODERNISIERUNG

Mehr als die Hälfte aller 19 Millionen Wohngebäude in Deutschland sind älter als 40 Jahre. Auch sie könnten zu Smart Homes werden. Quelle: Zensus 2011, Statischtisches Bundesamt, LBS 2014

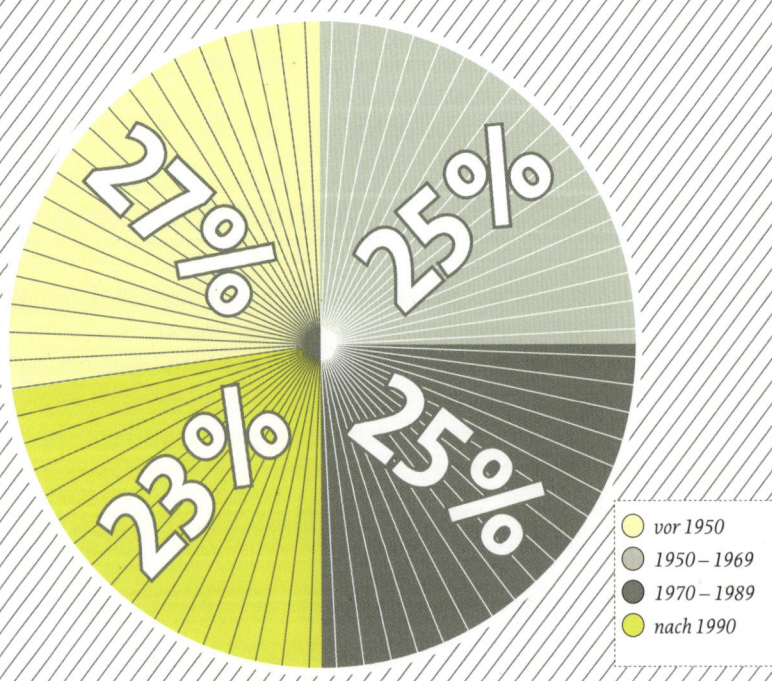

- vor 1950
- 1950 – 1969
- 1970 – 1989
- nach 1990

schönen Seiten eines Altbaus so richtig herauszustellen. Wechselnde Lichtszenarien in einem verwinkelten Innenhof, begleitet von romantischer Musik – was für ein Erlebnis! Auch im Inneren von Bestandsgebäuden finden sich oft kleine Ecken, Nischen oder Türbögen, die sich mit farbiger LED-Beleuchtung reizvoll in Szene setzen lassen, gesteuert von verschiedenen Geräten.

MODERNISIERUNGSBEDARF ALS CHANCE

Noch sind die meisten Häuser hierzulande vom Smart Home weit entfernt. Dafür spricht allein die hohe Zahl der Altbauten: Gut drei Viertel aller rund 19 Millionen Wohngebäude in Deutschland sind älter als 25, zwei Drittel davon sogar älter als 40 Jahre. Es gibt also sehr viele Häuser, deren Energieverbrauch zu hoch ist und deren Sanitär- oder Elektroinstallationen veraltet sind. Sie bieten insgesamt keinen zeitgemäßen Wohnkomfort mehr. Wenn Sie auch zu den vielen Hausbesitzern gehören, die in den kommenden Jahren Sanierungs- oder Modernisierungsmaßnahmen an Ihrer Immobilie planen, nutzen Sie diese Chance und machen Sie Ihr Haus zum Smart Home.

Typische Anlässe für die gleichzeitige Installation einer intelligenten Gebäudetechnik sind natürlich die Erneuerung der Elektrotechnik, ein Austausch der alten Heizungsanlage, aber auch eine Wärmedämmung, Umbau, Ausbau oder Anbau von Wohnräumen. Wenn Sie Modernisierungsmaßnahmen kombinieren, sparen Sie Aufwand und Kosten und können Ihr Gebäude als Ganzes optimieren.

WELCHES SYSTEM IST DAS RICHTIGE FÜR MEIN HAUS?

Die Möglichkeiten, wie Sie die intelligente Technik in Ihr Haus bringen, haben Sie in diesem Buch kennengelernt. Grundsätzlich sind alle drei Steuerungssysteme – per ▶

Fotos: Gira

PER FUNK VERNETZT

Manchmal ist das Verlegen von KNX-Leitungen im Altbau schwierig. Dann bietet sich eine funkbasierte intelligente Haustechnik an, die ähnlich viele Funktionen erlaubt.

1 Batteriebetriebene Funk-Wandsender können unabhängig von Netzanschlüssen platziert und mit Schrauben oder Klebestreifen montiert werden.

2 Bequeme Bedienung von Beleuchtung oder Jalousien mittels Smartphone als Alternative zur herkömmlichen Fernbedienung.

KNX-Busleitung, per Funk oder über die Elektroleitung – auch im Altbau möglich. Der Aufwand, Leitungen zu verlegen, ist allerdings erheblich größer, als wenn das gleich beim Neubau geschieht. Hier kommt es auch darauf an, wie umfangreich die Lösung ist, die Sie wünschen. Für die Automatisierung einzelner oder einiger weniger Funktionen, zum Beispiel Rollladenbedienung oder Regulierung der Raumtemperatur, brauchen Sie nicht unbedingt KNX-Leitungen, sondern können per Funksteuerung nachrüsten.

Falls Sie indessen eine Bestandsimmobilie kaufen und diese erst einmal von Grund auf sanieren, entkernen oder umbauen wollen, dann ist wahrscheinlich die anspruchsvolle und sichere KNX-Installation die beste Wahl. Es muss im Übrigen nicht immer eine Entweder-Oder-Entscheidung sein: Wenn sich beispielsweise nur in einem Teil des Hauses mit vertretbarem Aufwand eine Busleitung verlegen lässt, kann man daran weitere Funktionen per Funklösung anschließen. Eine Schnittstelle oder ein Gateway, wie wir sie in Kapitel 6 vorgestellt haben, baut dann zum Beispiel die Brücke zwischen KNX-Installation und dem kompatiblen Funkstandard EnOcean.

NICHT OHNE PROFIS

Wie beim Neubau ist die Planung und Ausführung einer KNX-Installation auch im Altbau eine Aufgabe für Fachleute. Bekanntermaßen unterschätzen Hausbesitzer manchmal den Aufwand von Modernisierungsmaßnahmen und verzichten zum Beispiel beim Umbau auf einen Architekten, was oft genug Pfusch, Ärger und teure Nachbesserungen nach sich zieht und deshalb unterm Strich kein Geld spart. Ebensowenig sollten Sie bei Ihrer intelligenten Haustechnik auf einen Systemintegrator und auf diesem Gebiet erfahrene Elektrohandwerker verzichten. Fehler in der Installation beeinträchtigen nicht nur die Funktion, sondern stellen auch ein Sicherheitsrisiko dar.

Wenn wir gerade über Sicherheit sprechen: Egal, ob Sie ein kabel- oder drahtgebundenes Bussystem wählen – um eine teilweise Erneuerung des Elektronetzes kommen Sie in vielen Fällen nicht herum. Elektroinstallationen haben eine maximale Lebensdauer von 40 Jahren, sind aber in der Regel schon vorher reparatur- und anpassungsbedürftig. Das ergibt sich schon allein daraus, dass wir heute im Haushalt viel mehr Geräte benutzen als noch vor einigen Jahrzehnten. Wissen Sie, wann Ihre Strominstallation zuletzt überprüft oder erneuert wurde? Wenn Sie den Umbau zum Smart Home planen, sollten Sie sich damit beschäftigen.

Mindestanforderungen an Elektroinstallationen sind per DIN-Norm festgelegt. Mit dem Minimum sollten Sie sich allerdings nicht begnügen, sondern sich an der Richtlinie RAL-RG-678 des Deutschen Instituts für Gütesicherung orientieren, die drei Ausstattungsstufen definiert, jeweils mit einer vorgegebenen Anzahl von Verteilern, Anschlüssen und Steckdosen. Sie sollten mindestens den Ausstattungswert 2 (Standard) oder besser 3 (Komfort) anstreben, und zwar in den sogenannten Plus-Varianten „2plus" oder „3plus". Diese beinhalten bereits die Vorbereitung für einen oder mehrere Funktionsbereiche der Smart-Home-Technik (Quelle: Initiativkreis ELEKTRO+).

ALTERNATIVEN ZU KNX IM ALTBAU

Auch wenn Sie sich für eine kabellose Hausautomation zur Nachrüstung entscheiden, sollten Sie nicht zur Billiglösung aus dem Baumarkt greifen. Sicher gehen Sie zum Beispiel mit den eNet-Installationen der KNX-Hersteller Gira oder Jung, die auch die Integration eines zentralen Servers zur Steuerung ermöglichen und über Schnittstellen mit anderen Netzen verbunden werden können. Mit einem herstellerübergreifenden Funkstandard wie beispielsweise EnOcean sind Sie wesentlich flexibler und unabhängi-

ger, als wenn Sie sich in die Hände eines einzelnen Herstellers begeben, von dem Sie alle Komponenten und Geräte beziehen müssen.

Lassen Sie sich inspirieren: Am Ende dieses Kapitels stellen wir Beispiele vor, wie mit den unterschiedlichen Vernetzungssystemen drei sehr verschiedene Altbauten zum Smart Home geworden sind.

KERNFRAGE ENERGIEEFFIZIENZ

Der Wunsch, weniger Energie zu verbrauchen, ist wohl der häufigste Anlass für Modernisierungsmaßnahmen und deshalb ein guter Ansatzpunkt für den Einstieg in die intelligente ▶

ENET-STEUERUNG MIT MOBILEN ENDGERÄTEN

1 & 2 Vom iPad aus schalten oder den Energieverbrauch anzeigen lassen.

2 & 3 Ein Gateway ermöglicht die Bedienung per App.

DIE TOP 5 DER ENERGETISCHEN MODERNISIERUNG

Altbauten lernen Energie sparen: Diese fünf Modernisierungsmaßnahmen wurden 2014 von der KfW-Bank am häufigsten gefördert. Quelle: Deutsche Energie-Agentur GmbH/Stand 05/2015

HEIZKESSELTAUSCH

NEUE FENSTER

DACHDÄMMUNG

FASSADENDÄMMUNG

HEIZUNGSOPTIMIERUNG

▶ Haustechnik. In sehr vielen Heizungskellern stehen noch alte Öl- und Gasheizungen, deren Energiehunger nicht mehr zeitgemäß ist: Über 40 Prozent der Heizungen in Deutschland sind älter als 20 Jahre. Wenn sie den 30. Geburtstag erreicht haben, müssen sie laut Gesetz ausgetauscht werden. Zur Wahl stehen dann moderne Öl- oder Gas-Brennwertheizungen, die sehr viel effizienter arbeiten als die alten Kessel und sich gut mit einer Solarwärmeanlage zur Warmwasserbereitung auf dem Dach verbinden lassen. Aber auch Holzpelletheizungen, Wärmepumpen, Mikro- oder Nano-Blockheizkraftwerke sind Optionen. Oft sind mit dem Heizungsaustausch auch bauliche Maßnahmen, Rohr- und Leitungsverlegungen verbunden, die Sie gleich mit Installationsarbeiten für eine Gebäudeautomation verbinden können. Einer intelligenten und bedarfsgerechten Steuerung Ihrer neuen Heizungsanlage steht dann nichts mehr im Wege.

VON ALTBAU ZUM EFFIZIENZHAUS

Bevor Sie sich für ein neues Heizsystem entscheiden, sollten Sie jedoch die Möglichkeiten eines nachträglichen Wärmeschutzes mit Fassaden-, Dach- oder Kellerdämmung, neuen Wärmedämmfenstern, Abdichtung von Türen und weiteren Maßnahmen für Ihr Haus erkunden. Damit lässt sich der Wärmebedarf eines Altbaus erheblich verringern und die neue Heizung kann viel energiesparender laufen.

Für einen hohen Standard in der energetischen Sanierung sind Einzelmaßnahmen ohnehin nicht ausreichend, es ist vielmehr ein gut aufeinander abgestimmtes Paket aus Dämmung sowie Heiz- und Klimatechnik erforderlich. Damit lässt sich dann der Standard eines

KfW-Effizienzhauses im Bestand erreichen, der von der staatlichen KfW Bankengruppe mit Fördergeldern für die Modernisierung unterstützt wird. Je höher der Effizienzhausstandard, desto günstiger sind die Konditionen für Förderkredite. Der Referenzstandard ist das KfW-Effizienzhaus 100, das dem von der Energieeinsparverordnung vorgeschriebenen Neubaustandard entspricht. Da die Bedingungen für die Energieeinsparung im Altbau schwieriger sind, fördert die KfW auch schon die Sanierung zum Effizienzhaus 115, das 15 Prozent mehr Energie verbraucht, als es einem Neubau erlaubt wäre. Viele Häuser können durch Sanierung aber weitaus bessere Werte erreichen: Ein KfW-Effizienzhaus 85 verbraucht 15 Prozent weniger Energie als der Neubaustandard, bei den KfW-Effizienzhäusern 70 und 55 beträgt die relative Einsparung 30 beziehungsweise 45 Prozent. Damit machen diese Häuser sogar den Energiesparern unter den Neubauten Konkurrenz.

In einem denkmalgeschützten Haus sind viele dieser hohen Standards nur schwierig zu verwirklichen, weil es viele Einschränkungen gibt, was etwa die Fassadendämmung oder mehrfachverglaste Fenster anbelangt. Das berücksichtigt die KfW übrigens mit einem eigenen Förderstandard „Effizienzhaus Denkmal", bei dem die Gegebenheiten des Einzelfalls stärker berücksichtigt werden.

Je höher der Effizienzhaus-Standard, desto wichtiger wird die Integration einer intelligenten Haustechnik für die Heizungs- und Klimasteuerung. Für die nahezu luftdicht isolierten Häuser schreibt die KfW eine Lüftungsanlage zwar nicht vor, empfiehlt sie aber dringend. Sie können sich auch für eine sensorgesteuerte Lüftung über Fensteraktoren entscheiden, deren Grundlagen im Kapitel 2 zur Heizung und Lüftung beschrieben wurden. In jedem Falle ist eine automatisierte Technik dem Lüften von Hand vorzuziehen.

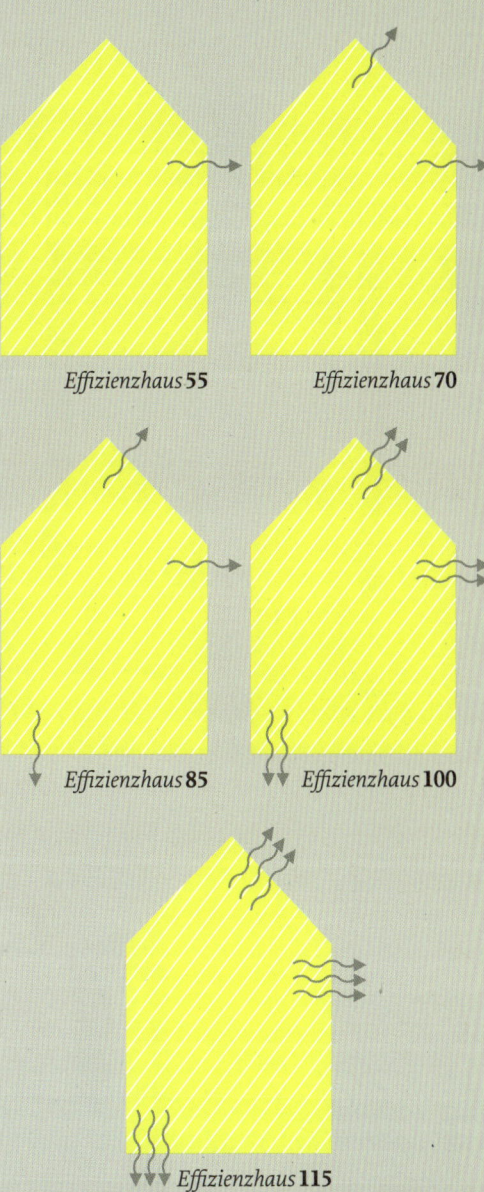

Effizienzhaus **55**   Effizienzhaus **70**

Effizienzhaus **85**   Effizienzhaus **100**

Effizienzhaus **115**

SANIERUNG ZUM EFFIZIENZHAUS

Je niedriger die Kennzahl, desto effizienter ist das Haus nach der Sanierung. Beim KfW-Effizienzhaus 55 geht nur wenig Heizenergie verloren. Das wird vom Staat gefördert.

Quelle: KfW Bankengruppe

Holzpelletkessel sind eine gute Lösung, um auch ältere Häuser auf moderne Heiztechnik umzustellen.

Auch ein Mikro-BHKW ist eine smarte Heizlösung für den Altbau.

Foto: Vaillant

SPARSAM UND UMWELTFREUN-LICH HEIZEN IM ALTBAU

Je besser Ihr Haus gedämmt ist, desto größer sind die Möglichkeiten, es auf wirtschaftliche Weise vollständig mit erneuerbaren Energien zu beheizen. Dann kann auch im sanierten Haus die im Neubau so beliebte Wärmepumpe zum Einsatz kommen, sowohl als Erd-, Wasser- oder Luftwärmepumpe. Dass Ihr Gerät tatsächlich effizient arbeitet und nicht etwa übermäßig viel Strom für den Antrieb verbraucht, kontrollieren Sie im intelligent nachgerüsteten Altbau natürlich über ein Smart-Metering-System.

Eine beliebte Heizlösung für den Altbau ist auch die Holzheizung, meist in Form von Holzpellet-, gelegentlich auch Scheitholzkesseln. In Kapitel 2 haben wir die Formen der Pelletheizung mit automatisierter oder halb automatisierter Brennstoffzuführung beschrieben. Eine Pelletheizung ist zum

Beispiel günstig, wenn Ihr Haus doch noch einen etwas höheren Wärmebedarf hat, weil hier, anders als bei Wärmepumpen, der Stromeinsatz keine Rolle spielt.

Im Kapitel 8 zum Thema Energieerzeugung hatten wir auch die kleinen Blockheizkraftwerke bis hinunter zum Nano-BHKW vorgestellt und auch begründet, warum sie mit ihrer hohen Wärmeleistung für den Neubau nicht immer die beste Lösung sind. Für große oder schlecht zu dämmende Altbauhäuser beispielsweise kann ein kleines BHKW optimal sein. Damit können Sie sich auch gleich mit Strom versorgen, entweder in Kombination mit oder als Ersatz für eine Photovoltaikanlage.

Solarthermie: Die Sonne erwärmt das Badewasser.

SOLARANLAGEN INTEGRIEREN

Bei der Nutzung von Sonnenenergie, sowohl mit Solarthermie für Wärme als auch mit Photovoltaik für Strom, haben Sie natürlich im Altbau weniger Einfluss auf die baulichen Voraussetzungen als beim Neubau, den Sie von Anfang an planen. Wenn Sie jedoch ein geeignetes Schrägdach mit Ausrichtung nach Süden, Südosten oder Südwesten oder auch ein Flachdach zur Verfügung haben, dann ergreifen Sie die Chance und installieren Sie Module und Kollektoren. Warum sich das lohnt und wie Sie die Technik mit Speichern und smarter Steuerung optimieren,

Solaranlagen an historischen Bauten: Hier sind Kreativität und Technik gleichermaßen gefragt.

Mit Photovoltaik und intelligenter Haustechnik wurde dieses typische 1960er-Jahre-Haus zum Smart Home und Energieplus-Haus.

▶ können Sie noch einmal in Kapitel 8 nachlesen. Es gilt hier weitgehend das, was dort für den Neubau beschrieben wurde. Falls ohnehin eine komplette Dachsanierung fällig ist, können Sie auch hier wieder eine Modernisierungschance nutzen und Ihrem inzwischen recht smarten Altbau ein neues Dach mit schicker Indach-So-

PLATZ AN DER SONNE

Stromerträge von PV-Anlagen in verschiedenen Positionen im Vergleich zum Süddach mit optimaler Neigung. Quelle: MGT-esys

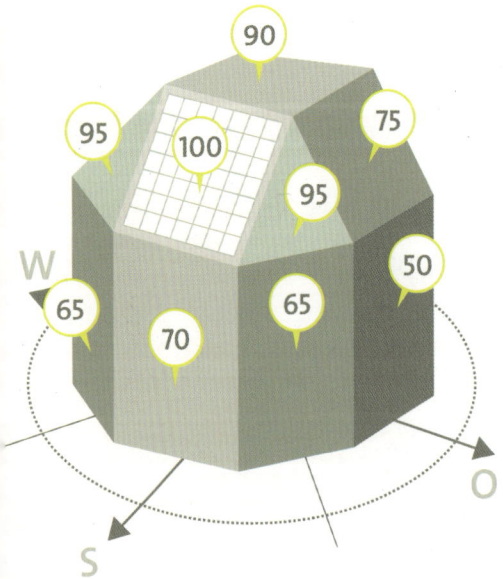

laranlage verpassen. Schwieriger könnte es werden, Solarmodule zu montieren, wenn Ihr Haus unter Denkmalschutz steht. Oft lassen sich aber mit den Denkmalpflegern Kompromisse erzielen, etwa indem die Anlagen etwas versteckt oder so angebracht werden, dass sie den historisch geprägten Gesamteindruck nicht stören.

EIN INTELLIGENTES HAUS FÜR ALLE LEBENSPHASEN

Neben dem Energiesparen wird ein weiteres Motiv für die Modernisierung von Altbauten immer wichtiger: Es ist die Vorbereitung und Umgestaltung des Hauses für ein Leben im höheren Alter, was mit dem Schlagwort „barrierefreier Ausbau" etwas unvollständig beschrieben wird. Denn es geht nicht nur um die Entfernung von Stufen an der Haustür oder Schwellen im Badezimmer. Zu einem sicheren und komfortablen Alltag in allen Lebensphasen gehört auch eine Haustechnik, die einfach per Knopfdruck und ohne körperliche Anstrengungen zu bedienen ist, die unnötige Wege erspart, vieles automatisch erledigt und Notruffunktionen übernimmt. Kurz gesagt: Das ideale Generationenhaus ist ein Smart Home! Mittlerweile befassen sich immer mehr Forscher und Techniker mit dieser Anwendung der Gebäudeautomation, die man auch als „Ambient Assisted Living" (AAL) bezeichnet.

Falls Sie also planen, in nächster Zeit vielleicht Eltern oder Schwiegereltern mit in Ihr

Haus aufzunehmen, hat dieses Thema eine besondere Bedeutung. Die älteren Mitbewohner werden wahrscheinlich besonders froh darüber sein, wenn sie nicht mehr unter Kraftaufwand die Jalousien hochkurbeln oder ständig am Heizungsthermostat drehen müssen. Aber auch mit Blick auf Ihr eigenes Leben sollten Sie vorausschauend planen. Viele Hausbesitzer tun das bereits in Bezug auf physische Barrierefreiheit – gehen Sie einen Schritt weiter und beziehen Sie die Technik mit ein. Eine faszinierende Entwicklung ist zum Beispiel der intelligente Fußboden: Unter dem Bodenbelag wird eine mit Sensoren ausgestattete Unterlage verlegt. Diese Sensoren können ganz gewöhnlich als Präsenzmelder für Lichtschalter oder die Türöffnung dienen, sie können aber auch eine Notruffunktion überneh-

men. Dazu wird durch „Probeliegen" die Körperform eines oder mehrerer Hausbewohner in das Gebäudesteuerungssystem eingelesen, ähnlich wie der Fingerabdruck für die biometrische Türöffnung. Sollte der- oder diejenige später auf dem Fußboden stürzen, erkennt das System dies sofort und sendet eine Nachricht an eine Notrufzentrale. Alarmknöpfe müssen nicht mehr gedrückt werden.

Die Hochschule Rosenheim hat für eine Studie kürzlich Menschen verschiedener Altersgruppen befragt, welche Smart-Home-Funktionen sie für das höhere Lebensalter wohl am hilfreichsten fänden. An erster Stelle stand bei den Antworten der „Alles-Aus-Schalter". Den möchte wohl in Zukunft niemand mehr missen – egal, welches Alter das Haus oder seine Bewohner haben. ∎

AMBIENT ASSISTED LIVING

Intelligente Haustechnik kann den Alltag im höheren Alter erleichtern. Eine Studie hat die häufigsten Wünsche an das Smart Home ermittelt. Quelle: Hochschule Rosenheim

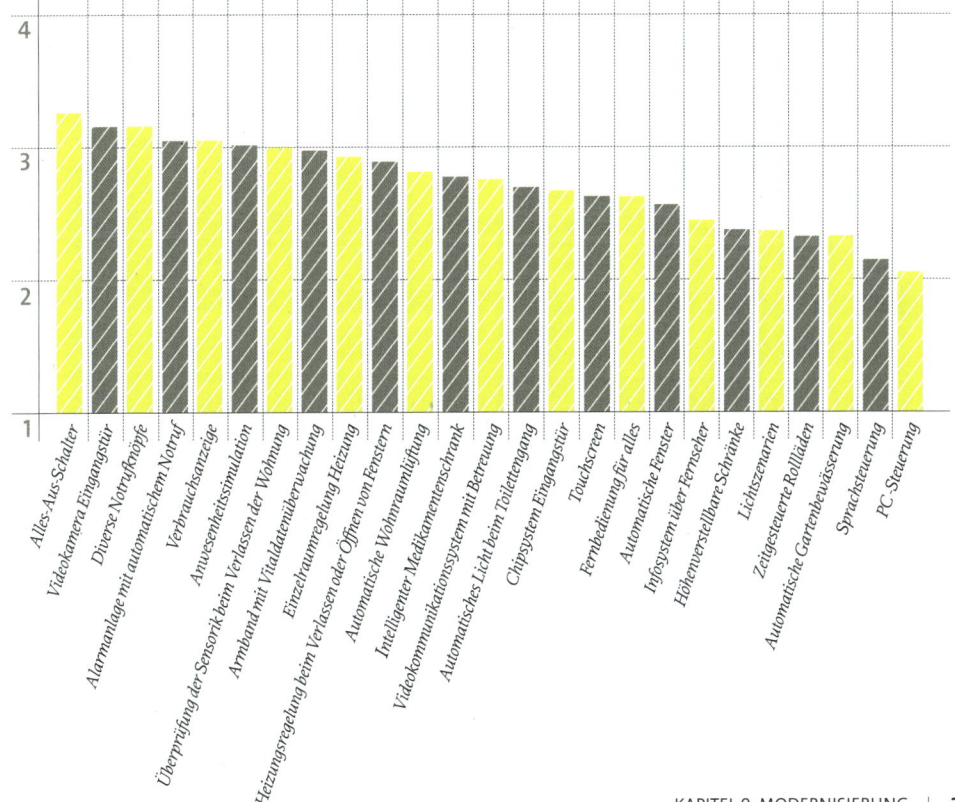

Fotos: Ulrich Beuttenmüller für Gira

Die Lage war von Anfang an ein Traum, das Haus wurde es ebenfalls – dank Umbau und intelligenter Technik.

HELLER, FREUNDLICHER, MODERNER: UMBAU MIT KNX-INSTALLATION

Haus 1

Zwischenwände und ein Balken wurden entfernt, um mehr Licht ins Haus zu holen. Eine gute Gelegenheit, KNX-Leitungen zu verlegen.

Wer könnte wohl einer solchen Traumlage mit Blick aufs obere Neckartal widerstehen? Dafür nahm das junge Paar gerne in Kauf, dass an dem 1985 erbauten Haus einiges zu tun war, bis es ihren Vorstellungen entsprach. Statt der vielen kleinen Räume wünschten sie sich offene Wohnbereiche und mehr Licht in dem von dunklem Holz dominierten Ambiente. Sie erneuerten die frühere Holzgarage und verbanden sie durch eine Art verglasten Innenhof mit dem Haus. Im Hausinneren wurden die Räume geöffnet, Innenwände versetzt oder abgerissen, ein störender Balken entfernt. Dabei musste mit anderen Mitteln die Statik wieder gesichert werden.

Die umfangreichen Umbauarbeiten boten aber auch die Chance, im gleichen Zug eine KNX-Installation zu verlegen, denn die Bauherren wünschten sich auch eine moderne Gebäudetechnik. Gemeinsam mit ihrem Systemintegrator entschieden sie sich für ein System mit einem Gira HomeServer als „Gehirn" des elektronischen Nervensystems.

So besitzt das modernisierte Haus alle Komfort- und Sicherheitsfunktionen, die auch in einem Neubau möglich wären, Licht- und Jalousiensteuerung eingeschlossen. Mit ins KNX-System eingebunden sind die Holzpelletheizung mit Einzelraumregelung sowie die mit speziellen Kontakten versehenen Fenster. Über das zentrale Touchdisplay im Erdgeschoss oder ein kleineres Panel im Obergeschoss lässt sich sofort erkennen, ob irgendwo im Haus noch ein Fenster geöffnet ist. Bei Abwesenheit dienen die Fensterkontakte zugleich als Alarmanlage. KNX-Rauchmelder und eine Türkommunikation mit Videofunktion und Hauszugang per Codetastatur machen das Sicherheitspaket komplett. Auch das automatische Rolltor ist miteingebunden. Es lässt sich, wie andere Funktionen auch, aus der Ferne übers Smartphone öffnen, während gleichzeitig das Licht angeht. ■

Die Fenster sind mit Kontakten ins KNX-System eingebunden und können zentral per Tastendruck geschlossen werden.

Rauchmelder in der Küche: Bei Alarm gibt es eine Nachricht ans Handy.

Eine Türkommunikation mit Videofunktion wurde in die von den Bauherren selbst entworfene Briefkastenanlage integriert.

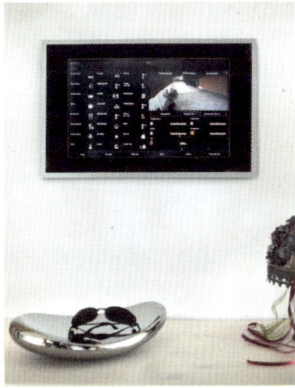

Zentrales Bediengerät ist der Gira Control Client im Wohnbereich.

Vorher und nachher: Vermutlich war das Auto auf dem Foto aus den 1970er-Jahren genauso ein Energiefresser wie das Haus, zu dem es gehörte. Heute ist das Reihenendhaus mit neuer Außenhaut und erneuerbarer Energietechnik selbst Energieproduzent, das Elektromobil eines der Abnehmer.

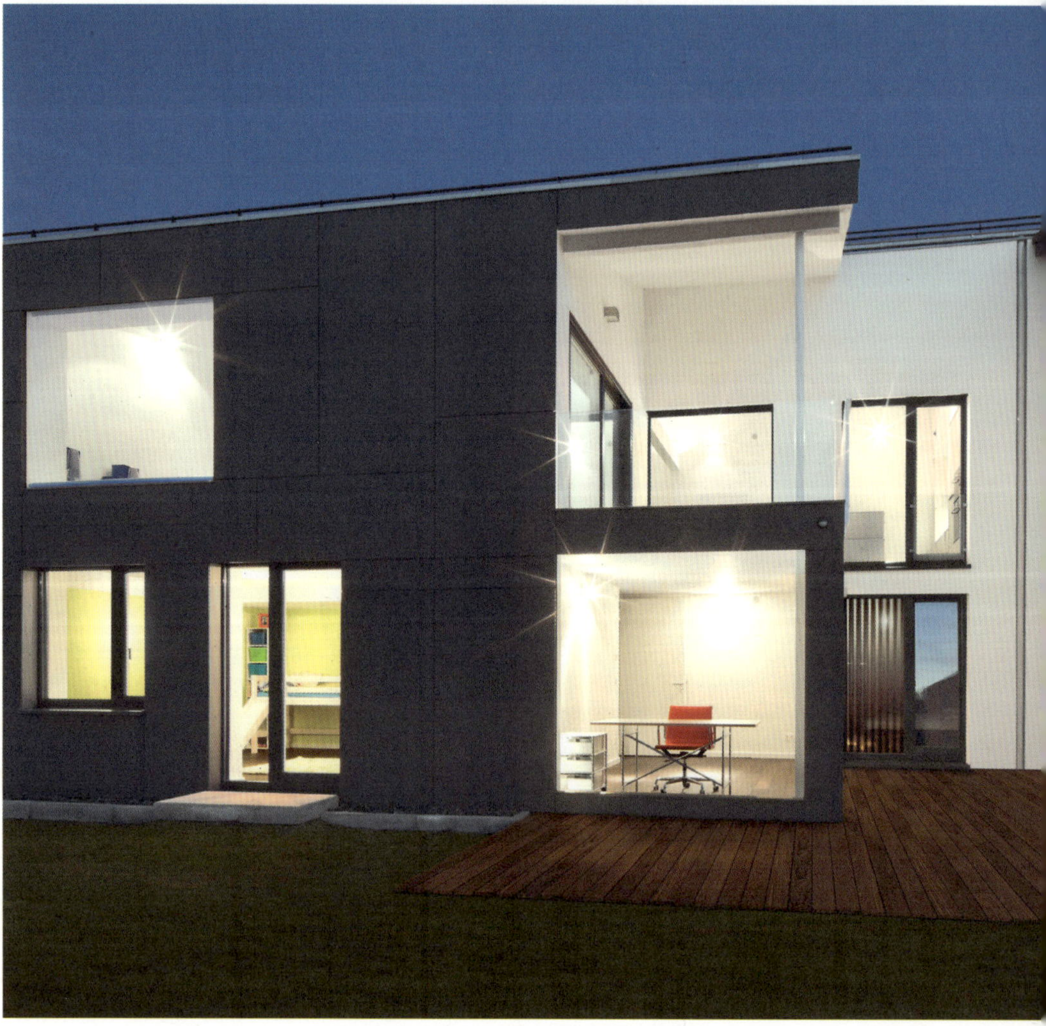

Der Strom für die festliche Abendbeleuchtung kommt ebenfalls vom eigenen Hausdach.

IM BLICKPUNKT: DREI HÄUSER, DREIMAL SMART RENOVIERT

BUS PLUS FUNK FÜR MEHR ENERGIEEFFIZIENZ UND KOMFORT

Als „Komforthaus im Landhausstil" wurden die Reihenhäuser in der Nähe von Darmstadt als Neubauten Anfang der 1970er-Jahre zum Verkauf angepriesen. 40 Jahre später entsprechen sie definitiv nicht mehr dem heutigen Verständnis von Komfort und verbrauchen im unsanierten Zustand unfassbar viel Heizenergie.

Nur das Haus am Anfang der 7er-Reihe hat sich komplett gewandelt, dank Wärmedämmung, Umbaumaßnahmen, erneuerbarer Energien und einer intelligenten Steuerung. Es wurde zum Modellprojekt „energy+home" im Rahmen einer Forschungsarbeit der TU Darmstadt, an dem sich auch der Dachfensterhersteller Velux und andere Unternehmen beteiligten.

Eine vorgehängte, hinterlüftete Fassade mit Mineralwolldämmung reduzierte zunächst den Wärmebedarf. Große Dachflächenfenster fluten jetzt die vorher so dunklen kleinen Räume mit Licht. Das spart sowohl Strom für die Beleuchtung als auch Heizwärme, denn im Winter heizt die Sonne über die Fenster mit.

Auf eine Öl- oder Gasheizung kann das Haus vollständig verzichten. Stattdessen wird es von einer Luft-Wasser-Wärmepumpe beheizt, deren Strom von einer Photovoltaikanlage auf dem Dach kommt. An sehr kalten Tagen heizt noch ein Holzofen zu. Dank leistungsstarker monokristalliner Solarzellen produziert die PV-Anlage trotz eher ungünstiger Ausrichtung des Hauses nicht nur genug Strom für einen vierköpfigen Haushalt, sondern auch noch für ein Elektroauto.

Das Zusammenwirken von Wärmepumpe, Lüftungs- und Photovoltaikanlage überwacht ein KNX-Bussystem. Ein Funksystem mit Sensoren ist für das automatische Öffnen und Schließen der Dachfenster sowie ihres Sonnenschutzes zuständig. Bei Bedarf können die Bewohner die Steuerung per Fernbedienung selbst übernehmen. ∎

Energieplus dank Photovoltaik: Mit monokristallinen Solarzellen ist die Anlage sehr ertragreich.

Lüften ist nach Dämmung bekanntlich das A und O. Es gibt eine Lüftungsanlage, die Dachfenster werden sensorgesteuert geöffnet. Auch die Bewohner können per Funkverbindung eingreifen.

INTELLIGENT VERNETZT
ÜBER DIE STROMLEITUNG

Haus 3

Das Gut Wellenberg im Schweizer Kanton Zürich hat eine bewegte Geschichte hinter sich, die bis ins Jahr 1700 zurück dokumentiert ist. Die letzte Vertreterin der ursprünglichen Eigentümerfamilie verstarb 2006 im Alter von über 90 Jahren, das Haus ging an den Kanton über, der es unter Denkmalschutz stellte und viele Alltagsgegenstände von musealem Wert sicherte. Es fanden sich neue Besitzer, die das Haus behutsam originalgetreu renovierten – und zugleich modernste Gebäudetechnik installierten. In einem historischen Gebäude, in dem selbst die Verlegung von Elektroleitungen schon eine Herausforderung ist, bietet es sich an, diese auch gleich für die Steuerung der Smart-Home-Technologie zu nutzen. Das digitalSTROM-System vernetzt elektronische und Breitbandgeräte im Haus miteinander und wahlweise auch mit dem Internet. In den Geräten und hinter Leuchten und Tastern werden intelligente Lüsterklemmen verbaut. Deren integrierter Hochvolt-Chip kann den Strom schalten und messen. Die zentrale Steuerung übernimmt ein Mini-Server im Stromkasten. Durch die flexible Technologie können jederzeit nach Belieben neue Anwendungen und Geräte eingebunden werden – einfach und ohne große Umbauarbeiten, die gegen Denkmalschutzauflagen verstoßen könnten.

So können die heutigen Bewohner des Wellenbergs faszinierende Lichtstimmungen in den alten Räumlichkeiten kreieren und mit nur einem Klick per App vom Sofa aus das Licht in allen anderen Räumen des weitläufigen Gebäudes löschen. Beim Verlassen des Hauses genügt ein Tasterdruck, um alle weiteren vernetzten Geräte auszuschalten. Eine Anwesenheitssimulation lässt das Gut Wellenberg auch bei Abwesenheit der Eigentümer bewohnt aussehen und schreckt so potenzielle Einbrecher ab. ■

Das digitalSTROM-System funktioniert über intelligente Lüsterklemmen mit integriertem Hochvolt-Chip, die alle elektrischen Geräte im Haus vernetzen.

Das System lässt sich einfach per Taster, Smartphone, App, Tablet-PC oder Sprachbefehl bedienen.

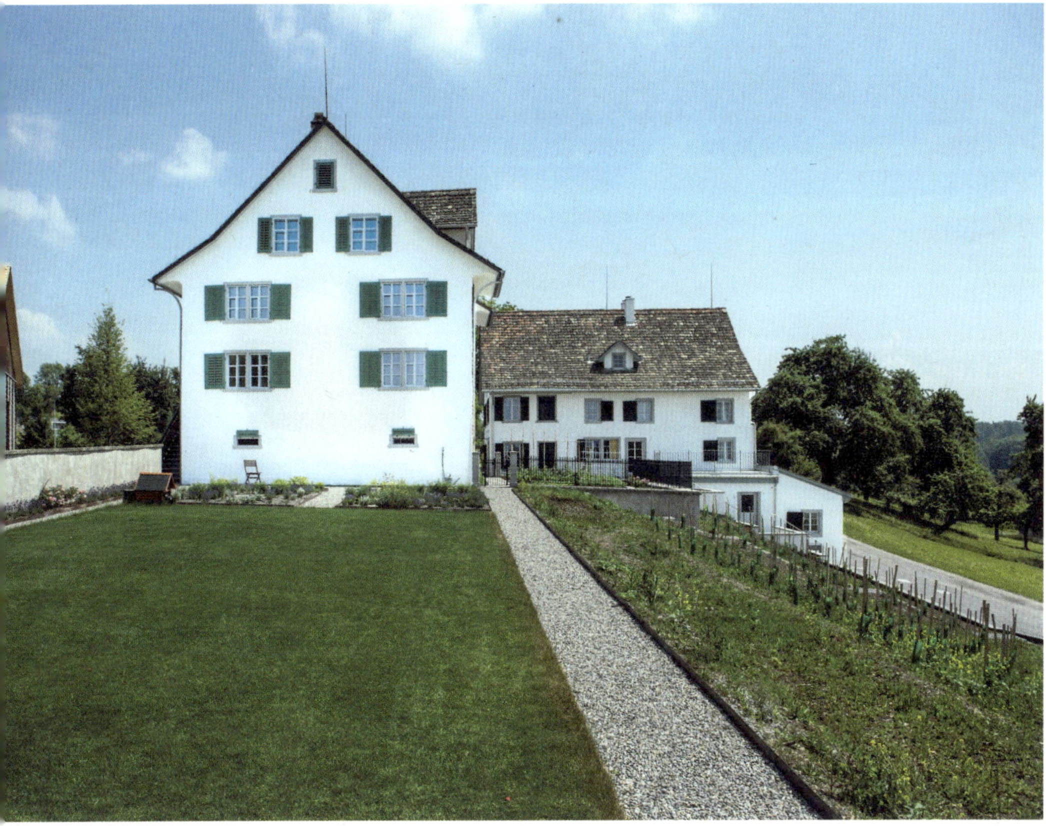

Mehrere Hundert Jahre alt, aber mit intelligenter Technik ausgestattet: Gut Wellenberg im Kanton Zürich.

In einem historischen Gebäude Leitungen zu verlegen, ist eine Herausforderung. Deshalb war die Steuerung übers Stromnetz die passende Lösung.

IMPRESSUM

HERAUSGEBER: *Haufe New Times,*
Tangstedter Landstraße 83, 22415 Hamburg, 040 520103-22
haufe-newtimes.de

HERAUSGEBER UND AUTOR: *Frank Völkel*
AUTORIN: *Ingrid Lorbach*

KONZEPT: *Markus Elsen*

GESTALTUNGSKONZEPT: *Nathalie Fumelli*

EDITORIAL DESIGN, ILLUSTRATIONEN & INFOGRAFIKEN: *Nathalie Fumelli, Simone Braunß*

DRUCK: *Schätzl Druck, 86604 Donauwörth*

BILDNACHWEIS: *Titel: gettyimages*

LITERATUR / QUELLEN

KAP 1

*Allgemeines (Basisinfos zu Systemen, auch
für andere Kapitel)
Hans Schultke und Michael Fuchs: ABC
der Elektroinstallation. EW Medien und
Kongresse GmbH, 15. Auflage 2013*

S. 11
*Bitkom: Smart Home in Deutschland
Präsentation Dr. Christian P. Illek, 2014*

*Initiativkreis ELEKTRO+: Elektroinstalla-
tion im Smart Home, 2015
www.elektro-plus.com (auch zu anderen
Themen)*

*Lichtgrafik
Lichtwissen (www.licht.de) – eine Bran-
cheninitiative des ZVEI – Zentralverband
Elektrotechnik- und Elektronikindustrie e.V.,
Heft 14: Gutes Licht zum Wohnen
Heft 04: Licht im Büro, motivierend und effizient*

S. 15
*Baunetz Wissen (Tageslicht)
www.baunetzwissen.de/standardartikel/
Tageslicht-Bestimmung-von-Tageslichtver-
haeltnissen_1000977.html*

S. 17
*Grafik Rauchmelder
Forum Brandrauchprävention e.V.
www.rauchmelder-lebensretter.de*

S. 18
*Einsparung durch Temperaturabsenkung
IWU (Institut Wohnen und Umwelt):
Energie sparen bei Heizung und Strom.
Energiesparinformation des Landes Hessen
Nr. 5, Überarbeitung April 2012*

S. 25
*6 Prozent Bausumme
Initiativkreis ELEKTRO+: Elektroinstallation im Smart Home, 2015
www.elektro-plus.com*

S. 25, 26
*KNX, Digitalstrom
Connected Home
www.connected-home.de/ratgeber/digital-
strom-konzept-1467819.html
c't wissen: Smart Home. Praxisratgeber
für intelligentes Wohnen, 2014 (auch für
andere Themen als Basisquelle)*

S. 27
*Funk-Bus, Gira
www.gira.de/gebaeudetechnik/systeme/
funk-bussystem/systemerlaeuterung.html*

KAP 2

*Wärmepumpen
Bundesverband Wärmepumpe e.V.
www.waermepumpe.de
Heizen mit Wärmepumpe – klimafreundlich, zukunftssicher, wartungsarm
www.co2online.de
www.heizungsfinder.de (Energiezaun)
www.gesetze-im-internet.de/eew_rmeg/*

S. 39
*Pelletanlagen, Kosten
Öko-Test: Gesund Wohnen (Ratgeber
Bauen und Wohnen), 2015*

S. 51
*Luftbedarf
BINE Informationsdienst: Basisinfo Nr. 12,
Lüften und Energiesparen, 2011*

S. 51
*Energiefresser
Energy Globe Foundation GmbH
www.energyglobe.com/de_at/energiespa-
ren/hitliste-der-energiefresser/*

S. 53
*Kohlendioxid-Belastung
Umweltbundesamt (UBA): Gesundheit-
liche Bewertung von Kohlendioxid in der
Innenraumluft, 2008*

KAP 3

Allgemein zu Beleuchtung
Licht.de
www.licht.de

S. 74
Lampenvergleich
Deutsche Energie-Agentur (dena): Kleiner
Ratgeber für den Lampenkauf
Lebensdauer: licht.de

S. 79
Elektrosmog
www.umweltinstitut.org
www.umweltinstitut.org/fragen-und-ant-
worten/elektrosmog-mobilfunk/netzstrom.
html (zum Nutzen von Netzfreischaltern)

KAP 4

S. 85
Sonnenstand /Jalousienführung
KNX Association cvba: KNX Journal
1/2012 (deutsche Ausgabe)

S. 87
Effizienz Sonnenschutz
Heinze GmbH: Ratgeber für Ihr Zuhause.
Bauen. Modernisieren. Einrichten. 2015
Auch hier:
www.bauemotion.de/magazin/
rolllaeden-nuetzlich-zu-jeder-jahres-
zeit/15003297

S. 97
Sonnenautomation
Elka Elektronik GmbH
produkte.elka.de/index.php?page=2036

S. 98
Sonnenschutzgläser
Baunetz Wissen
www.baunetzwissen.de/standardartikel/
Glas-Sonnenschutzglas-fuer-ein-ganz-
jaehrig-angenehmes-Raumkli-
ma_3246581.html

KAP 5

S. 102/103
Bundesministerium des Inneren:
Polizeiliche Kriminalstatistik, 2014

Einbruch-Report 2015 der deutschen
Versicherungswirtschaft (GDV):
Mehr Schutz für den privaten Lebensraum.

S. 110
Kamera
Foto-Kurs.com
www.foto-kurs.com/objektiv-digitalkamera.htm

S. 112
Datenschutz
Gerichtshof der Europäischen Union:
PRESSEMITTEILUNG Nr. 175/14
curia.europa.eu/jcms/upload/docs/applica-
tion/pdf/2014-12/cp140175de.pdf

Unabhängiges Landeszentrum für
Datenschutz Schleswig-Holstein (ULD):
Videoüberwachung und Webkameras
www.datenschutzzentrum.de/blauereihe/

S. 113
Reichweite Bewegungsmelder
Jung: DAS_4210.pdf (Produktbeschreibung
Bewegungsmelder Art.-Nr.: DAS 4210)

S. 115
Einbrüche
Netzwerk „Zuhause sicher". Eine Initiative
Ihrer Polizei
http://www.zuhause-sicher.de/einbruch-
schutz-und-brandschutz/

KAP 6

S. 131
Homeserver-Darstellung
Broschüre: Gira Home Server. Intelligente
Gebäudetechnik einfach steuern –
zu Hause und unterwegs

S. 133
LTE-Ausbau
Infoprotal 4G.de
www.4g.de/news/4g-de-80-lte-netzabde-
ckung-deutschlandweit-10328/

S. 134/135
EnOcean
EnOcean GmbH: www.enocean.com

KAP 7

S. 158/159
Beamer
Focus online: Beamer-Kaufberatung
www.focus.de/digital/multimedia/
beamer-kaufberatung/beamer-kaufbera-
tung_aid_24758.html

S. 165
USV-Versorgung
Elektronik-Kompendium.de
www.elektronik-kompendium.de/sites/
grd/0812171.htm

KAP 8

S. 171
Stromerzeugung durch ereneuerbare
Energiequellen
BDEW Bundesverband der Energie- und
Wasserwirtschaft e.V.: Erneuerbare
Energien und das EEG: Zahlen, Fakten,
Grafiken, 2015

S. 172
Strompreisentwicklung
BDEW Bundesverband der Energie- und
Wasserwirtschaft e.V.: Strompreisanalyse
Juni, 2014

S. 173
PV/Kernkraft im Vergleich
Bundesministerium für Wirtschaft und
Energie (BMWI):
Marktanalyse Photovoltaik-Dachanlagen
(PDF)
www.bmwi.de/DE/Themen/Energie/
Konventionelle-Energietraeger/uran-kern-
energie.html

S. 175
PV-Vergütung
rechnerphotovoltaik.de
www.rechnerphotovoltaik.de/pv/photo-
voltaik-wirtschaftlichkeit/einspeisever-
guetung/

S. 177
Montagegrafik
SolarTeam 3- Ländereck
www.solarteam3.de/informationen/photo-
voltaikanlagen/

S. 180
Windkraftanlagen
Kleinwindkraft-Portal
www.klein-windkraftanlagen.com/groes-
se-hoehe-kleinwindkraftanlagen/

S. 182
BHKW
Peter Lehmacher/Wikipedia
de.wikipedia.org/wiki/Blockheizkraftwerk
Heizungsfinder
www.heizungsfinder.de/bhkw/ratgeber/
stromkennzahl-wirkungsgrad

S. 183
Text, Nano-BHKW
Öko-Test: Spezial Umwelt und Energie
2014

S. 184
Heizungsfinder
www.heizungsfinder.de/bhkw/ratgeber/
stromkennzahl-wirkungsgrad

S. 176
Solarspeicher
BSW Bundesverband Solarwirtschaft
(Presse-Infografik)

▶

LITERATUR / QUELLEN

► **KAP 9**

S. 200
Baujahre
Presse-Grafik LBS, Februar 2015

S. 202
Elektroausstattung
Initiativkreis ELEKTRO+ (siehe Kap.1)

S. 204
Geförderte Maßnahmen
Deutsche Energie-Agentur (dena),
Pressegrafik

S. 205
Effizienzhaus
KfW Bankengruppe
www.kfw.de/inlandsfoerderung/Privat-
personen/Bestandsimmobilie/Energieeffizi-
ent-Sanieren/Das-KfW-Effizienzhaus/

S. 208
Solarerträge
MGT-esys
www.mgt-esys.at/478.0.html

S. 209
AAL
Hochschule Rosenheim: Einsatz von
Gebäudeautomation zur Unterstützung
für altersgerechtes Wohnen (K. Mattausch,
M. Krödel, S. Winter; 2011)
fh-rosenheim.de/michael.kroedel/projekte/
zielgruppenanalyse/aal/index.html

WEITERE QUELLEN:
Baunetz Wissen
www.baunetzwissen.de
zu Gebäudeautomation, Gebäudesystem-
technik etc.

c't wissen: Smart Home. Praxisratgeber für
intelligentes Wohnen, 2014 (sofern nicht
als Quelle für die KNX-Grafik in Kap. 1
angegeben)

Thomas Seltmann: Photovoltaik. Solar-
strom vom Dach. Stiftung Warentest, 2013

Klaus Oberzig: Strom und Wärme für
mein Haus. Neubau und Modernisierung.
Stiftung Warentest, 2013

Diverse Broschüren von KNX Deutschland
(www.knx.de)
Hersteller-Broschüren zu einzelnen Sys-
temen und Produkten (insbesondere Gira,
Jung, digitalStrom, Berker)

AUTORENPORTRÄTS

 **Frank Völkel** ist als Entwickler, Technologieberater und Fachjournalist seit den 90er-Jahren in der Energie- und IT-Branche zuhause. Der Diplom-Ingenieur, Fachrichtung Fahrzeugtechnik, hat für renommierte IT-Magazine gearbeitet und gehörte zum Gründungsteam des Internet-Startups Tom's Hardware der TG Publishing AG, München. Er ist Beiratsmitglied und Technologieberater der Steinbeis-Stiftung für Technologie- und Innovationsberatung und verfasst Gutachten sowie Analysen für führende Anbieter im Segment Energietechnik/ IT. Er war Geschäftsführer und Gesellschafter von New Times Corporate Communications, einer Tochter der Haufe-Gruppe. Seit 2014 ist er Geschäftsführer Deutschland eines Corporate Media Dienstleisters mit Hauptsitz in Zürich/Schweiz. Frank Völkel lebt in München.

 **Ingrid Lorbach** ist Journalistin und beschäftigt sich seit vielen Jahren mit allen möglichen Fragen rund ums Bauen, Wohnen, Haustechnik, Energiesparen und erneuerbare Energien. Als freie Autorin schreibt sie unter anderem für Publikumszeitschriften, Kundenmagazine und Onlinemedien. Ihre Spezialität: Komplexe Themen wie beispielsweise „Smart Home" für Nichtfachleute verständlich und anschaulich zu erklären. Ingrid Lorbach lebt in Hamburg.